U0382777

环境污染源头控制与生态修复系列丛书

矿区污染源头控制

——矿山废水中重金属的吸附去除

党 志　郑刘春　卢桂宁　易筱筠　杨 琛　曹 威　著

科学出版社

北 京

内 容 简 介

　　本书是一部关于矿区污染源头控制之酸性矿山废水中重金属去除研究的专著。在全面介绍了酸性矿山废水的形成及其环境影响、酸性矿山废水中重金属的去除方法、农业废弃物吸附剂改性利用研究现状的基础上，系统总结了作者及其研究团队对玉米秸秆、稻草秸秆、花生壳等农业废弃物进行改性制备、高效吸附重金属的廉价生物质吸附材料方面的研究成果。应用这些研究成果可从源头控制酸性矿山废水对环境的污染，是矿区污染源头控制的可行技术。

　　本书可供环境科学与工程、农业资源利用、地球化学、矿业工程等学科的科研人员、工程技术与管理人员，以及高等院校相关专业的师生参考。

图书在版编目(CIP)数据

　矿区污染源头控制：矿山废水中重金属的吸附去除/党志等著. —北京：科学出版社，2015.3
　(环境污染源头控制与生态修复系列丛书)
　ISBN 978-7-03-043756-3

　Ⅰ.①矿… Ⅱ.①党… Ⅲ.①矿区-重金属废水-废水处理-研究
Ⅳ.①X703

中国版本图书馆 CIP 数据核字(2015)第 051392 号

责任编辑：耿建业　万群霞 / 责任校对：郭瑞芝　张怡君
责任印制：李　利 / 封面设计：耕者设计工作室

科 学 出 版 社 出版
北京东黄城根北街 16 号
邮政编码：100717
http://www.sciencep.com

北京佳信达欣艺术印刷有限公司印刷
科学出版社发行　各地新华书店经销
*
2015 年 3 月第　一　版　开本：720×1000　1/16
2015 年 3 月第一次印刷　印张：14 3/4
字数：297 000
定价：**88.00 元**
（如有印装质量问题，我社负责调换）

主要作者简介

    党　志，1962年生，陕西蒲城人，中国科学院地球化学研究所和英国牛津布鲁克斯大学（Oxford Brookes University）联合培养的环境地球化学专业理学博士，华南理工大学二级教授，工业集聚区污染控制与生态修复教育部重点实验室主任，享受国务院特殊津贴的专家。主要从事金属矿区污染源头控制与生态修复、重金属及有机物污染场地/水体修复理论与技术、毒害污染物环境风险防控与应急处置等方面的研究工作，先后主持和承担了各类科研项目60余项。在国内外期刊发表论文300余篇，申请发明专利20余项，获得过全国优秀环境科技工作者奖、广东省科学技术奖自然科学一等奖等奖励。

序

　　矿产资源是人类生存和社会经济发展的重要物质基础。工业和科技革命已经并将继续推动人类对矿产资源的深度开发,且开发过程中所带来的环境问题将更加复杂。目前,我国各类矿山废水约占全国工业废水排放总量的一成左右,矿山废水的大量排放给矿区周边地表水、地下水、土壤等相关环境带来严重污染,形成了现实和长期的生态与健康风险。例如,广东一多金属硫化物矿山下游的上坝村,由于矿区排出的酸性废水流进了村民的饮用水源和农业灌溉水源——横石河上游,耕地和饮用水中铅、镉等重金属严重超标,村民癌症高发。因此,矿区环境污染已成为制约区域生态安全与经济社会可持续发展的重要瓶颈。

　　近几十年来,各国政府和科学家在如何消除矿山废水污染方面做了大量的工作。为了减少酸性矿山废水的产生,开发了多种尾矿综合利用和处理处置技术。例如,采用钝化剂对尾矿进行钝化,在尾矿表面形成致密的惰性钝化膜,将尾矿与水、空气、微生物和氧化剂隔离,从而抑制尾矿的氧化及溶蚀速率,减少酸性矿山废水的产生。然而,仅仅依靠对尾矿进行处理尚不能完全解决现有的污染问题,还需对所产生的酸性矿山废水进行治理以去除其中的有毒有害组分。酸性矿山废水中重金属的去除有化学沉淀、离子交换、氧化还原、混凝、吸附等方法,其中吸附法被广泛研究,人们试图开发高吸附容量、低成本的吸附材料。近年来,农业废弃物作为一类具有生物量大、可再生循环、再生周期短、可生物降解、环境友好等优点的天然纤维材料受到青睐,并在矿区环境污染控制中得到成功应用。

　　十多年来,华南理工大学党志教授及其研究团队以金属硫化物矿区水体/土壤污染控制及生态修复为核心,结合地球化学、环境科学、植物化学、生态学、物理化学等学科知识,对矿区环境污染控制与修复开展了系统研究。为实现矿区尾矿重金属释放总量的减量化,开发了利用钝化剂在源头上控制金属硫化物尾矿中重金属释放的实用技术,从而降低了尾矿堆积过程中酸性矿山废水产生的风险;基于废物资源化利用的原则,对农业废弃物(如玉米秸秆、稻草秸秆、花生壳等)进行有效的生物和化学改性,制备出一系列具有优良吸附性能的生物质吸附材料,应用于去除酸性矿山废水中的重金属和硫酸根离子;开发出利用经济作物玉米对受污染耕地土壤进行"边生产-边修复"的实用技术,作物收成后土壤中污染物浓度明显降低,而作物可食用部位污染物浓度不超标。这些研究成果为矿区环境污染的源头控制与生态修复提供了科学依据和技术手段。

　　该书是一本利用农业废弃物处理矿山废水的专著。书中介绍了玉米秸秆、稻草秸秆和花生壳等吸附剂的改性制备方法、形貌与结构的表征分析，及其对矿山废水中镉、铅、铬等重金属离子的吸附性能与吸附机理等方面的研究成果，展示了通过多种实验手段获得的大量实验数据及基于大量观察和实验结果的分析推理而获得的科学结论，并实地应用于东江源矿区污染控制示范工程中的重金属吸附去除。相信该书的出版，对矿区重金属污染源头控制具有重要的学术和应用借鉴意义。

2014 年 9 月

前　言

　　酸性矿山废水主要由尾矿中的金属硫化物矿物(如黄铁矿、磁黄铁矿、黄铜矿、闪锌矿等)在微生物、Fe^{3+}、O_2等的综合作用下形成,其特点是 pH 低,并含有大量生物可利用形态的有毒有害重金属元素(如铜、锌、镉、铅、锰、砷、镍和铬等,其中砷为非金属元素,但环境界习惯将砷污染归为重金属污染)和 SO_4^{2-}($>1000mg/L$)。这些富含重金属离子的酸性矿山废水汇入地表水后,会使下游河流、湖泊等水体水质酸化,给水生生物特别是鱼类、藻类及微生物的生存造成极大威胁,水体的自净能力也会进一步弱化,进而破坏整个下游水体的生态平衡,在很多被酸性矿山废水污染的河流中,鱼虾几乎绝迹。酸性矿山废水中重金属离子还会通过吸附、沉淀或者离子交换作用进入次生矿物相,对沉积物及周围地下水环境造成严重影响。酸性矿山废水进入土壤后可使土壤酸化和毒化,导致植被枯萎、死亡,并且重金属离子还会通过食物链进入人体,造成慢性中毒,导致癌症高发。因此,对矿山酸性废水形成机制及治理的研究不仅有利于矿山的可持续发展,而且对矿区环境保护与生态安全有着重要作用。

　　矿区环境污染源头控制是一项复杂的系统工程,通过大量的研究工作,笔者认为:首先,需要提高矿石和尾矿的利用水平,减少矿物开采和冶炼过程中废弃物的排放及其所带来的污染;其次,对尾矿进行必要的钝化处理,抑制其露天堆放期间的化学和生物氧化,从源头上减少尾矿中重金属的释放。然而,这样仍不能避免酸性矿山废水的产生,因此,还需要通过合理的技术手段对所排放的酸性矿山废水进行治理,去除其中的 H^+、SO_4^{2-} 和重金属离子,确保矿区下游灌溉水及饮用水的安全。基于这种理解,近十几年来,作者在国家自然科学基金、国家高技术研究发展计划(863)和国家水体污染控制与治理科技重大专项等项目的资助下,以金属矿区水体/土壤污染控制及生态修复为核心,在对尾矿进行钝化以控制酸性矿山废水产生的基础上,重点开展了酸性矿山废水中重金属与 SO_4^{2-} 的去除研究,形成了系统且丰富的研究成果。本书是基于上述研究成果的归纳与总结。

　　本书介绍的研究成果和本书的编写出版是在课题组卢桂宁、易筱筠、杨琛、郭楚玲老师和所指导的数届博士及硕士研究生的大力支持和共同努力下完成的,他们的科学实验、学位论文及与作者共同发表的科研论文是本书写作的基础。全书共 7 章,第 1 章介绍了酸性矿山废水的形成及其环境影响,包含了郑刘春、曹威、蔡美芳、刘云、魏焕鹏、周建民、段星春、何秋懿等研究生的部分工作;第 2 章总结了酸性矿山废水中重金属离子的去除方法,包含了郑刘春、曹威、林芳芳、龙腾等研究生的部分工作;第 3 章综述了农业废弃物吸附剂的改性及其应用研究现状,包含了郑刘春、曹威、朱超飞等研究生的部分工作;第 4～6 章分别介绍了玉米秸秆吸附剂、稻草秸秆吸附剂、花生壳吸附剂的改性制备、分析表征及其对重金属的吸附性能与吸附机理,包含了郑刘春、曹威、林芳芳、龙腾、赵雅兰、雷娟等研究生的部分工作;第 7 章介绍了改性生物质吸附剂在金属矿区尾矿库出水的示范应用及效果,野外现场应用效果的监测工作由林芳芳、龙腾、赵雅兰、雷娟、梁旭军、舒小华、郭学涛、廖长君、魏焕鹏、张思文、朱超飞、陈强培、吴其圣、赵晋宁、邢宇、李燕捷、杨成方、孙贝丽、苏忠萍等研究生完成,周兴求教授参与指导了示范工程项目的设计与施工。全书由党志、郑刘春、卢桂宁、易筱筠、杨琛、曹威负责总体设计、统稿和审校工作,参与本书资料收集与整理工作的还有杨成方、王锐、张婷、陈璋等博士和硕士研究生。

本书的研究成果是国家自然科学基金面上项目"酸性矿山废水中重金属和硫酸根的吸附及微生物降解同时去除机理"(41073088)和国家水专项子课题"东江源矿区污染综合控制技术与工程示范"(2009ZX07211-001)资助的主要成果之一,也包含了国家自然科学基金重点项目"金属矿区硫素生物地球化学循环过程的关键问题"(41330639)和"金属硫化物矿山尾矿钝化机理及环境地球化学效应研究"(40730741)、国家 863 项目子课题"金属矿区及周边重金属污染土壤联合修复技术与示范"(2007AA061001)等项目资助的部分成果,特此感谢。

最后,非常感谢曲久辉院士为本书作序。

由于笔者水平有限,书中难免存在疏漏之处,恳请广大同行和读者批评指正。

党 志

2014 年 10 月于广州

目　　录

第1章　酸性矿山废水的形成及环境影响

矿产资源是一种不可再生的重要自然资源,也是人类赖以生存和持续发展不可或缺的物质资料。随着工业化程度的加深和科学技术的进步,人类对矿产资源开发的强度和规模都达到前所未有的高度。但是,由于人类对矿产资源开发过程中过度或不合理的开采,不可避免地产生各种环境问题,如尾矿库溃坝、水土流失、环境污染等,给人们的安全和健康造成很大的危害。其中,最普遍而严重的环境问题就是由大量酸性矿山废水(AMD)造成的环境污染。

1.1　酸性矿山废水的形成

概括地说,酸性矿山废水污染形成的主要原因是矿山尾矿中的金属硫化物矿物发生氧化作用后,当遇到降水或地下涌水流过时,矿物中的有毒重金属离子释放出来(Valenzuela et al.,2005)。它的主要来源是硫化物矿物,如黄铁矿、磁黄铁矿、黄铜矿、砷黄铁矿等(Evangelou and Zhang,1995)的化学和生物氧化。

从黄铁矿的化学氧化来看,一般认为在自然环境条件下,黄铁矿的主要化学氧化剂是 O_2 和 Fe^{3+}(Janzen et al.,2000;Long and Dixon,2004)。根据前人的研究,黄铁矿的化学氧化过程主要包括以下三个步骤:①黄铁矿被自然界中的天然氧化剂 O_2 氧化,在此氧化过程中矿物晶格中的铁会析出而被氧化为 Fe^{2+};②第一步中被氧化出来的 Fe^{2+} 可进一步被 O_2 氧化生成 Fe^{3+};③ Fe^{3+} 一旦形成,将成为黄铁矿氧化过程中的主要氧化剂(Long and Dixon,2004),它可以将黄铁矿最终氧化为 Fe^{3+} 和 SO_4^{2-}。在黄铁矿氧化的整个过程当中,初始反应液中的 pH 往往比较高而 Fe^{3+} 浓度比较低,因而,黄铁矿的氧化反应速率比较慢。但随着反应的进行,黄铁矿氧化过程中会产生氢离子而使溶液的 pH 逐渐下降,当 pH 降至 2.5 以下时, Fe^{3+} 水解产物的溶解度会得到很大提高,因而 Fe^{3+} 反应活性显著增加,而黄铁矿在活性 Fe^{3+} 的作用下被迅速氧化。此时,空气中的氧气对黄铁矿的作用变得不重要。有研究报道(Mazumdar et al.,2008),在 pH 小于 3 的酸性溶液中,由 Fe^{3+} 引起黄铁矿氧化的速率要比由 O_2 引起的大 3～4 个数量级。即使在中性甚至是碱性较强的溶液中, Fe^{3+} 活度很低,但仍是造成黄铁矿氧化的主要氧化剂(Moses et al.,1987)。而在厌氧和好氧的条件下, Fe^{3+} 与黄铁矿发生反应的速率并无多大差别(Sracek et al.,2006)。

由此可见,人们已经普遍接受 Fe^{3+} 是黄铁矿在无菌的条件下被氧化的主要氧化剂。但由于黄铁矿氧化过程本身的复杂性，其氧化中间反应历程及矿物表面性质的变化过程还有待更进一步研究（Hu et al.，2006）。另外，关于 pH 对 Fe^{3+} 氧化黄铁矿的影响仍存在一定的争议。有研究结果表明，黄铁矿作用下的 Fe^{3+} 还原的反应速率方程只与黄铁矿表面积及 Fe^{3+} 初始浓度有关（Wiersma and Rimstidt，1984）。但也有研究理论认为黄铁矿的氧化速率是随溶液 pH 的增加而增大的，并提出了黄铁矿在高 pH 溶液中氧化的内部电子转移机理（Murphy and Strongin，2009；Luther et al.，1992）。

$$Fe—S—S + Fe(H_2O)_5OH^{2+} \longrightarrow Fe—S—S—OH + Fe(H_2O)_5^{2+} \quad (1\text{-}1)$$

$$Fe—S—S—OH + Fe(H_2O)_5OH^{2+} \longrightarrow Fe—S—S—O + Fe(H_2O)_6^{2+} \quad (1\text{-}2)$$

这些反应反复进行，直到生成 $S_2O_3^{2-}$ 并被释放到溶液中。这些过程加速了 Fe^{3+} 与 FeS_2 间的电子转移。但也有研究结果与之相反，指出 pH 提高会导致矿石表面 $Fe(OH)_3$ 膜的形成，从而一定程度上抑制了黄铁矿的氧化速率（兰叶青、黄骁，1998；1999a；2000）。显然，研究者们对提高 pH 引起 Fe^{3+} 对黄铁矿氧化速率变化的结论尚不一致。

从磁黄铁矿的生物氧化来看，人们对黄铁矿的生物氧化研究最早是从生物冶金开始的。1922 年，首次报道了细菌从金属硫化物中浸出铁和锌（Rudolfs，1922；Rudolfs and Helbronner，1922）。在这些研究中，发现并使用了一种未经鉴定的能将铁和硫氧化的自养型土壤细菌。当时已经提出了利用微生物浸取可能是从低品位硫化物矿物中提取金属的一种经济方法。遗憾的是，在此后的 25 年里，再无人涉足类似的研究工作。直到 1947 年，才首次从酸性矿坑水中分离出嗜酸微生物氧化亚铁硫杆菌，同时还对其生理特性进行了鉴定（Colmer and Hinkle，1947）。其后，这种微生物的生理生态得到了详细的研究，发现这种细菌能将硫化物矿物氧化生成硫酸，并能将溶液中的 Fe^{2+} 氧化为 Fe^{3+}。如它能将黄铁矿氧化为硫酸和硫酸铁（Temple and Delchamps，1953；Leathen et al.，1956）：

$$2FeS_2 + 7.5O_2 + H_2O \xrightarrow{细菌} Fe_2(SO_4)_3 + H_2SO_4 \quad (1\text{-}3)$$

这些研究成果对促进硫化物矿物的微生物氧化研究具有划时代的意义。正是由于揭示了氧化亚铁硫杆菌这种生理特性，20 世纪 50 年代掀起了金属硫化物微生物氧化研究的高潮，特别是各种硫化物矿物的微生物浸出过程得到了系统的研究（Bryner et al.，1954）。业已证明，在酸性条件下氧化亚铁硫杆菌能氧化许多硫化矿物而产生可溶性的硫酸盐，用通式表示为

$$MS + 2O_2 \xrightarrow{细菌} MSO_4 \quad (1\text{-}4)$$

在此期间，用于获得氧化亚铁硫杆菌大量培养的 9K 培养基也应运而生（Silverman and Lundgren，1959）。这种培养基目前仍在实验室研究中广泛应用。

20 世纪 60 年代以后，许多人继续对硫化物矿物氧化菌的生理能力进行系统

的研究（Silverman and Ehrlich，1964；Dugan and Lundgren，1965；Sinha and Walden，1966），得到一些具有重要价值的研究结果。例如，发现氧化亚铁硫杆菌这种化能自养型微生物，是通过从 Fe^{2+} 和其他无机物（如 FeS_2）的氧化来获取生命所需的能量。这种化学能通过转变为三磷酸腺苷（ATP）而得以储存，而 ATP 在这些微生物的能量代谢中起着重要作用。也正是在这个时候，黄铁矿微生物氧化的两大作用机理——间接作用机理和直接作用机理（图 1-1）也开始被提了出来（Silverman，1967）。所谓的间接作用是指对黄铁矿起氧化作用的氧化剂是 Fe^{3+}，Fe^{3+} 在氧化黄铁矿的过程中被还原为 Fe^{2+}，而细菌的作用是继续将 Fe^{2+} 再氧化为 Fe^{3+}：

$$2FeSO_4 + H_2SO_4 + 0.5O_2 \xrightarrow{\text{细菌}} Fe_2(SO_4)_3 + H_2O \qquad (1\text{-}5)$$

这样就构成了一个氧化还原体系。由此可见，氧化亚铁硫杆菌在这一循环反应中仅起到催化加速 Fe^{2+} 到 Fe^{3+} 的过程的作用。而直接作用则为氧化亚铁硫杆菌直接作用于黄铁矿，通过细菌与矿物的直接接触而使黄铁矿得到彻底氧化。

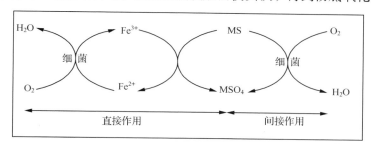

图 1-1　硫化物矿物微生物氧化直接作用和间接作用模式图

近几十年来，人们对黄铁矿的微生物氧化机理进行了更深入的研究。目前已知的黄铁矿氧化菌有多种，它们可在有氧的情况下，通过氧化黄铁矿、Fe^{2+}、硫元素等来获得能量，并通过固定碳或其他有机营养物而生长。其中氧化亚铁硫杆菌仍被认为是酸性环境中浸矿的主导菌种，有研究指出它的主要代谢是通过氧化 Fe^{2+} 而获得能量，但同时它也可氧化硫化矿物、元素硫及可溶硫化合物（如硫代硫酸盐），甚至可氧化溶液中的 Cu^+ 和 Sn^{2+}，并对溶液中的 Cu^{2+}、Ca^{2+}、Mg^{2+}、Fe^{3+}、Ag^+ 和 Au^+ 等金属离子具有一定的耐受力（Brunner et al.，2008；Gleisner et al.，2006；Yu et al.，2001）。研究发现在这种细菌作用下的黄铁矿氧化速率要明显高于化学氧化剂（Fe^{3+} 和 O_2）对黄铁矿的氧化作用。通过对黄铁矿进行接菌与未接菌对比研究发现，接菌的黄铁矿样品的氧化速率是未接菌的 9～39 倍（Baldi et al.，1992）。也有其他研究结果同样表明氧化亚铁硫杆菌能显著加速黄铁矿的氧化速率（Sasaki et al.，1998）。由此可见，一些研究者对氧化亚铁硫杆菌能引起黄铁矿氧化速率的提高这一结论意见是一致的。但到目前为止，人们对氧化亚铁硫杆菌到底是直接氧化还是间接氧化黄铁矿的这个问题仍然争论不休。例如,有研究提出在生化酶机制下细菌的细胞膜和硫化物矿物之间不存在直接作用(Fowler et al.,2001)。但有些研究却证实了黄铁矿会在其表面吸附微生物,而且通过改善微生物在黄铁矿表面的吸附能来增加黄铁矿的浸出率,因此认为微生物之所以能加速黄铁矿的氧化,与微生物直接氧化黄铁矿有很大关系(Samposn et al.,2000)。此外,也有研究证实一些不含铁的硫化矿物(如 CuS、Cu_2S 和 MoS_2)等,也能被氧化亚铁硫杆菌加速氧化(Labrenz and Banfield,2004),这说明细菌本身就可以直接氧化硫化矿,而不仅仅是通过氧化亚铁来加速其氧化过程。人们对于黄铁矿的微生物氧化机理之所以到目前为止仍存在一些争议,主要是因为黄铁矿的氧化机理和反应途径是非常复杂的。

1.2   酸性矿山废水的重金属危害

酸性矿山废水的主要特征是:低 pH、高硫酸盐含量及含有可溶态的重金属。这些富含重金属的酸性矿山废水未经处理后直接排放,使得过量的重金属进入水环境中,这是水体重金属污染的一种重要形式。矿山废水中的重金属元素主要有 Zn、Cu、Fe、Mn、Ni、Pb、Cd、Cr、Hg、As、Co、Ti、V、Mo 和 Bi 等。

以重金属镉为例,当镉进入人体后,生理排出的速度很慢,生物学半衰期很长,造成体内蓄积的镉会越来越多,并且可与人体组织中某些酶蛋白质分子的巯基、羟基和氨基发生结合,形成镉硫蛋白等各种含镉蛋白,能抑制酶的活性和生理功能,致使许多酶系统功能瘫痪。当镉进入肾脏和肝脏中,产生慢性中毒,逐渐造成肾脏损坏和结石(Volesky and Holan,1995)、肝脏损坏(Rathinam et al.,2010)和贫血(Marín et al.,2010)等。相关研究表明,肾脏可蓄积体内镉总量的 1/3,是镉慢性毒作用的主要靶器官(孔庆瑚,2001);肾脏功能不全,直接影响维生素 D_3 的活性,使得骨骼生长代谢受到阻碍,从而引起骨质软化、骨骼疏松、变形、萎缩、易骨折、浑身疼痛等(US ATSDR. 2012)。镉对呼吸道系统的侵害可导致呼吸困难、气管炎、支气管炎、肺纤维化、肺水肿或气肿(Sud et al.,2008)。镉是公认的致癌物,1987年,镉被国际抗癌联盟(IARC)定为 II_A 级致癌物,1993 年被修订为 I_A 级,镉可以引起肺、前列腺和睾丸的肿瘤(方学智,2004)。此外,镉类的化学物毒性也很大,因为镉与其他元素协同作用时可增加其毒性。若不慎使用过量的含镉化合物,轻则出现呕吐、肠胃痉挛等症状,重则导致肝肾综合征而发生死亡。20 世纪 70 年代,著名的公害病——痛痛病是发生在日本富山县神通川流域的一种骨疼病,起因是日本三井金属矿业公司的炼锌厂排放的含镉过量的废水。这些富含镉的废水污染了当地的稻米和鱼虾,人们在长期食用"镉米"、"镉鱼"、"镉虾"和饮用含镉的水后,体内蓄积大量镉而造成肾脏损害,进而导致软骨化症,病人在患病后全身疼痛不止(Kjellstrom et al., 1977)。痛痛病不仅在日本发生过,在世界其他地方也有发现,由于影响面很广,受害人众多,是世界公认的"公害病"之一。广东的大宝山矿区所在的翁源县至少有 83 个自然村、11000 人受到包括酸性矿山废水重金属污染在内的严重矿山污染。特别是翁源县的上坝地区,是我国皮肤病、肝病、癌症尤其是食道癌高发区(刘奕生等, 2005;邹晓锦等, 2008),引起社会各界的广泛关注。

其他重金属离子,如离子态的 Cr,尤其是＋3 价和＋6 价的 Cr,对人体及其他生物体有显著毒害作用(Baruthio, 1992)。Cr(Ⅵ)是水中铬的主要存在价态之一,其环境危害非常严重。Cr(Ⅵ)可以通过消化道、呼吸道、皮肤和黏膜侵入人体,积聚在肝脏、肾脏和内分泌腺中。据称,慢性 Cr(Ⅵ)中毒往往以局部损害开始,逐渐发展到无法挽救的严重程度(Katz and Salem, 1993)。Cr(Ⅵ)氧化性较强,不仅可以引起人体器官的损伤,还具有致癌、致突变的作用;还可以和 DNA 形成加合物,引起 DNA 损伤,从而诱发基因突变(Zhitkovich, 2005)。

1.3　酸性矿山废水的环境影响

以广东大宝山矿区为例,大宝山矿区是位于广东省韶关市的一座特大型多金属矿山,它横跨曲江区和翁源县交界处,距市区南东方向约 30km,属亚热带湿润型气候,年均降雨量大。该矿区自 20 世纪 70 年代开采以来,产生了大量的废弃尾矿和酸性废水。由于管理不严,环境意识淡薄及对废弃物处理的技术不高,开采中产生的大量含高浓度重金属的废水直接排入当地的河道;大量的尾矿也直接露天堆放,日积月累产生大量的酸性废水,导致当地居民出现大量的中毒症状。特别是矿区附近的上坝村,是中国有名的"癌症村"。随着社会的强烈关注和环保意识的增强,近年来,政府关停了一些小型民采民选企业,并且针对大量废弃的尾矿也修建了尾砂坝,这在一定程度上遏制了当地环境的继续恶化。由于现有采矿、选矿和洗矿的技术仍不成熟,以及历史遗留的大量尾矿仍持续产生酸性废水,当地环境污染情况依然存在(张嘉颖, 2009;段星春等, 2007;吴永贵等, 2005;陈清敏等, 2006)。

现可容纳矿区废弃尾矿的是两个大型尾砂库,分别是铁龙拦泥坝和槽对坑尾矿坝(图 1-2)。外排的酸性废水主要来自铁龙拦泥坝,其库容量大约为 1000 万 m³(图 1-3),主要汇集采场废水、铁矿废石场废水、部分民采废水和一些地表溪流(图 1-4)。后来由于该库淤满,对拦泥坝体进行加高(图 1-5),但是库水常年仍会漫过坝顶,从大坝流出(图 1-6),直接流入横石河。铁龙尾矿库成为横石水系的主要污染源之一。槽对坑尾矿坝位于采矿场的东北部,槽对坑尾矿坝原总库容量 540 万 m³,现已经过扩建。该坝主要接纳铜矿采选外排废水、铁矿洗矿废水及部分民采废水。

图 1-2 广东大宝山矿区尾砂库外景图

图 1-3 大宝山矿区尾矿库的酸性矿山废水

图 1-4 矿区排放的酸性矿山废水

图 1-5 尾矿库的拦泥坝体

图 1-6　拦泥大坝流出的酸性矿山废水

针对大宝山矿区的污染,有许多学者曾对其周围的水体行了评价。以该地区的镉污染为例,周建民等(2005)采集大宝山矿区横石河流域沿河干道的水样,水体镉离子的溶解态浓度为 0.103mg/L,而且水溶态形式存在的镉占到总量的 75.16%～91.57%,极易随水流发生迁移,潜在危害性很大。林初夏等(2005)考察了大宝山矿水外排的环境影响,结果发现在上坝村的农用灌溉水中,镉的质量浓度比国家农田灌溉水质标准高出 16 倍之多。付善明等(2007)测出该流域水体镉离子浓度超过农田灌溉水质标准 21.8 倍,而且在该区域内的上坝村稻田采样到的灌溉水也超标 16.2 倍,镉的超标是所有重金属离子当中最为严重的。

为此,我们对该矿区流域的水体重金属离子浓度进行采样监测。根据铁龙拦泥坝至凉桥河段的地理环境和水文特点,在此河段设置 8 个采样点,分别标记为 S0、S1、S2、S3、S4、S5、S6、S7。其中 S0 和 S1 位于铁龙拦泥坝内,S0 布设在坝的进水口,S1 布设在坝边上较易采样的位置;S2、S3、S4 是布设在铁龙拦泥坝流下来的水与冷水泾相互混合的位置,其中 S2 是布设在当地的清水支流之一冷水泾,S3 是布设在铁龙拦泥坝流出水与冷水泾混合之前的位置,S4 是布设冷水泾与铁龙拦泥坝完全混合后的位置;S5、S6、S7 是布设在铁龙拦泥坝与冷水泾混合之后流至凉桥处的位置,槽对坑尾矿坝流至凉桥处未与铁龙拦泥坝干流混合的地方布设采样点 S6,流至凉桥处的铁龙拦泥坝干流布设采样点 S5,两支水流完全混合的地方布设采样点 S7。为了分析的方便,对各个标记分别命名:S0(铁龙拦泥坝进水口)、S1(铁龙拦泥坝)、S2(冷水泾)、S3(拦泥坝冷水泾处)、S4(冷水泾混合处)、S5(凉桥铁龙支流)、S6(凉桥槽对坑支流)、S7(凉桥混合处)。各个采样点的分布示意图如图 1-7 所示。

作为尾砂的主要排放库之一,不管是在丰水期还是在枯水期,铁龙拦泥坝内(S1)的重金属浓度都是所有点位中最高的(表 1-1)。在枯水期 Cu、Zn、Cd、Pb 的最高浓度分别为 10.49mg/L、75.55mg/L、0.42mg/L、0.57mg/L;在丰水期 Cu、Zn、Cd、Pb 的最高浓度分别为 4.83mg/L、75.04mg/L、0.33mg/L、0.82mg/L。坝内水体中重金属含量居高不下,并且呈现强酸性,坝内产生的强酸性废水长年漫过

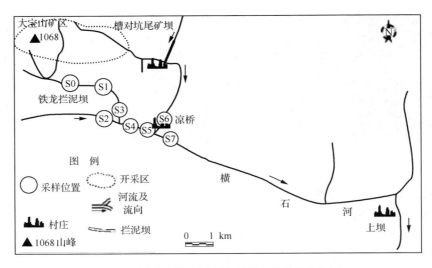

图 1-7　河流水样和沉积物采样点的分布示意图

大坝向下游流去,直接污染横石河。

另外,根据表 1-1 中数据变化的趋势得知,水顺着河流干道往下流(S1→S3→S4→S5→S7),河流水中溶解态的重金属浓度逐渐降低。这主要是沿途不断有清水注入,稀释水体中重金属的含量,还有就是水体中的重金属不断与悬浮物和底泥进行吸附交换,也使得水体中重金属浓度发生变化。

表 1-1　水体的 pH 和溶解态重金属的浓度

（单位:mg/L,pH 除外）

项目		采样点							
		S0	S1	S2	S3	S4	S5	S6	S7
丰水期	pH	2.69	2.50	6.28	2.49	2.50	2.87	2.64	2.66
	Cu	0.61	4.83	0.03	3.75	2.33	3.15	2.14	2.20
	Zn	12.61	75.04	0.05	53.59	34.23	43.08	6.61	12.08
	Cd	0.13	0.33	0.02	0.25	0.15	0.20	0.04	0.06
	Pb	0.40	0.82	0.01	0.67	0.40	0.55	0.67	0.58
枯水期	pH	—	2.39	7.52	2.62	2.76	2.68	6.54	2.74
	Cu	—	10.49	0.00	7.63	5.53	4.96	0.01	3.58
	Zn	—	75.55	0.00	62.31	46.33	41.62	0.32	29.08
	Cd	—	0.42	0.00	0.29	0.20	0.17	0.00	0.11
	Pb	—	0.57	0.00	0.57	0.43	0.36	0.00	0.26

在丰水期,除了清水支流冷水泾,其他采样点的重金属浓度都严重超过《地表

水环境质量标准》的 V 类标准(V 类标准:Cu、Zn、Cd、Pb 分别小于等于 1mg/L、2mg/L、0.01mg/L、0.1mg/L),Cu、Zn、Cd 和 Pb 最高超标分别达 5 倍、38 倍、33 倍和 8 倍。在枯水期,除了冷水泾和凉桥槽对坑支流,其他采点的重金属浓度也严重超过 V 类的标准,Cu、Zn、Cd、Pb 最高超标分别达 10 倍、38 倍、42 倍、6 倍。可见此采样点流域以 Zn 和 Cd 的污染最为严重。

研究表明,pH 与矿山废水中重金属的含量具有明显的负相关关系。当矿山废水为酸性时,水中重金属的浓度较大,并且 pH 在 2~3 时浓度最高;当矿山废水为碱性时,重金属的浓度较低(许乃政等,2003)。从表 1-1 中可知在丰水期,水的 pH 为 2.49~6.28,枯水期的 pH 为 2.39~7.52,其中冷水泾作为当地的清水支流之一,未受酸性矿山废水污染。因此 pH 都在 6 以上,并且水中重金属的浓度也很低。槽对坑尾矿坝流出的水体 pH 变化较大,当 pH 为 6.54 时,水体中的重金属浓度除了 Zn 在 V 类地表水标准范围之内外,其他三种都在 I 类地表水标准范围之内,可见水体中的重金属浓度相当低;但 pH 为 2.64 时,四种重金属都严重超过《地表水环境质量标准》的 V 类标准,因此控制水体的 pH 也有控制其溶解态重金属的作用。使用统计软件“SPSS for windows(ver.11.5.0)”对 pH 与重金属浓度作相关性分析,结果见表 1-2。丰水期水体中的四种重金属除了 Cu 与 pH 显著相关之外,其他三种重金属与 pH 相关性较小,不过全部总重金属与 pH 的相关性系数都为负值,符合 pH 与水中重金属含量呈负相关的结论。枯水期水体中四种重金属都与 pH 相关性大,都呈显著负相关,其中 Pb 和 Zn 与 pH 相关性尤为显著。

表 1-2　溶解态重金属含量与 pH 的相关性

项目		丰水期				枯水期			
		Cu	Zn	Cd	Pb	Cu	Zn	Cd	Pb
pH	皮尔逊相关系数	-0.631	-0.487	-0.528	-0.832^*	-0.841^*	-0.875^{**}	-0.778^*	-0.898^{**}
	双尾 t 检验	0.094	0.221	0.179	0.010	0.018	0.010	0.035	0.006
	有效测量数	8	8	8	8	7	7	7	7

＊表示显著性概率 $p < 0.05$,两个变量间相关性显著;＊＊表示显著性概念 $p < 0.01$,两个变量间相关性非常显著。

1.4　酸性矿山废水的源头控制

O_2、Fe^{3+} 和微生物作用是酸性矿山废水产生的根源,而其中的微生物氧化亚铁硫杆菌起决定性作用。只要设法降低 Fe^{3+} 活度和微生物活性及阻止空气与黄铁矿的接触,就能有效抑制 FeS_2 的氧化,减少酸性矿山废水的形成。基于这一原理,国内外采取的治理方法包括以下四种。

1. 中和法

中和法是将石灰等碱性物质与废矿堆混合(Doye and Duchesne,2003;Benzaazoua et al.,2004),提高废矿堆的 pH,pH 升高还可引起微生物活性降低,从而使黄铁矿的生物氧化受到抑制(Dugan,1975)。石灰性物质除提高体系 pH 外,还可以导致 $Fe(OH)_3$ 等难溶性物质沉积在黄铁矿表面,对 AMD 的产生具有抑制作用,但同时由于石灰性物质本身溶解度小,$Fe(OH)_3$ 难溶物质也可在其表面形成保护膜,导致石灰性物质钝化,中和能力下降,这样处理过程中就需要大量的碱性物质。另外,石灰性物质与矿物混合不匀,石灰性物质过多的地方呈碱性,没有的地方黄铁矿氧化会继续进行(Costigan et al.,1981)。同样这种方法也会产生大量的反应污泥,对环境造成威胁。反应污泥也需要更大的尾矿库来容纳,成本很高。由于上述各种原因,中和法未能被大规模采用。

2. 杀菌剂法

杀菌剂法是使用杀菌剂抑制黄铁矿氧化菌的生长,从而抑制生物氧化。氧化亚铁硫杆菌不仅能直接侵蚀硫化物矿物,而且还能显著加速 Fe^{2+} 到 Fe^{3+} 的转化,从而提高硫化物矿物的氧化和 AMD 产生的速率,而这一过程在野外环境中是不可避免的。使用杀菌剂,就是为了阻止微生物对黄铁矿等硫化物矿物的生物氧化作用,达到降低 Fe^{3+} 对 FeS_2 的氧化作用,减少 AMD 产生的目的(Alpers and Blowes,1994)。十二烷基硫酸钠、直链烷基苯磺酸盐和有机酸等一些有机化合物是比较常用的杀菌剂(Kleinmann and Erickson,1983)。例如,十二烷基硫酸钠和苯甲酸混合液做杀菌剂,有效地阻止了氧化亚铁硫杆菌的活性,从而抑制了酸性废水的产生(Dugan,1987);丙酮酸阻止细菌活性(Pichtel and Dick,1991);N-乙基马来酰亚胺、2-碘乙酰胺和叠氮钠可作为微生物新陈代谢阻止剂,其中叠氮钠通过抑制微生物作用,几乎能完全阻止 Fe^{2+} 的氧化(Duncan et al.,1967;Arkesteyn,1979);2,2'-二羟基-5,5'-二氯代苯基甲烷添加到两种经培养后的黄铁矿悬浮液的提取液中发现,对照样品中,由于微生物的催化氧化作用,Fe^{2+} 浓度迅速下降,Fe^{3+} 急速提高,而添加 2,2'-二羟基-5,5'-二氯代苯基甲烷的两样品,Fe^{2+} 的浓度在 0~50 天培养期内保持恒定(Backes et al.,1986)。杀菌剂多为有机化合物,它们除了抑制微生物活性外,由于在溶液中可能与 Fe^{2+}、Fe^{3+} 产生配合反应(Perdicakis et al.,2001),降低了 Fe^{2+}、Fe^{3+} 活度,从而抑制了 Fe^{3+} 对黄铁矿的氧化作用,使 Fe^{2+} 难以转化为 Fe^{3+},因此阻截了微生物代谢过程中所需的能量,微生物繁殖变得困难。尽管杀菌剂对硫化物矿物的氧化有一定的抑制作用,但杀菌剂使用也有缺点,如其有效性不能维持长久、易被雨水淋失等,一定时期以后,微生物仍会快速繁殖。这就要求连续不断地施加杀菌剂,由此导致了昂贵的处理费用。此外,有些杀菌剂也会对环境造成负面影响。由于上述原因,杀菌剂也未能在野外大规模运用。

3. 隔离法

隔离法包括水罩法和覆盖法。水罩法是将尾矿库建在水底,由水来隔绝 O_2 与矿物接触,使氧化反应不能进行。该方法要求矿山附近必须有足够容量的湖泊(阳正熙,1999)。而覆盖法是使用沙砾、土壤、无硫尾矿、塑料膜、煤灰、城市下水道污泥堆肥等作为尾矿覆盖物(Peppas et al.,2000;Romano et al.,2003;Mudd et al.,2007),但其抑制效果不如水罩法,且该方法往往使尾矿处于次氧化环境,重金属元素可能更容易流失(朱继保等,2005),其长期效果有待进一步观察。

4. 表面钝化处理法

表面钝化处理法是利用化学反应在矿物颗粒的表面形成一层惰性的、不溶的和致密的膜,从而使 O_2 和其他氧化剂无法侵袭尾矿。与其他处理方法不同的是,钝化处理是从微观(单个颗粒)角度来保护尾矿。该法具有成本低、操作简单的优点,是当下最具发展前景的方法之一。目前,研究最多的表面钝化法有:磷酸铁钝化法(Nicholson et al.,1989;Georgopoulou et al.,1996)、有机盐钝化法(Belzile et al.,1997)和硅酸盐钝化法(Evangelou,2001)等。上述方法在实验室条件下可不同程度地降低黄铁矿的化学和生物氧化活性。使用磷酸盐控制黄铁矿氧化,已经取得了一定的效果。例如,观察农用石灰和磷灰石对抑制自然风化的煤矿废弃物产生 AMD 的效果时,发现用磷灰石处理的样品流出液中 SO_4^{2-} 浓度最低,从而得出在控制 AMD 产生效果上,磷灰石比杀菌剂和石灰要好。此外,要得到同样的控制 AMD 产生的效果,所需磷灰石的量只是石灰的 20%(Baker,1983)。研究还发现,不管原来 AMD 产生的程度如何,只要添加 3% 的磷灰石就能有效抑制 AMD 的产生。若再提高磷灰石的使用量,控制 AMD 的效果不再有明显提高(Demchak et al.,2002)。对来源不同的磷灰石,以不同用量和不同颗粒大小加到能产生 AMD 的几种不同材料中,以评价它们的效果。结果表明,磷灰石用量小于 1% 时,不能有效控制 AMD 的产生。然而,添加 5% 的磷灰石后,产生的 AMD 可下降 90% 以上。此外还发现,磷灰石的颗粒大于 1.6mm 时,不管用量多少,都不能有效地降低 AMD 的产生(Baker,1983)。尽管在实验研究阶段磷灰石控制 AMD 较其他方法有效,但同样也有缺点。首先,磷灰石要敲击成粉状,再与矿山废弃物混匀,野外操作可行性小,若磷灰石取料远,运输困难,成本相对较大;其次,磷灰石本身溶解度小,产生的 $FePO_4$ 或 $Fe_3(PO_4)_2$ 同样会在它们的表面形成膜,起钝化作用。这些缺点导致磷灰石仍不可能大规模应用于矿区 AMD 的控制。近年来,有些研究者受金属表面磷酸盐处理技术的启发,将该技术应用到 AMD 的控制,在实验研究中已获得了令人满意的结果。此项技术是用 H_2O_2 和 KH_2PO_4 混合液淋洗黄铁矿。H_2O_2 作氧化剂,快速氧化部分黄铁矿,产生的 Fe^{3+} 与 PO_4^{3-} 于黄铁矿表面形成保护膜(Evangelou and Huang,1992;Evangelou,1994;Nyavor and Egiebor,1995)。如果用 0.5% H_2O_2 + 0.02mol/L KH_2PO_4 淋洗草莓状黄铁矿 1000min 后,黄铁矿的进一步氧化得到有效控制。与 0.5% H_2O_2(对照)和 0.5% H_2O_2 + 0.013mol/L 乙二胺四乙酸(EDTA)溶液淋洗的黄铁矿相比较,磷酸盐处理的黄铁矿氧化程度分别下降了约 70% 和 50%。这一结果表明:KH_2PO_4 除了有与 EDTA 相同的降低 Fe^{3+} 浓度的作用外,还能在矿物表面形成 $FePO_4$ 保护膜,阻止 H_2O_2 对黄铁矿的氧化反应。用 X 射线衍射和扫描电子显微镜技术和化学分析证实了磷酸盐处理后的黄铁矿表面有 $FePO_4$ 膜的存在。他们还进一步指出,$FePO_4$ 膜在 0.5% H_2O_2 的强氧化条件下的稳定性可以在 0.0001mol/L KH_2PO_4 溶液中得到巩固(Huang and Evangelou,1997;Huang,2004)。成膜的厚度与淋洗温度有关,温度越高,膜越厚。但厚膜并不能起到更有效地阻止黄铁矿氧化的效果。黄铁矿的表面物理性质和化学性质与黄铁矿的来源、形态和颗粒大小等有关(Smith,1942)。一般认为颗粒越小,比表面积越大的黄铁矿越易氧化(Vlek and Lindsay,1978)。从以上实验结果来看,磷酸盐钝化法在实验室有一定抑制氧化的效果,但野外试验中各种组合处理方式的效果都不太理想,同时也发现不同的尾矿类型对钝化处理的响应有明显差异。磷酸盐钝化法不能抑制尾矿的生物氧化过程(兰叶青和黄骁,2000),而且磷酸盐的大量使用有可能会带来磷的二次污染问题。硅酸盐钝化效果从滤出液 pH、硫酸根浓度等指标来讲都比较好,但一定要用氧化剂预处理,否则效果甚至不如空白样品。有机钝化法常用的钝化剂有:8-羟基喹啉(Lan et al.,2002)、腐殖酸(Belzile et al.,1997)、木质素(Lalvani et al.,1990)、乙二酸(Lalvani and De Neve,1991)、乙酰丙酮(Belzile et al.,1997)等。有机钝化剂与尾矿表面的 Fe^{3+} 可以生成难溶盐,此难溶盐能在矿石表面形成一层膜。例如,油酸钠能在黄铁矿表面形成一层疏水层,该疏水层能阻隔硫化物矿物与外界氧化剂,如与 Fe^{3+}、O_2 及微生物的接触,从而能减缓黄铁矿的氧化速率(Jiang et al.,2000)。浸泡了油脂的黄铁矿表面同样也能形成一层钝化膜,这层钝化膜通过阻隔水合氧化剂或电子在黄铁矿与氧化物之间的传递而推迟黄铁矿的氧化进程(Elsetinow et al.,2003)。也有实验证明了有机膜既能明显抑制黄铁矿的化学氧化,又具有显著降低微生物氧化的能力,在野外湿润的废矿堆中只要设法控制废矿堆的 E_h(氧化-还原电位)小于 0.160V,就有可能有效地降低黄铁矿的化学氧化速率。但是这种方法最大的缺点是需要对尾矿表面进行预氧化处理(兰叶青和黄骁,1999b;兰叶青和周刚,2000)。

基于传统钝化剂的不足,笔者所在研究团队制备了几种新型钝化剂,其中利用三乙烯四胺二硫代氨基甲酸钠(DTC-TETA)和二乙胺二硫代氨基甲酸钠(DDTC)作为钝化剂来抑制黄铁矿中的重金属释放具有很好的效果。研究发现,在常温下黄铁矿经这两种钝化剂浸泡后,表面可形成黑色的保护膜,该膜能有效抑制黄铁矿氧化。两种钝化剂 DTC-TETA 和 DDTC 在 pH=3 和 pH=6 条件下对黄铁矿的铁释放的抑制效果都非常稳定,在高 pH 条件下效果更好,而且 DTC-TETA 的效果在两种 pH 条件下都比 DDTC 强,对铁释放的抑制率高达 99.1% 和 98.1%。同时,还研究了 DTC-TETA 对尾矿中其他重金属在酸性条件下的溶出抑制效果,发现在 pH=3 和 pH=6 条件下,和空白样品相比,DTC-TETA 对重金属 Cu、Zn、Cd、Pb 和 Fe 的溶出抑制率都在 95% 以上。其钝化机理是利用化学反应在尾矿颗粒表面形成一层不溶的、惰性的和致密的膜,从而使氧气和其他氧化剂无法侵袭尾矿。以钝化剂 DTC-TETA 对尾矿中 Cu^{2+} 的作用为例,DTC-TETA 分子上二硫代羧基的硫原子上有孤对电子,可以占用 Cu^{2+} 的空轨道,形成配位键,Cu^{2+} 与配位离子形成稳定的平面正方形构型,从而在尾矿表面形成稳定的交联网状结构,隔断尾矿与空气、水和微生物等的接触,抑制尾矿的化学和生物氧化(党志等,2012)。

但是,在着眼于矿山酸性废水的源头控制基础上,我们还面临着已经产生的酸性矿山废水总量大、浓度高及水量仍然不断产生的情况。因此,依靠内源控制的方式尚不能解决现有的污染情况,还需要使用外源控制的方式进行治理,在进行治理的基础上力求实现资源化利用的目的。

第2章 酸性矿山废水中重金属的去除方法

针对酸性矿山废水重金属污染的问题,必须通过切实可行的外源控制技术,以实现对其过量重金属离子的有效去除,满足其浓度达标排放和防止人体受其危害。而外源控制技术实质就是水体中重金属的处理技术。目前可供筛选的技术介绍如下。

2.1 化学沉淀法

化学沉淀法是处理水体重金属污染技术中使用最为广泛的方法之一。该方法的基本原理是通过适当的化学反应,将水体溶解态的重金属转变成难溶于水或不溶于水的重金属化合物,然后过滤将这些化合物从水体中去除(Fu and Wang,2011)。投加沉淀剂是最主要的方法。根据沉淀剂的不同,化学沉淀法主要有氢氧化物沉淀法、硫化物沉淀法、碳酸盐沉淀法、磷酸盐沉淀法、钡盐沉淀法、铁氧体共沉淀法等。

(1)氢氧化物沉淀法关键是要掌握重金属离子与 OH^- 起沉淀作用时的最佳pH,以及处理后残液在溶液中的金属浓度。反应式为

$$M^{n+} + n\,OH^- = M(OH)_n \tag{2-1}$$

式中,M 为重金属离子;M(OH)为生成的氢氧化物。

则有溶度积的计算式:

$$K_{sp} = [M^{n+}][OH^-]^n \tag{2-2}$$

$$\lg[M^{n+}] = \lg K_{sp} - n\lg K_w - n\,pH \tag{2-3}$$

式中,K_{sp} 为氢氧化物的溶度积;K_w 为水的离子积。

由式(2-2)和式(2-3)可得出各种重金属离子与 OH^- 作用随 pH 变化的关系图,并从图中得到每种离子沉积的最佳 pH(王春峰,2009)。如采用石灰处理化学混凝沉淀方法可处理浓度为 150mg/L 的 Cd^{2+} 合成废水。研究表明,pH 大于 9.5 时,或持续加药可进一步降低 Cd^{2+} 的浓度(Charerntanyarak,1999)。

(2)硫化物沉淀法通过投加硫化物使金属离子生成难溶的金属硫化物沉淀从而去除。常用的硫化剂有 Na_2S、H_2S 和 $NaHS$ 等。金属离子对 S^{2-} 的亲和力顺序如下:Cd>Hg>Ag>Ca>Bi>Cu>Sb>Sn>Pb>Zn>Ni>Co>Fe>As>Ti>Mn,前面的金属比后面的易形成硫化物,其溶解度也越小,更容易处理。但硫化物有毒,为了保证金属污染物的完全去除常常加入过量的硫化物,这样会生成 H_2S

气体造成二次污染,因此这种方法应用有限(王绍文和姜凤有,1993;贾燕和汪洋,2007)。

(3)碳酸盐沉淀法、磷酸盐沉淀法是利用碳酸盐、磷酸盐等化学沉淀剂与镉离子生成碳酸镉、磷酸镉等难溶的沉淀,使其呈沉淀析出。为了加速沉淀、改善出水效果,往往向废水中投加絮凝剂,同时加入助凝剂(酸碱类、矾花类、氧化剂类等)以减少药剂用量,加强混凝效果。

(4)钡盐沉淀法:将可溶性钡盐加入废水,使其中重金属离子生成难溶性钡盐沉淀,将金属离子去除。常用的钡盐沉淀剂有 $BaCl_2$、$BaCO_3$、$Ba(OH)_2$ 等。该法需注意钡盐的投加量与废水中重金属离子的含量、pH 成一定关系,反应中要保持一定的余钡量,处理后的废水还应进行除钡,这也给施行增加了负担。当废水中的硫酸根等离子过多时,会增加钡盐的消耗量,同时生成过多的 $BaSO_4$ 沉淀,使该法的使用受到限制(Alyüz and Veli,2009)。

(5)铁氧体共沉淀法是近十几年来根据湿法生成铁氧体的原理发展起来的一种新型处理方法,通过向废水中投加铁盐使废水中的各金属离子形成铁氧体晶粒并一起沉淀析出,再利用磁力进行分离从而达到净化作用(俞善信和易丽,2000)。铁氧体是一类复合的金属氧化物,其化学通式为 M_2FeO_4 或 $MOFe_2O_4$(M 代表其他金属),约有百种以上。该法能够一次脱除废水中的多种金属离子,且效果很好,处理后的废水中各金属离子的浓度均能达到污水的综合排放指标。铁氧体法又分为氧化法和中和法两种。氧化法是将 $FeSO_4$ 加入重金属废水中,用 NaOH 调节溶液的 pH 到 9~10,加热并通入空气进行氧化,从而形成铁氧体晶体;中和法是将二价和三价的铁盐加入重金属废水中,用碱中和到适宜的条件从而形成铁氧体晶体。

2.2　离子交换法

离子交换法是利用离子交换剂上的交换基团,与水体重金属离子进行交换反应,将重金属离子置换到交换剂上。常用的离子交换树脂有阳离子交换树脂、阴离子交换树脂、螯合树脂和腐殖酸树脂等。去除重金属离子一般采用阳离子交换树脂,因为无论是合成还是天然阳离子固体树脂,都具有与特定的重金属离子交换的能力。一般使用时首选合成树脂(Alyüz and Veli,2009),如碱型聚苯乙烯三乙醇胺树脂对水中的镉离子有良好的吸附效果(俞善信和易丽,2000)。国内有研究利用不溶性的淀粉黄原酸酯作离子交换剂,使镉的去除率大于 99.8%(张淑媛和李自法,1991)。国外最近的研究将亚氨基二乙基引入苯乙烯-二乙烯共聚物制备出一种弱酸阳离子交换树脂,在最佳条件下,对水中镉离子有 28%的去除率(Misra et al.,2011)。总的来说,用离子交换技术出水中的离子浓度远远低于化学沉淀处理后出水中的重金属离子的浓度,不仅可以对废水中重金属离子进行选择性分离,还可以实现重金属离子的回收,但离子交换剂易氧化失效,再生频繁,且会产生大量再生废液,操作费用高。

2.3　混凝或絮凝法

混凝或絮凝法是指在水体中加入合适的混凝剂或絮凝剂,使得水体胶粒物质在化学、物理作用下絮凝,形成大颗粒絮体而加速沉淀,强化固液分离(Fu and Wang,2011)。早在 1979 年就有研究利用黄腐殖酸对明矾混凝去除水体 Cd^{2+},在黄腐殖酸存在下,Cd^{2+} 的去除率高达 96%;但没有黄腐殖酸的情况下,Cd^{2+} 的去除率只有 59%。研究还指出通过与水中有机物及 Cd^{2+} 的作用产生配合物,会提高明矾混凝去除的能力(Truitt and Weber,1979)。

2.4　浮　选　法

该法先使污水中的金属离子形成氢氧化物或硫化物沉淀,然后用鼓气上浮法去除;或者采用电解上浮法,在电解过程中将重金属络合物氧化分解生成重金属氢氧化物,从而被铝(或铁)阳极溶解形成的氢氧化铝或氢氧化铁吸附,在共沉淀作用下完全沉淀;或者采用离子浮选法,向重金属废水中投加阴离子表面活性剂,与水体重金属离子形成具有表面活性剂的络合物或者螯合物(Rubio et al.,2002)。研究人员根据离子浮选法的特点,利用茶皂素去除水中 Cd^{2+},最大去除率达到 71.17%(Yuan et al.,2008)。

2.5　膜分离技术

膜分离技术主要是利用一种特殊的半透膜,在外界给予的压力作用和不改变溶液中化学形态的前提下,在膜的两侧将溶剂和溶质进行分离或浓缩的方法。不同类型的膜过滤技术,包括如超滤、反渗透、纳滤和电渗析等方法,均可去除水体中重金属(Fu and Wang,2011)。例如,一种聚合物增强超滤膜,该超滤膜属于聚砜膜,使用聚丙烯酸铵作为表面活性剂,在 pH 为 6.3 时,对初始浓度为 112.4mg/L 镉离子溶液的去除率高达 99%(Ennigrou et al.,2009)。

2.6　电化学法

电化学法是利用电解的基本原理,使废水体重金属离子通过电解在阴阳两极上分别发生氧化还原反应,形成富集效应,然后进行处理(Wang L K et al.,2007)。

电化学处理技术主要包括电絮凝法、电化学氧化法、电沉积法、电解气浮法、内电解法及电吸附、电渗析、电化学膜分离技术。采用电化学处理重金属废水，能实现废水中重金属的处理和回收。例如，在 20 世纪 80 年代末就有研究利用电化学处理技术，研究十二烷基二硫代酸配体表面活性剂下镉离子的电化学行为。实验表明，在 pH 为 3～7 的条件下，镉离子的再生率均高于 95%（Srinicasa and Subbaiya，1989）。但电化学处理技术处理重金属废水出水浓度不能达到较低的水平，一般不适用于处理低浓度的含镉废水，且由于电化学处理废水能耗大、电流效率低、成本高及易发生析氧、析氢等副反应的特点，一直没有得到很好的发展。

2.7　氧化还原法

氧化还原法是加入氧化剂或者还原剂将废水中的有毒物质氧化或还原为低毒或者无毒的物质，其中氧化法主要用于处理废水中的 CN^-、S^{2-}、Fe^{2+}、Mn^{2+} 等离子及造成色度、味嗅、生化需氧量（BOD）、化学需氧量（COD）的有机物，常用的氧化剂可以是中性分子，如 Cl_2、O_3、O_2 等，也可以是 O^{2-}、Cl^- 等离子。该法适用于处理氰法镀镉工厂的含氰、镉的废水。这种废水的主要成分是 $[Cd(CN)_4]^{2-}$、Cd^{2+} 和 CN^-，这些离子都有很大的毒性。例如，漂白粉氧化法的反应机理为漂白粉首先水解生成 OH^- 和 HClO，OH^- 与 Cd^{2+} 反应生成沉淀，同时由于生成的 HClO 具有强氧化性，可以将 CN^- 氧化成 CO_3^{2-} 和 N_2，从而在一定程度上促进 $[Cd(CN)_4]^{2-}$ 的离解，最后 CO_3^{2-} 与 Cd^{2+} 在碱性条件下生成 $CdCO_3$ 沉淀。该法处理效果好，但适用范围比较窄，仅适用于含氰、镉的电镀废水。

还原法主要用于处理废水中的 Cr^{6+}、Cd^{2+} 和 Hg^{2+} 等重金属离子，常用的还原剂有 SO_2、水合肼、$NaHSO_4$、$Na_2S_2O_3$、$FeSO_4$、$NaBH_4$ 等，金属铁、锌锰、铜、镁等也可作还原剂。有研究用锌粉作还原剂，以 As_2O_3 作加速剂，在 pH 为 5.5，Cd^{2+} 浓度为 250mg/L 的废水中，加入 80mg/L 的 As_2O_3 和 11g/L 的 Zn 振荡反应 55s，出水 Cd^{2+} 浓度可达 0.05mg/L（徐永华和汤惠民，1988）。该法在操作中应使用适当的剂量以避免二次污染，同时要考虑试剂的价格及来源。

2.8　生　物　法

生物法主要是生物絮凝法、生物化学法和植物修复法。

（1）生物絮凝法指利用微生物或微生物产生的代谢物，对重金属离子进行絮凝沉淀从而去除的方法。该微生物絮凝剂可以看作是具有高效絮凝作用的由微生物构成的天然高分子（郭轶琼和宋丽，2010）。微生物表面的高电荷或强亲水性能够与颗粒作用而结合，起到良好的絮凝效果，目前开发出的可作絮凝剂的微生物有淀粉类、半乳甘露聚糖类、微生物多糖类、纤维素衍生物类和复合型生物混凝剂类等五大类,包括霉菌、细菌、酵母菌、放线菌和藻类等 17 种,其中能对重金属离子进行絮凝的有 12 种。这种方法的优点是处理废水安全方便,无二次污染,适用范围广,效果好,微生物生长快且作用条件粗放,利于工业化的应用,还可以驯化或基因工程构造具有特殊功能的菌株,因而微生物絮凝法有着广阔的应用前景(张建梅,2003;鲁栋梁和夏璐,2008)。

(2) 生物化学法是利用微生物的新陈代谢产物将重金属进行沉淀去除的方法。硫酸盐生物还原法是典型的生物化学法,该法所用到的硫酸盐还原菌(SRB)是近年来应用和研究的热点。研究发现,SRB 可以在厌氧条件下将硫酸盐还原成 H_2S 并与废水中的重金属离子反应生成金属硫化物沉淀从而达到净化的目的,对于重金属离子废水都有较好的去除效果(鲁栋梁和夏璐,2008;郑惠,2009)。

(3) 植物修复法。广义上的植物修复技术指利用植物通过富集、吸收、沉淀等作用去除土壤、沉积物、污泥、地表水或地下水中有毒有害污染物技术的总称,是一类利用生态工程治理环境的有效方法(贾燕和汪洋,2007)。利用植物处理重金属污染,主要可以利用金属积累植物或超积累植物从废水中吸收、沉淀或富集有毒金属;或改变土壤或水体中的重金属离子对生物的有效性和生物毒性,减少重金属渗透到地下水中;或通过空气扩散;或将富集了土壤中或水中重金属的植物根部或植物地上的枝条部分收割下来,达到治理污染、修复环境的目的(张建梅,2003)。在植物整治技术中可利用的植物有草本植物、木本植物、藻类植物等。目前常被作为修复重金属污染的植物有大麦、玉米、芥菜、褐藻、凤眼莲等。褐藻对金的吸附量达到 400mg/g;绿藻在适宜条件下可去除 80%以上的铜、铅、镉、汞等;凤眼莲是常用作植物修复的一种水生漂浮植物,具有生长快、耐受性强、去污速度快、适用的重金属的范围广等优点(贾燕和汪洋,2007);木本植物和草本植物也有较好的净化效果,具有效果好、处理量大、受气候影响小、不与食物链相连等优点,如红树幼苗、香蒲、漂浮植物紫萍、沉水植物扬黑藻、根生浮叶植物白睡莲、喜旱莲子草、水龙、水车前、刺苦草、浮萍等。用植物处理污水的优点是成本低、不产生二次污染,还可以定向栽培,在治污的同时还可以美化环境,获得一定的经济效益。尽管植物整治法也有一定的局限性,但其显著的优点使此技术有广阔的前景,也是未来的发展方向(张建梅等,2002)。但目前许多研究只是在实验室实验得到植物的理论修复能力,其进行广泛的工业化应用还需要一段较长的时间。

2.9 吸 附 法

相比以上的各种方法,吸附法是一种更为流行和有效的处理技术,在近年来得到广泛的研究。该方法是利用各种不同的吸附剂将废水中的重金属离子去除。活性炭就是使用最为广泛的吸附剂（O'Connell et al.，2008）。研究发现，通过加热处理的方法可使炭转变成活性炭。活化的过程使得碳颗粒中产生网络孔状结构，活性炭的总表面积绝大部分是由孔隙里的孔壁组成，大概有 $300\sim4000\mathrm{m^2/g}$（O' Cooney，1998）。植物类原料中的果壳、木材、木屑、纸浆废液、农作物秆及果实等均可以用来制备活性炭。例如，利用低廉的坚果壳为原料，在一定的温度和时间下通入 SO_2 进行改性处理制备出硫化活性炭。该活性炭的理论吸附容量达到 $126.58\mathrm{mg/g}$，远高于商业化的活性炭（$90.09\mathrm{mg/g}$）（Tajar et al.，2009）。针对以上的七种重金属处理技术，O'Connell 等（2008）详细地总结了它们之间的优缺点，见表 2-1。

表 2-1　水体重金属（镉）污染处理技术的优缺点

处理技术	优点	缺点
化学沉淀法	工艺简单，无金属选择性，技术成本低廉	产生大量富含重金属的污泥，污泥处理成本和相关维修费用较高
离子交换法	良好的金属选择性，pH 可处理范围小，再生效率高	运行成本高，特别是维修费用
混凝或絮凝法	具有细菌灭活能力，良好的污泥沉降性能和脱水性	化学品消耗大，且产生大量的污泥
浮选法	良好的金属选择性，停留时间短，可去除更小的颗粒	维护和运行成本较高
膜分离技术	产生固体废物少，消耗的化学品少，运行空间要求少，有一定的金属选择性	维护和运行成本较高，膜易受到污染，使得性能降低，流量有限
电化学处理	无须添加化学药剂，中度金属选择性，处理污水中重金属＞2000mg/L	费用高，产 H_2，需过滤
氧化还原法	对含氰、镉废水处理效果较好	消耗较多化学药品和原材料，费用高，操作复杂
吸附法	可处理多种目标污染物，高吸附容量，吸附速度较快，有多种吸附剂可供选择	性能取决于吸附剂的类型；需要通过必要的化学改性来提高吸附剂的吸附能力

吸附法的相关技术和理论基本都是围绕着吸附剂展开的，与此同时，各种类型的吸附剂的研制又会对吸附法的理论和技术起到促进作用。在 20 世纪以前，炭为主要吸附剂。20 世纪前半叶主要以活性炭和硅胶作为吸附剂（近藤精一等，2006）。第二次世界大战以后，科学技术的飞跃发展，新材料不断出现，新技术层出不穷，加快了对更好更高效吸附剂的研制。与此同时，在追求研发高吸附容量吸附剂的基础上，低成本吸附剂的研制越来越受到重视，寻找和选择成本低廉、生物量大、取材容易且吸附能力良好的吸附剂成为当今吸附领域研究的热点和重点。所

谓低成本吸附剂,根据 Bailey 等(1999)的定义,是指那些在自然界中生物量充足,无须经过太多处理,而且是废弃工业原料的副产品。目前已存在的低成本吸附剂,可以归纳为以下五类。

2.9.1　沸石类吸附剂

沸石是沸石族矿物的总称,是一种含水的架装结构铝硅酸盐矿物。一般可以用化学式 $(Na,K)_x(Mg,Ca,Sr,Ba)_y[Al_{x+2y}Si_{n-(x+2y)}O_{2n}] \cdot mH_2O$ 表示,主要化学成分为二氧化硅、三氧化二铝、水及碱或碱土金属等(丁磊,2005)。沸石一般都由硅氧四面体和铝氧四面体组成。尽管天然沸石因排列规则的差异,产生不同的晶型、硅铝比、空隙架构和阳离子形式,但巨大的内表面积晶体结构和独特的结晶化学性质,使其具备各种能力特性,如离子交换能力、分子筛、催化和吸附性能等(Wang and Peng,2010)。当天然沸石经过一定的加热活化后,其结构中的水分逸去,可清楚地观察到沸石内部充满了细微的孔穴和通道,这些构成了可观的比表面积和较大的微孔体积,对于水体镉离子的物理吸附是十分有利的。此外,这些孔穴内因具有金属阳离子可对某些分子具有特殊的吸附交换能力,也可能具有某些特殊的化学吸附。例如,钙沸石在 pH 为 4.5～7.0 的水中可吸附 70mg/g 的 Cd^{2+}(Dal et al.,2005)。原生的斜发沸石和 NaCl 预处理的斜发沸石,对水中 Cd^{2+} 的吸附能力分别为 0.18mEq[①]/g 和 0.12mEq/g(Gedik and Imamoglu,2008)。

2.9.2　黏土矿物类吸附剂

黏土是硅酸盐矿物在地球表面风化后形成的一种重要的矿物原料。其成分十分复杂,一般指的是含水铝矿物,这些矿物构成了胶体分数小于 $2\mu m$ 的土壤、沉积物、岩石和水,也可能是混合物组成细粒黏土矿物和其他黏土大小的晶体矿物,如石英、碳酸盐和金属氧化物(Bhattacharyya and Gupta,2008)。黏土矿物在自然界中储备丰富,有着各种各样的独特优异性能,如耐酸碱性、导电性、润滑性等,在许多工业部门发挥着重要的作用。黏土的吸附性是一个主要性能。高岭土和蒙脱土是黏土矿物中的主要代表。其中,高岭土是无吸附活性黏土的代表,而蒙脱土是活化后才有吸附活性的黏土代表。研究人员利用高岭石、蒙脱石及它们相关的改性后的黏土吸附剂,处理条件为pH=5.5 水体 Cd^{2+} 时,24min 后发现四丁基蒙脱石的吸附容量达到 43.47mg/g(Gupta and Bhattacharyya,2006)。或通过与十八烷基二甲基苄基氯化铵离子交换反应制备得到的亲有机膨润土,去除 pH 为 5.5的水溶液中 Cd^{2+} 的能力为 2.8mg/g(Andini et al.,2005)。或将膨润土制成具有多孔的珠状颗粒,在 pH 为 4.5～6.9 时用以去除水溶液中的 Cd^{2+} 和 Cu^{2+},其吸附

---

① mEq 表示毫克当量,1mEq 为 1mg 氢的化学活性或化合力相当的量。

容量分别为 23.81mg/g 和 13.15mg/g(Kapoor，1998)。或利用生黏土和破碎黏土砖粉对 Pb、Cd、Zn 进行吸附，在 pH 为 6 时，前者去除率分别为 69%、22.7% 和 12.9%，后者则为 77.3%、29.48% 和 13.5%(El-Shahat and Shehata，2013)。

2.9.3　生物类吸附剂

凡是可以从水体分离重金属的生物体或者它们的衍生物统称为生物吸附剂。生物吸附剂主要是一些藻类、真菌、细菌等微生物及一些细胞提取物。吸附机理是它们的细胞壁具有多种可与重金属离子相结合的官能团，这些官能团中的 H、O、S、N 等原子与金属离子发生配位络合作用；或者某些细菌本身具有氧化还原能力，改变吸附在细胞壁上的金属离子的形态；或者某些微生物的细胞外表面带有负电荷，可静电吸附带正电荷的重金属离子(Davis et al.，2003；Iyer et al.，2005)。如丝状菌处理水体 Cd^{2+}，在 pH 为 6.0 的水溶液中吸附容量为 27.8mg/g(Say et al.，2001)。而经过培育的蓝藻处理 pH 为 5.0 的水体 Cd^{2+}，吸附容量可达 0.74mmol/g(Hashim and Chu，2004)。

2.9.4　甲壳素类吸附剂

甲壳素又称甲壳质、壳蛋白等，是一种直链状含氮多糖。它广泛存在于节肢动物的硬壳中，如虾、蟹壳，以及低等植物的细胞壁中，如海藻类。甲壳素经过一定的脱乙酰基化学反应，可以提取得到壳聚糖，其结构内具有大量的胺基。甲壳素和壳聚糖由于具有多孔性，都可以用作吸附剂，其吸附能力主要是依靠分子中的羟基、胺基与吸附质分子或离子作用，与 Cd^{2+} 等重金属离子形成稳定的螯合物(陈炳稔，1998)。例如，壳聚糖/珍珠岩吸附剂在 pH 为 2.0~4.5 的时候，主要是壳聚糖结构中的—NH_2 提供吸附位；当 pH 大于 4.5 时，是羟基提供吸附位。在对该类吸附剂对水中 Cd^{2+} 的吸附研究中，当溶液 pH 为 6.0 时，常温下的吸附量为 178.6mg/g(Shammen et al.，2006)。在 pH 为 6.0，温度为 50℃ 的溶液中壳聚糖/聚乙烯醇吸附剂对水中 Cd^{2+} 的吸附容量为 142.9mg/g(Kumar et al.，2009)。壳聚糖/棉花纤维吸附剂的制备是在将棉花纤维加入壳聚糖溶液前，先对棉花纤维进行高碘酸钠的处理，然后加入乙二醇溶液终止反应。在 pH 为 6.5 和常温下，该吸附剂的吸附容量为 15.74mg/g(Zhang et al.，2008)。

2.9.5　工业固体废弃物类吸附剂

工业固体废弃物是指人类在工业过程中取用目的成分后，弃去的固体物质和泥浆状物质。虽然这部分物质已经失去自身的主要特性，但是以其特殊的产生环境和物化性质，可以在处理水体镉污染中起到一定的作用。例如，污泥、粉煤矿、水淬渣及煤矸石等，由于价格低廉、来源广泛，在吸附剂领域中得到很好的应用。研究人员将两种植物($Abo\tilde{n}o$ 和 $Cangas\ del\ Narcea$)燃烧后得到粉煤灰,由于是碱性物质,可以中和酸性废水,使得 Cd^{2+} 沉淀,还可以吸附氢氧化镉,吸附量为 8.0mg/g(Ayala et al.,1998);还有人利用电镀厂遗弃的污泥作为吸附剂处理水体 Cd^{2+},常温下 Cd^{2+} 的吸附量为 40mg/g(Bhatnagar and Minocha,2009)。

第 3 章 农业废弃物吸附剂改性和应用

3.1 农业废弃物

通常农业废弃物是指农业和林业生产与加工过程中产生的剩余物（淘汰物），其主要类型是农业和林业的生物质，如秸秆、皮壳、浆液、渣沫及屑粉。农业废弃物作为生物质材料的一种，它们的特点是数量巨大、价格低廉、可再生循环、可生物降解。农业废弃物的孔隙度高、比表面积大，容易物理吸附重金属离子；与此同时，自身含有一些活性物质，如单宁、黄酮醇和果胶质等有效活性基团，可化学吸附重金属离子。因此，农业废弃物很适合作为水体重金属离子的吸附材料。

3.1.1 农业废弃物的组分

农业废弃物主要由纤维素、半纤维素和木质素三种化学成分组成。从生物学角度讲，活着的植物由无数植物细胞作为基本单元组成。植物死亡后，植物细胞的原生质干化，仅剩下细胞壁包裹着胞腔，保持原有外形不变（罗学刚，2008）。植物细胞壁就是构成各种秸秆的生物单元，具有纤维形态，主要化学成分是纤维素、木质素和半纤维素，同时含有少量的有机提取物和灰分。不同种类的农作物的这三种化学成分的含量是不同的。如麦草秸秆的纤维素含量在 $33\%\sim40\%$，半纤维素含量在 $20\%\sim25\%$，木质素含量为 $15\%\sim20\%$；玉米秸秆的纤维素含量最高，占到 45%，半纤维素次之，为 35%，木质素仅有 15%；而稻草秸秆，纤维素、半纤维素和木质素的含量分别为 40%、18%和 55%（Prasad et al.，2007）。

植物纤维细胞壁的结构模型即超分子结构如图 3-1 所示，主要由初生壁、次生壁及不同细胞壁之间的中间层构成（Low et al.，2004）。据测木材初生壁厚度为 $1\mu m$ 左右，占整个细胞壁的 1%，而靠细胞壁内测生长的次生壁较厚，其形成过程就是细胞木质化的过程。中间层是细胞分隔部分，木质素浓度最高。纹孔其实是细胞壁上的一种凹坑，直径为 $1\sim3\mu m$，纹孔底部就是初生壁。以次生壁为例，可继续细分为大纤丝，大纤丝由微纤丝构成，微纤丝由胶束构成。在胶束中纤维素、木质素和半纤维具有一定的空间分布。纤维素分子链排布在胶束内部，外边被木质素和半纤维素形成的共生体所包裹（Demirbas，2000a）。下面分别介绍纤维素、半纤维素和木质素的结构和性质。

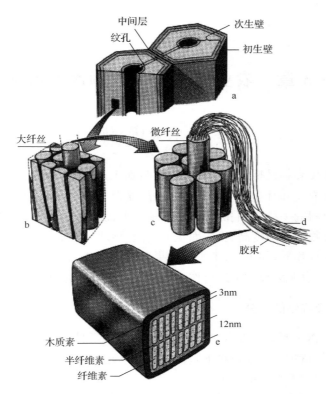

图 3-1　植物秸秆细胞壁的超分子结构模型示意图（Hüttermann et al. , 2001）

a 为显示初生壁、次生壁和中间层的秸秆材料剖面；b 为次生壁中的原纤维剖面；c 为微纤维束；

d 为胶束；e 为由纤维素、半纤维素和木质素构成的单个胶束

纤维素是由 β-D -吡喃式葡萄糖通过 1-4 苷键连接形成的线形高聚合物（Demirbas，2000a，2000b），其分子结构如图 3-2 所示。在图中可以获得以下一些更为详细的信息：纤维素大分子的基本结构单元是 D -吡喃式葡萄糖基（即失水葡萄糖），属于线形高分子化合物；纤维素大分子中葡萄糖基之间的连接都是 β-苷键连接；纤维素大分子每个基环上均具有三个醇羟基，其中分别在 C2、C3 位置的是仲醇羟基，而在 C6 位置的是伯醇羟基，这些羟基对于纤维素的性质起着关键性的

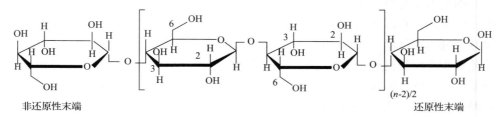

图 3-2　纤维素的分子结构图

影响,使得纤维素可以发生氧化、醚化、润胀、接枝共聚等化学反应;纤维素大分子有两个末端基,其中一端的葡萄糖基第一个碳原子上存在 1 个苷羟基,它的存在有可能转变为还原性的隐性醛基,称为还原性末端;而另一端,在末端基的第 4 个碳原子上存在仲醇羟基,不具有还原性,称为非还原性末端(杨淑惠,2005)。

　　半纤维素是由多种糖醛酸基所组成,并且分子中往往带有支链的复合聚糖的总称(王宇, 2007);或者说,半纤维素是一种共聚物的总称。在半纤维素分子中一般出现由某种单糖作为单体,通过 β-1,4 键相互连接形成的主要组成部分,所以半纤维素被分成木聚糖、甘露聚糖及半乳聚糖三个部分,这些单体以 C—C 键、C—O—C 键等形式连接而成。其中木聚糖是许多半纤维素的最主要组成部分,特别是在木质纤维素中。图 3-3 中是以木聚糖作为单体组成的部分半纤维素的一种主要形式。

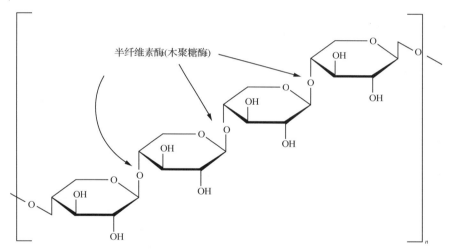

图 3-3　半纤维素的分子结构图

　　木质素则是苯基丙烷结构单元,通过醚键和 C—C 键连接而成的芳香族高分子化合物(杨淑惠,2005)。构成木质素的三种主要代表性的单体分别是紫丁香基丙烷、愈创木基丙烷和对羟基苯丙烷(图 3-4)。木质素在细胞壁组织中,是纤维素的外围基质,紧紧地包裹着纤维素,成为一道天然的物理屏障,保护着纤维素免受微生物降解的侵害,但是这也成为纤维素利用过程中的一个障碍(杨淑惠,2005),需要去除木质素后纤维素才能更多地暴露出来。

　　纤维素、半纤维素和木质素构成了植物体的支持骨架。其中,纤维素组成微细纤维,进而构成纤维细胞壁的网状骨架,其分子排列是规则有序、聚集成束的;而半纤维素主要结合在纤维素微纤维的表面,并且相互连接,构成一个坚硬的细胞相互连接的网络;木质素则起到使植物细胞壁上的细胞相连的作用,并具有增强细胞壁

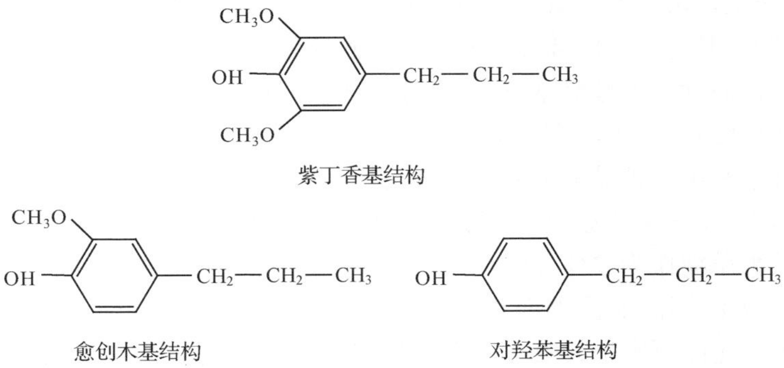

图 3-4　木质素单体的分子结构图

和黏合纤维的作用。打个比方,半纤维素和木质素是填充在纤维和微细纤维之间的"黏合剂"和"填充剂"(杨淑惠,2005)。在这个结构中,纤维素和半纤维素或木质素分子之间的结合主要依靠氢键,而半纤维素和木质素之间除了氢键外,还存在化学键,如醚键、酯键等。正是由于这三种成分的彼此存在,才使得植物体保持良好的直立,并具有一定的刚性和特定的生理功能(王宇,2007;詹怀宇等,2005;杨军等,1999)。

3.1.2　农业废弃物的种类及利用现状

农业废弃物主要包括秸秆、稻壳、食用菌基质、边角料、薪柴、树皮、花生壳、枝桠柴、卷皮、刨花等。我国作为农业大国,农业废弃物非常丰富。以农业秸秆这一项为例,我国的农业秸秆的种类和利用情况有以下几个特点:①是世界上第一秸秆大国,总产量稳居榜首。《国际统计年鉴 2001》的统计表明,世界秸秆总量为43886237 万 t,而我国产量高达 75893.15 万 t,占全球 17.29%(韩鲁佳等,2002)。②我国秸秆总产量逐年递增,呈不断增长之势。1980 年,我国的秸秆总量不到 4.5亿 t,2001 年则达到了 84183.12 万 t,与 1980 年相比,共计增长了 88.59%,年均增长 2.57%(中华人民共和国统计局,2001)。③各地区的秸秆种类复杂和产量不均衡,但总体来看,粮食作物秸秆占到我国秸秆总量最大份额,特别是三种作物秸秆:水稻秸秆、玉米秸秆(芯)及小麦秸秆又是粮食作物秸秆中比例最大的。又以玉米秸秆(芯)为例,2005 年的产量占到全国总产量的 24%,其中玉米秸秆产量占玉米秸秆(芯)的 82.76%,玉米芯为 17.24%(毕于运等,2008)。④各地区经济发展水平不平衡,使得秸秆的利用方式具有差异性。一般来说,可分为生物质能源、秸秆还田(毕于运等,2010)、饲料化应用(孙永明等,2005)、工业化利用(胡晓霞等,2003)、食用菌基料(罗子华,2007),其他如废弃及焚烧。经测算,以 2006 年为例,用于农村居民生活用的能源化利用占理论资源量的 25%;直接还田占 30%;用作牲畜饲料占 18%；用作造纸原料和养菇占 6.9%；焚烧及丢弃占 20%（赵超等，2007）。同时也有报道表明，在我国约有 70% 的秸秆作为生活能源的燃料后还田，或者就地燃烧还田，20% 左右作为饲料，还有 10% 左右作为造纸等工业的原料，真正形成工业化规模生产的资源化利用技术项目少之又少（崔明等，2008）。这样利用的后果不但破坏了生态平衡，使土壤肥力衰竭，而且造成农业上的恶性循环。据测算，秸秆焚烧后还田增产比直接还田增产还低 10 倍（张雪松，2005）；而且直接还田还可能带来污染环境的后果，并存在火灾隐患。同时，以其作为燃料热能利用率极低，对资源也是极大的浪费。

近年来，我国也逐渐开发利用农业废弃物作为处理水体重金属污染的吸附剂，特别是在农业秸秆方面的吸附研究，不但充分利用了丰富的秸秆资源，开辟了秸秆利用的新途径，而且能够有效地去除重金属污染物，达到变废为宝的目的；这对开发我国的环境绿色高新技术以及保护环境，提供了一个长远的发展方向，因此具有深远和现实的重要意义。

3.2　农业废弃物的改性

天然纤维素的聚合度取值很宽泛，相应的相对分子质量跨度也较大，通常含有几百到数千个葡萄糖单位。纤维素化学分子式可简写为$(C_6H_{10}O_5)_n$，理论上含碳 44.44%、氢 6.17%、氧 49.39%。图 3-2 为纤维素的化学结构，可以看出它是由 D-葡萄糖通过 β-1,4-糖苷键连接而形成。在结构上，纤维素有两个非常值得关注的特点。其一是纤维素 D-葡萄糖基上 C2、C3 和 C6 的位置有三个羟基，尤其是 C6 位相连的羟基，由于伸出纤维素主体结构之外，具有较高的化学活性，便于对纤维素设计化学改性。其二是纤维素聚合结构中存在大量的氢键，容易形成超分子结晶结构（图 3-5）（Nishiyama et al.，2002）。据此，可将一些天然纤维素材料中的纤维素分为结晶区和无定形区。这些氢键既可以发生在同一个纤维素链相邻两个葡萄糖结构中，如 C6 位上氧与 C2 羟基之间；也可以形成在相互靠近的不同纤维素链中。总之，在纤维素结构中氢键结构非常复杂，虽然已有很多解释模型相继提出，但至今尚未完全认识清楚。正是由于纤维素存在结晶结构和氢键作用，才造成其性质稳定，常温下不溶于水，也不溶于普通有机溶剂，如乙醇、乙醚、丙酮和苯等。这一特点也是纤维素化学改性首先要考虑的问题，即如何使处于纤维素结晶结构中的羟基从氢键作用中解放出来，表现出化学活性；以及如何使化学改性试剂能够进入纤维素结构内部，发挥更大效用。

结构决定性质，纤维素的结构特点使纤维素表现出一些化学性质。例如，在一定条件下纤维素可发生还原反应，使氧桥断裂，水分子加入使纤维素长链分子被切割成短链分子，直至氧桥全部断裂成葡萄糖分子。纤维素也能与氧化剂如高锰酸

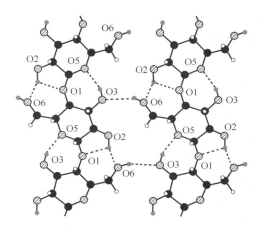

图 3-5　纤维素结晶结构中的氢键(虚线)示意图(Nishiyama et al.，2002)

●为C；◎为O；○为H；⊘为氢键中H

钾和双氧水发生化学反应,生成一系列与原来纤维素结构不同的物质。纤维素的二糖单元上含有多个可功能化的羟基,经过酸化、酯化、醚化、氧化和卤化等化学处理后可得到相应的纤维素衍生物。纤维素也可与其他高分子材料进行聚合、共混,从而制备新型的高分子材料,如阻燃胶片和具有特殊功效的膜材料(Low et al.，2004)。结构特点和物理化学性质是纤维素及含有纤维素的农业秸秆材料改性利用的基础。根据改性手段不同,可将纤维素改性分为物理改性、化学改性和生物改性。

3.2.1　物理改性

物理改性常作为农林废弃物吸附材料制备的预处理步骤,使其纤维素、半纤维素和木质素三种组成成分的结构发生改变,从而使其内部孔隙度扩大,活性基团的含量提高,吸附效果得到改善。具体方法包括机械研磨、气爆、浸润及微波和辐照处理等,可引起纤维素形态结构上的重大变化,如纤维素纤维的膨胀、分离、孔结构增多、结晶度改变及试剂可及度增强(张智峰,2010)。

1. 研磨改性

机械研磨处理的原理是在机械应力的作用下使纤维素材料表面形态和结构发生变化,提高纤维素对各种化学反应和酶水解的可及度和反应性。其作用力的大小与采用的机械处理方式即机械力大小和能量大小有关。研究发现,利用机械研磨设备对硬木纤维素进行研磨处理,机械球磨后木材纤维素材料粒径明显降低,主体结构上氢键断裂造成结晶度降低。相对标准球磨法,磨盘机械处理的硬木纤维素效率大大提高,研磨 40 次后平均粒径减少到 $21\mu m$,比表面积增加至 $0.8m^2/g$,

纤维素的结晶度从原来的 65% 降低至 22%。热分析和溶解性实验说明，磨盘预处理的纤维素具有较低的热稳定性，在碱溶液中的溶解性得到提高(Zhang et al.，2007)。

2. 气爆改性

纤维素的蒸气爆破方法是将一定量的纤维材料装入气爆罐，将设定温度及压力的热蒸汽通入气爆罐，待气爆罐的压力恒定到所需值后，保压一定时间；而后快速打开与接收器相连的球形阀，瞬间泄压；纤维材料借助压差进入接收器中，收集后洗涤、干燥备用。也可以先将纤维素放置到气爆罐中，水浸没后在密闭容器里高温加热，形成高压水蒸气；再让压力在规定的时间里急剧降低到大气压，从而导致纤维素超分子结构的破坏，分子内氢键断裂。气爆对纤维素物料的物理结构及化学组成有一系列的影响：物料粒度变小，X 射线衍射峰变化明显，红外光谱的某些峰强度减弱，经处理后的物料更易于酶解(陈育如等，1999)。

3. 溶剂润胀改性

使用水或者有机溶剂浸润，可以使纤维材料润胀以提高其可及度和化学反应性。碱液是纤维素良好的润胀试剂，由于碱液浸泡纤维素在处理过程中可发生一些化学反应，因此不列为物理改性方法讨论。例如，微晶纤维素在 200～315℃ 的亚临界水短时间接触处理(3.4～6.2s)下，结晶度可有所提高，低温处理(≤275℃)的微晶纤维素转化成水溶性的量很低(<10%)，并且比未处理的更难被酶水解；高温处理(≥300℃)的微晶纤维素酶水解性提高，315℃ 处理的微晶纤维素酶活性约是对照的 3 倍；其聚合度随处理温度的上升而下降，315℃ 处理下降剧烈(Kumar et al.，2010)。液氨处理也是一种可行的纤维素物理改性方法。在常温和 1.03MPa 压力下利用液氨处理纤维素原料，并对比研究了处理后纤维素原料对不同化学试剂的可及度，结果表明，液氨处理有利于增进纤维素对各种化学试剂的可及度，能提高纤维素的化学反应性能和反应均一性(茂尧和由利丽，1998)。借助微波、超声波甚至是高能电子辐射等方式可以改进纤维素原料的某些物理化学和结构特性。但是，这些设备价格昂贵，技术操纵要求高，以至于高能电子辐射和电离辐射处理在纤维素原料方面的研究报道较少。

3.2.2 化学改性

正如前面所提到的，在纤维素大分子间，纤维素和水分子间，以及纤维素大分子内部都可以形成氢键，氢键的作用是使纤维素上具有吸附功能的羟基(—OH)被束缚起来，所以未改性的纤维素组分的吸附能力也是很低的，需要通过必要的化学方法来增加其吸附的性能。纤维素一般分为高密度的结晶区和低密度的无定形区，在结晶区里晶格间的作用力，除了氢键作用外，范德华力也起着重要的作用，化学作用可破坏这些束缚力,从而降低结晶度,破坏羟基覆盖的结构(Wojnárovits et al.,2010)。而且通过相应的化学手段可使纤维素具有各种各样的应用,而改性后的纤维素将会成为很好的重金属离子的吸附剂(Gurgel et al.,2008)。换句话说,化学改性的实质就是纤维素的羟基被其他更为有效的功能基团所取代,使得纤维素的功能更强、应用范围更广(Liu et al.,2007)。

1. 酸改性

直接用酸对材料进行浸泡,破坏其木质素的致密结构,提高其孔隙度,暴露出更多的活性基团。例如,使用磷酸浸泡花生壳和玉米芯,对于 Cr^{6+} 的吸附去除率可达99%以上(张庆芳等,2008);采用柠檬酸对花生壳进行改性后吸附的效果也有所提高(黄文鹏等,2010);使用硝酸改性后的花生壳对 Pb^{2+} 的吸附容量可达到32.68mg/g(宋应华,2011)。

2. 碱改性

碱液润胀是应用最早、最广及最为有效的纤维素化学预处理手段之一。碱液的种类不同,其润胀能力也有所差异。主要原理是碱液中金属离子对外围水分子的吸引力作用,形成"水合离子"的形式,进而可打开纤维素结晶区。一般来说,金属离子的半径越小,形成"水合离子"的直径越大,润胀能力就越强。按碱液与组分作用的先后顺序来看,碱液最先与最外层的木质素表面接触,木质素的酸性醇羟基对碱产生吸附作用,会使其表面与碱液处于饱和平衡状态;接着木质素与碱发生化学作用;最后发生化学水解作用,木质素从表面脱离出来;然后,碱液与半纤维素产生剥离作用和分解反应,导致半纤维素也被分离出来。最后碱液与纤维素作用,生成碱纤维素,纤维素大分子被分解成小分子,纤维素的葡萄糖分子也被脱离出来,直至到达一个相对稳定的状态(王德翼,2001)。碱润胀的结果使农业废弃物纤维素组分占到了较大比例,提高了纤维素的可及度,有利于纤维素的进一步化学改性。有研究表明,碱润胀作用受浓度比例及温度条件的影响(赵艳峰,2006;Pavlov et al.,1992)。当超过一定的浓度,溶液中的金属离子增多,密度增大,所形成"水合离子"的半径减小,从而润胀能力就会降低;当超过一定温度后,溶液中的金属离子运动强烈,同样会造成密度大而润胀能力降低的现象。

3. 衍生化改性

纤维素衍生化改性也称为纤维素直接功能化改性,其实质就是纤维素的定点选择性取代。在纤维素的葡萄糖基环的第2、第3、第6个碳原子上共有三个极性游离羟基,其中第2、第3个碳原子的羟基是仲羟基,第6个碳原子上的则是伯羟基,它们的反应活性是不同的,伯羟基的活性较大。这些羟基可以被个别取代或者全部取代,从而成为各种结构、性能以及作用不同的纤维素化合物,或者叫纤维素衍生物,而这一系列涉及羟基的反应过程称为纤维素衍生化。当取代基团种类不同时,这种方法可以分为以下四种(O'Connell et al.，2008)。

1) 酯化改性

纤维素酯化改性是将纤维素内的羟基转变为酯基,使氢键减少或者消失,分子间相互作用减弱,纤维素成为一种纤维素酯(邵自强等,2005)。酯化改性一般是纤维素中的羟基与酸、酸酐等发生了反应。例如,利用丁二酸酐对木浆纤维素进行化学改性,改性后的纤维素对水中镉离子的吸附容量达到 169mg/g(Gaey et al.，2000);用柠檬酸酯化改性玉米棒芯,处理水体 Cd^{2+} 24h 后,吸附量为 8.89mg/g(Vaughan et al.，2001);同样,用硝酸和柠檬酸醚化改性玉米棒芯处理水体镉离子,理论最大吸附量分别为 19.3mg/g 和 32.3mg/g,吸附剂投加量少,且反应时间较长(Leyva-Ramos et al.，2005);柠檬酸酯化法也可应用到草坪草纤维素的改性研究里,改性浓度为 1.0mol/L 和 0.6mol/L 的柠檬酸制备出的吸附剂,可吸附水中镉离子分别为 1.29mol/kg 和 1.19mol/kg(Lü et al.，2010)。

2) 卤化改性

在改性过程中,在纤维素化合物分子中引入卤素原子及生产卤化物的反应过程。例如,一种溴代脱氧纤维素被成功合成。在反应过程中,发现纤维素与溴的反应率要高于纤维素与氯的反应率。而且通过反应,将其他一些功能基团如羧基、氨基、异硫脲基、疏基以及额外的羟基引入纤维素分子中,且卤化后的纤维素重金属离子有很好的吸附性能(Aoki et al.，1999)。

3) 氧化改性

纤维素作为多羟基化合物,很容易被许多的氧化剂氧化,从而得到不同的氧化纤维素化合物。根据发生在不同位置的羟基的氧化反应,主要有以下几种氧化方式(李琳等,2009;武利顺和王庆瑞,2000):其一是伯羟基氧化成羧基;其二是链末端环节中的还原性基团氧化成羧基;其三是葡萄糖酐环节中第 2、第 3 位碳上的仲羟基氧化成羧基,或是仲羟基在环不破裂的前提下氧化成酮基;其四是第 1、第 5 位碳发生破裂,第 1 位碳上发生氧化;其五是第 1、第 2 位碳发生破裂,第 1 位碳形成碳酸酯基团,第 2 位碳上氧化成羧基;其六是在纤维素大分子环节间"氧桥"氧化形成过氧化物。例如,研究人员对纤维素进行预氧化处理,然后用轻度浸酸的氯化钠进一步氧化处理,制备出 2,3-二羧基纤维素,这种纤维素对重金属离子有很好的吸附效果(Maekawa et al.，1984);之后,他们也是通过预氧化的方法,合成出带羟肟基的纤维素,这种纤维素把吸附重金属的吸附性能进一步提高(Maekawa and koshijima，1990)。

4) 醚化改性

纤维素醚是一种重要的纤维素衍生物。纤维素醚化改性是以纤维素为原料,经过碱化、醚化反应的生成产物,其产物是纤维素高分子中羟基上的氢被烃基取代的生成物。生成物根据其离子性分为四类:纤维素烷基醚(非离子纤维素醚)、阴离子纤维素醚、阳离子纤维素醚及两性离子纤维素醚(张光华等,2006)。醚化的改性方法制取出的纤维素吸附剂可吸附多种重金属离子(Navarro et al.,1996)。研究人员曾把纤维素成功地醚化制备出几种重金属离子的吸附剂,对水体 Cd^{2+} 的吸附量分别达到 3.77mol/g、1.55mol/g 和 2.24mol/g(Saliba et al.,2001;2002a;2002b)。此外,他们还通过丙烯腈的反应把氰基引入木屑纤维素结构中,制备出氰乙基纤维素醚化合物,对 Cd^{2+} 的吸附量为 2.99mol/g(Saliba et al.,2005)。

4. 接枝共聚合成改性

接枝共聚是一种全新的改性方法,它的改性机理与上述的几种方法是有区别的。酯化、卤化、氧化和醚化基本都是通过在纤维素高分子结构中的 D-六环葡萄糖基上的游离羟基,引入新的功能性吸附基团。而接枝共聚改性根据其原理可以分为:自由基引发接枝共聚、离子型聚合、缩合或加成接枝共聚。纤维素接枝共聚物的合成大多为自由基聚合,即活性单体为带单电子的自由基连锁聚合。反应过程是在 D-六环葡萄糖基上的游离羟基上(通过断环后)形成自由基,与接枝单体发生链式反应,从而引入新的功能性支链。其聚合过程通常由引发、增长、终止和链转移四个基元反应构成(土田英俊,1981)。O'Connell 认为自由基接枝共聚根据引发体系不同,可以分为光化学合成接枝、高能辐射接枝和化学方法引发三种类型(O'Connell et al.,2008),同时还综述了这三种接枝技术类型的优缺点,见表 3-1。

表 3-1 接枝技术类型及其优缺点

接枝类型	优点	缺点
光引发	反应条件温和,操作成本低	仪器成本高,反应时间较长
高能辐射	反应无须加催化剂或添加剂,参数调整简易,改性过程容易控制	放射性强,运行成本高
化学引发接枝	成本相对低廉,某些情况下适合应用在小均聚物上	需要添加催化剂或添加剂,接枝程度受限于引发剂的浓度、纯度以及反应的温度

资料来源:O'Connell et al.,2008

1)光引发接枝

光引发接枝法是指利用紫外线(UV)辐射在加有光敏剂或不加光敏剂的纤维素上,在纤维素表面上形成表面接枝中心——表面自由基,从而将单体接枝到纤维素上(黄建辉等,2004)。一般在 UV 照射下,吸收效率较低,直接使单体引发聚合比较困难。加入适当的光敏物质,就可以使得聚合反应较为容易地进行。光敏剂是一类容易被光激发的分子,在 UV 的照射的过程中,被激发的这种分子能够将能量传递到单体或者聚合物分子链上的基团上。同时由于能量过剩,通常会引起降解等作用,使分子链成为大分子自由基,进而引发单体发生聚合反应(Bhatta-charay and Misra,2004)。接枝用的光敏剂主要有两种:一种是光敏剂吸收光后能产生激发态分子,夺取纤维素分子中的氢而产生自由基,此类光敏剂如二甲苯酮及其衍生物;另一种是能产生自由基并向纤维素转移的光敏剂,这类光敏剂主要包括过氧化物、偶氮化物、亚硝基化物及安息香醚类等(申屠宝卿等,2001)。1995年,研究人员利用光化学合成接枝的方法,将偕胺肟基团引入纤维素分子结构中,这种纤维素接枝制备物对重金属离子的吸附有很好的效果(Kubota and Suzuki,1995)。

2)高能辐射接枝

由于高能射线具有较高的能量,通过照射很容易使得电子从分子上脱离下来。这些高能辐射线来源于放射性核素给出的 α 粒子流、β 射线、γ 射线(Co-60 或者Cs-137),以及工业电子加速器给出的高能电子束和衍生出的 X 射线(Nasef and El-Sayed,2004)。当纤维素受到高能射线辐射时,会从纤维素的分子链上失去一些侧基,或者使得纤维素的分子链发生断裂,这些情况都可以形成纤维素自由基。此时在体系中有活泼单体存在,即可发生接枝聚合反应。例如,利用 γ 射线将丙烯酸接枝到木浆纤维素分子上,测得对水体 Cd^{2+} 的吸附量为 4mg/g(Abdel-Aal et al.,2006)。

3)化学引发接枝

化学引发接枝被认为是最为有效,接枝效率较高的方法(Shukla and Athaly,1994)。氧化还原法在化学引发接枝中占据主要的地位。相对于一般的化学引发法,它具有以下特点:第一,分解活化能低,比一般自由基引发剂活化能低 41.8～83.6kJ/mol;第二,产生自由基的诱导期短,在较低温度下也能产生足够数量和高活性的初级自由基,反应可以在较低且较宽的温度范围内进行;第三,可以在短时间内获得高分子支链;第四,可以通过改变氧化剂和还原剂的量控制接枝速率和接枝效率;第五,可以通过改变氧化剂还原剂获得不同的引发体系。除此之外,氧化-还原法操作简单、成本低、易于工业化生产(蒋先明和曾宪家,1993;李和平,2003)。

一般来说,参与氧化还原化学引发接枝的纤维素大分子,可在过渡金属氧化性离子(MnO_4^-,$Cr_2O_7^{2-}$ 和 Ce^{4+} 等)及氧化还原引发体系(Cl^--H_2O_2、Fe^{2+}-H_2O_2 和 $S_2O_8^{2-}$-SO_3 等)引发剂的引发作用下,与各种单体发生接枝共聚反应(黄建辉等,2004)。Ce^{4+} 是使用最多的引发剂,其在化学引发体系中扮演着重要的角色(Hon,1982)。一般认为,Ce^{4+} 氧化纤维素先生成具有络合结构的中间体,然后被还原为 Ce^{3+},同时一个氢原子氧化生成纤维素自由基;此时纤维素上的葡萄糖环上的第2、第 3 位碳间的键断裂,纤维素自由基与单体可以很好地起到接枝的效果(张黎明,1995)。研究人员合成自交联淀粉接枝共聚物,并综述了铈盐引发剂引发的特点。其引发特点主要概括为：引发反应的活化能较低，室温即可满足其反应要求；引发速度快；引发效率高，重现性强；反应体系中产生均聚物含量较少；而且加入少量的硫酸或硝酸对反应有很大的促进作用（李和平，2003）。也有以铈铵硝酸盐为引发剂，将丙烯酸（AA）、丙烯酸/N,N-二甲基丙烯酰胺（NMBA），丙烯酸/2-酰胺基,2-甲基丙烷磺酸酯酸分别接枝到纤维素分子主链上，得到三种不同的接枝制备物 p(AA)、p(AA-NMBA) 和 p(AASO$_3$H)，它们对水中镉离子最优的吸附容量为0.02mmol/L。相比而言，p(AA)对重金属离子螯合效果最好（Güçlü et al.，2003）。

MnO$_4^-$ 使用得也较为普遍，和 Ce^{4+} 都是基于过渡金属的氧化作用。在接枝共聚反应过程中，锰的价态会发生一系列的变化：Mn（Ⅶ）、Mn（Ⅳ）、Mn（Ⅲ）及 Mn（Ⅱ）。这也会导致在纤维素大分子上产生自由基，诱发单体进行接枝共聚反应。其中，高锰酸钾就是一种很好的引发剂，而被广泛应用于纤维素的接枝改性。有研究报道了一种以高锰酸钾为引发剂，在纤维素分子结构上接枝聚丙烯酸，这种吸附材料可以吸附 168mg/g 的镉离子（Gaey et al.，2000）。

过氧化氢-铁离子体系（如 Fe^{2+}-H$_2$O$_2$ 体系）和过硫酸盐体系（如 S$_2$O$_8^{2-}$-SO$_3$）则是另外两个重要的引发体系。其中，在过氧化氢-铁离子体系中，过氧化氢同铁离子反应产生的氢氧根自由基（HO·）是导致接枝共聚发生的根本。此体系中，研究较多的是 Fenton's 试剂法（Fe^{2+}-H$_2$O$_2$），反应的原理是 Fe^{2+} 首先同 H$_2$O$_2$ 发生反应放出 HO·，这个游离基从纤维素链上得到一个氢原子形成水和一个纤维素游离基，次游离基与接枝单体进行接枝共聚，其接枝的效果不错。但是，有相关研究表明两者需保持适当的比例，才可能获得理想的引发效果（Vázquez et al.，1989）。例如，通过在 Fenton's 试剂引发体系下用丙烯腈对香蕉杆的接枝改性，再用乙二胺继续进行胺化和丁二酸酐回流处理，制备物对 pH 为 5.0 的污染水体中重金属离子的处理效果最佳（Shibi and Anirudhan，2002）。

过硫酸盐体系引发机理是因为自由基 SO$_4$· 和 HO· 的生成而发生引发作用。这个体系引发效率较高、重现性较好，反应过程比较温和，操作易于控制；而且过硫酸盐价廉无毒。但与铈盐相比，引发速度还是相对较慢，反应时间较长，反应温度也较高（李和平，2003）。例如，利用过硫酸铵引发衣康酸与苎麻纤维素的接枝共聚反应，制备出苎麻纤维素吸附剂可以吸附 49mg/g 水体 Cd^{2+}，并且引发剂（S$_2$O$_8^{2-}$）的浓度对接枝率有一定的影响，接枝率在 30~40℃ 温度下随引发剂浓度增大而增加，但是当引发剂浓度超过一定量后，接枝率增加的幅度会变得很小（肖超渤等，1999）。

在化学引发接枝中，以 Ce^{4+} 引发体系研究较多，H$_2$O$_2$ 引发体系次之，高锰酸钾和过硫酸盐体系相对研究较少。这四种引发剂各有其优缺点。例如，Ce^{4+} 盐接枝效率高，均聚物产生较少，反应活化能低，重现性好，但是价格昂贵；过硫酸盐价廉无毒，但是引发活性较低；过氧化氢引发效率重现性差，而且不易保存，容易失效

(李和平,2003)。因此,如何选用价廉、高效、无污染、操作方便的引发剂是需要关注的重要问题。

3.2.3　生物改性

1. 酶改性

纤维素的生物改性研究较多的是利用纤维素酶和半纤维素酶处理纤维素材料。酶改性的优点是在不损害纤维强度的前提下改善纸浆的滤水性能,降低打浆能耗,还可以提高成纸的某些强度性质,改善浆料的碱溶解度、脱墨、预漂、助漂等。研究表明,利用纤维素酶与半纤维素酶协同处理二次纤维可以提高纸浆的滤水性能,当外切酶和木聚糖酶活性存在时,它们的协同作用会进一步促进滤水性能的改善(Jackson et al., 1993)。酶处理在纸浆打浆之前,可以改善纸浆的打浆特性,降低打浆能耗;酶处理在纸浆打浆之后,则可以提高纸浆的游离度,将两者综合运用于工厂试验,使工厂可以在原料中添加40%的混合废纸,而不降低车速(Moran,1996)。研究人员用不同的复合纤维素酶与杨木磨石磨木浆(SGW 浆)作用,发现适当酶处理能够去除浆中尺寸很小的细小组分,减少了纸浆和水之间的作用,提高了纸浆的滤水性而不影响其物理性能;同时使纸浆游离度增加,明显改善纸浆滤水性,而对纸浆强度没有损伤(管斌等,1999)。通过酶改性后的纤维素纤维的长度减小,而宽度和平均扭结指数有所增加。酶的使用还可以使纤维素细胞壁受到破坏,导致其结构上变形,这种变形有可能会暴露出更多的羟基,增加纤维素结构对重金属离子的吸附能力。但是,目前纤维素的酶改性在造纸工业中研究较多,而酶改性纤维素材料用作吸附剂的研究还很少,还处于探索阶段。

2. 纤维素材料用作微生物固定化载体

将具有特殊降解功能的微生物固定化到纤维素材料上是一种制备具有生物活性的新型多功能材料的方法。这种微生物固定化过程归类于纤维素的生物改性可能不够准确,但是微生物的附着生长,对纤维素材料结构性质有所改变,如表面形貌,而且使这些材料具有新的功能。微生物固定对载体有相应要求,理想的载体应通常具备以下条件(屈佳玉,2010):对生物细胞无毒,固定化后微生物活性损失少;传质性能好、结合强度和机械强度高、不易被生物降解;最好能再生并重复利用、制备工艺简单、成本低廉。常用的固定化载体为陶粒、多孔硅铝酸材料、活性炭、海藻酸钙凝胶和高分子树脂等。将微生物固定在纤维素类材料上如植物秸秆或纤维素球的研究还不多。总体而言,纤维素的生物改性研究尚处于开始阶段,值得进一步探索。

3.3　农业废弃物吸附剂的应用

3.3.1　吸油材料

农业废弃物主要依靠材料自身的孔隙,通过纤维表面和毛细管原理吸收油。纤维特性对其吸油性能有较大影响。纤维素中羟基多,有很好的亲水性,从而减弱了其吸油能力,也影响了其对油的保持能力。天然有机吸油材料的吸油量较小,受压时油会再渗漏出来,同时易吸水,并且此种材料容易受潮和腐烂;优点是原料丰富、价格低、使用安全(王泉泉,2009)。

天然材料有其自身的巨大优势,木棉纤维在天然吸油材料中使用量最大,也是使用最早的吸油材料,它具有很高的吸油性,可吸收自重约 30 倍的油,是聚丙烯纤维的 3 倍(温和瑞和朱建飞,1998)。例如,以稻草、麦秆等作为天然吸油材料,将处理好的干燥稻草纤维夹在两层无纺布之间,制成垫片状,吸油后,可通过离心或滚压等手段,将油品与其分离,可以反复使用(白景峰等,2002;许乃政等,2001)。而用间伐材和旧纸板开发出的木质吸油材料,能吸附重油 25g/g(黄彪和高尚愚,2004)。有研究以灯心草为吸油材料进行吸附实验,对水中悬浮柴油、机油在室温下的静态吸附饱和倍率分别为 27.04g/g 和 18.13g/g(肖伟洪等,2005)。也有利用蒲绒纤维作为吸油材料吸附机油和植物油,其吸附率分别为 24.7g/g 和 27.8g/g(王泉泉等,2010)。

在国外的文献中也有相关报道。例如,马利筋和棉纤维比聚丙烯纤维吸附更多的原油,常温下马利筋对原油的吸附量大约为 40g/g,而且可以重复利用(Choi and cloud,1992);树叶残渣的混合物、锯屑、剑麻、椰子壳纤维、海绵葫芦和丝绵作为吸附材料吸附石油,其中丝绵纤维具有极高的疏水性,同时可以吸附大约 85g/g 的油(Annunciado et al.,2005)。松散的天然羊毛纤维和回收的毛织品吸附对比分析发现,回收毛织品具有更高的吸附率,其吸附率为 5.56g/g,天然羊毛纤维为 5.48g/g(Rajakovic et al.,2007);核桃壳在油水混合体系对标准矿物油、蔬菜油和亮光边油(边油的一种)的吸附容量分别为 0.56g/g、0.58g/g 和 0.74g/g(Srinivasan and Viraraghavan,2008)。

3.3.2　阴离子吸附剂

在应用研究方面,木材、农业秸秆等纤维素材料改性后可以去除各种阴离子污染物,下面分三类介绍。其一是吸附去除无显著毒性的 NO_3^-、$H_2PO_4^-$、SO_4^{2-};其二是去除具有显著毒性的 AsO_4^{3-};以及其他一些阴离子污染物。

1. 去除 NO_3^-、$H_2PO_4^-$ 和 SO_4^{2-}

利用改性纤维素等低成本吸附剂去除水中的 NO_3^- 和 PO_4^{3-}，是防治水体富营养化的思路之一。例如，以香蕉树秸秆为原料制备了弱碱性阴离子吸附剂（BS-DMAHP）用以去除水中 $H_2PO_4^-$，吸附性能优良，且容易再生，很适合于废水连续处理工艺（Anirudhan et al.，2006）。改性小麦秸秆去除水中硝酸盐和亚硝酸盐，效果非常理想（Wang et al.，2007a；2007b）。改性纤维素阴离子吸附剂去除 SO_4^{2-} 的研究尚不多见。有研究以甘蔗渣为纤维素原料，将氧化锆粉末负载到材料表面，制备了一种针对硫酸根的负载型纤维素吸附剂（$Cell/ZrO_2\text{-}nH_2O$），该吸附剂对硫酸根的吸附量较高。但其缺点是锆为稀有金属，价格高，负载结合力有限，使用中容易流失，不易再生（Mulinari et al.，2008）。而强碱型离子交换吸附材料对 SO_4^{2-} 具有较高的选择结合能力，因此用季铵化改性的纤维素材料吸附去除 SO_4^{2-} 可能更值得研究。

2. 吸附去除 AsO_4^{3-}

研究人员利用椰子渣纤维为原料，经过与环氧氯丙烷交联最后胺化制备出一种新型纤维类阴离子吸附剂，并研究了该吸附剂对水体中 AsO_4^{3-} 的去除情况。结果表明，该吸附材料能将废水中的砷离子有效去除，最大吸附量达到 13.57mg/g（Anirudhan et al.，2007）。此类低成本生物吸附材料还适合于在饮用水、地下水和工业废水中去除砷的应用（麻芳等，2010）。

3. 去除其他阴离子污染物

改性纤维素类材料在去除水中阴离子染料方面也卓有成效。例如，苹果渣和小麦秸秆洗净粉碎可直接作为吸附剂处理纺织废水，结果表明苹果渣吸附容量更大，$600\mu m$ 粒径较为合适（Robinson et al.，2002）。花生壳用于印染废水中染料的吸附分离，结果显示对苋紫红和晚霞黄的脱色效果最为显著（Gong et al.，2005）。需要指出的是，染料分子一般为有机大分子，在吸附机理方面要考虑纤维类吸附材料的结构，包括孔结构以及木质素、纤维素大分子之间的聚合结构，这些结构特性可能对有机物吸附产生重要影响（Wang and Xing，2007）。

3.3.3　重金属吸附剂

国外许多研究人员利用不同种类的农业废弃物，通过不同预处理或改性手段，成功地研制出各种类型的吸附材料，在吸附水体重金属研究中取得了理想的效果。

1. 吸附去除水体中镉离子

在谷物类农业废弃物吸附方面，麦麸处理 pH 为 5.0，初始浓度为 40mg/L 的

水体 Cd^{2+}，投加 40g/L 吸附剂的吸附量为 21mg/g（Farajzadeh and Monji，2004）；而用硫酸处理过的麦麸处理 pH 为 5.4、初始浓度为 100mg/L 的水体，常温下吸附量为 43.1mg/g（Özer and Pirincci，2006）。在木叶类农业废弃物吸附方面，5g/L 的棕榈树皮可吸附 10.8mg/g 的水体 Cd^{2+}（Iqbal et al.，2002）；枫树叶对水体 Cd^{2+} 吸附量为 40.5mg/g，但是吸附平衡时间较长（Benaïssa，2006）；香蕉皮对水体 Cd^{2+} 的理论最大吸附容量为 5.71mg/g（Anwar et al.，2010）。在壳屑类农业废弃物吸附方面，黑米壳处理初始浓度为 100mg/L 的水体 Cd^{2+}，吸附容量为 40mg/g（Saeed et al.，2005a）；而稻壳处理相同初始浓度的 Cd^{2+}，吸附量为 90mg/g，效果更好（Saeed and Iabal，2003）。在渣沫类农业废弃物吸附方面，芥子油饼渣处理 pH 为 3.0～4.0，初始浓度为 50mg/L 的水体 Cd^{2+}，投加 10g/L 的吸附剂时的吸附量为 44mg/g，吸附性能比其茎叶的性能更好，在更短时间内达到吸附平衡（Ajmal et al.，2005）；未经处理的咖啡渣吸附中性水体 Cd^{2+}，吸附量为 15.65mg/g（Azouaou et al.，2010）；改性后的甘蔗渣对弱酸性水体 Cd^{2+} 有很好的去除效果，投加量为 30g/L 时，Cd^{2+} 的吸附量可达到 140mg/g（Karnitza et al.，2007）；在秸秆类农业废弃物吸附方面，5mg/L 苜蓿秆在室温时吸附水体 Cd^{2+} 的容量为 7.1mg/g（Gardea-Torresdey et al.，1998）；木瓜树秆在室温中吸附水体 Cd^{2+} 的容量为 11.5mg/g（Saeed et al.，2005b）；用柠檬酸处理后的玉米棒芯可吸附水体 Cd^{2+} 的容量为 8.89mg/g（Vaughan et al.，2001）；同样酸化过（硝酸化及柠檬酸化）的玉米棒芯处理水中 Cd^{2+}，理论最大吸附量分别为 19.3mg/g 和 32.3mg/g，吸附剂投加量少，且反应时间较长些（Leyva-Ramos et al.，2005）；改性稻草秸秆对工业废水中 Cd^{2+} 的吸附研究结果发现 pH 为 5.0 时，吸附效果最好，吸附量为 0.133mmol/g（Rocha et al.，2009）。

2. 吸附去除水体中六价铬

利用低成本农业废弃物去除六价铬的研究报道也屡见不鲜。有研究已经初步测试了甘蔗渣等几种秸秆纤维素材料吸附六价铬的性能，证实了改性纤维素材料具有去除六价铬的潜力（Sharma and Forster，1994）；研究海草材料对三价铬和六价铬的吸附性能发现，未加改性的海草材料对三价铬吸附能力比六价铬要强（Kratochvil et al.，1998）；聚丙烯酰胺改性的锯末材料也具有对六价铬的吸附性能（Raji and Anirudhan，1998）。除此，榛子壳（Cimino et al.，2000）、松树和桉树皮（Aoyama and Tsuda，2001；Sarin and Pant，2006）、松树和桉树皮（Aoyama and Tsuda，2001；Sarin and Pant，2006）、绿藻（Bai and Abraham，2003）、锯末（Hamadi et al.，2001；Baral et al.，2006）、麦糠（Dupont and Guillon，2003）、椰子壳（Babe and Kurniawana，2004；Suksabye et al.，2007；Gonzalez et al.，2008）、稻壳（Bishnoi et al.，2004；Singh et al.，2005）、向日葵秆（Jain et al.，

2009)、胡桃壳(Wang et al.，2009)、竹子(Koroki et al.，2010)等都具有吸附六价
铬的性能。在吸附机理研究方面,纤维素基改性材料去除六价铬的机理主要包括
氧化还原、离子交换、静电吸引、螯合作用、共沉淀和配位,关注较多的理论是离子
交换和吸附耦合还原(Celik et al.，2004；Garg et al.，2007；Miretzky and Cirelli，
2010)。还有研究进一步指出在使用纤维素类材料去除六价铬时,高去除率只有在
强酸条件下才能获得(Park et al.，2008)。

3. 吸附去除水体中其他重金属离子

除了吸附去除 Cd^{2+} 和六价铬,农业废弃物吸附剂还被广泛用于吸附水体中其
他常见的重金属离子。例如,吸附水体中的 Pb^{2+},梁莎等(2009)以巯基乙酸改性
橘子皮颗粒在常温下对水体中 Pb^{2+} 进行吸附,饱和吸附量为 146.4mg/g;Jacques
等(2007)采用未改性黄果西番莲壳作为吸附剂处理水体中 Pb^{2+},最大吸附容量可
达 151.6mg/g;Noeline 等(2005)研究发现甲醛改性香蕉茎对 Pb^{2+} 的最大吸附量
可达 91.74mg/g;李山和赵虹霞(2007)发现硝酸改性花生壳颗粒常温下对 Pb^{2+} 溶
液的平衡吸附量为 11.82mg/g。对于水体中其他重金属离子,Ganji 等(2005)利
用 H_2O_2-$MgCl_2$ 复合体系改性蕨状满江红对 Cu^{2+} 和 Zn^{2+} 的吸附进行测试,结果
表明最大吸附量分别为 62mg/g 和 48mg/g;Wong 等(2003)用酒石酸改性稻壳对
Cu^{2+} 的吸附进行了研究,其吸附量为 31.85mg/g;唐志华和刘军海(2009)以甲醛
改性花生壳吸附废水中浓度为 0.2～3.2mg/L 的 Zn^{2+} 和 Ni^{2+},去除率在 90% 以
上;孙小梅等(2009)用 0.2g 环氧氯丙烷改性花生壳粉处理 10.0mg/L 的 Mn^{2+} 溶
液,最大吸附量不低于 29mg/g。

第4章　改性玉米秸秆吸附剂

作为农业大国,我国每年产出的农业废弃物量巨大,其中玉米秸秆在众多农业废弃物种类中占有比例很大。然而,除了少部分玉米秸秆用于转化成乙醇、堆肥还田、用作饲料和食用菌基料或提取木糖醇等之外,大部分的玉米秸秆是被直接烧掉,不但利用率极低,浪费资源,而且还污染环境,破坏生态平衡。相反,如果能把这部分玉米秸秆制备成吸附水体重金属离子的吸附剂,既充分利用了丰富的玉米秸秆资源,提高利用附加值,又可以有效地去除水体重金属污染物,保护环境生态。特别是如果能因地制宜地利用矿区周围的玉米秸秆资源,将为酸性矿山废水的有效治理提供更为便利可行的方法。

4.1　玉米秸秆组分

玉米秸秆含有俗称植物体内"三素"的化学物质:纤维素、木质素和半纤维素,它们互为伴生成分。一般来说,玉米秸秆的纤维素含量占到45%,半纤维素次之,为35%,木质素只有15%(Prasad et al.,2007)。但是由于玉米的品种不同,"三素"的含量会有所不同。即便是同一品种的玉米,因生长环境和生长条件的差异性,也会导致"三素"的含量存在偏差。在我国新疆家渠地区的玉米秸秆,所测得的纤维素和半纤维素的含量分别为34.85%和28.80%(李华等,2007)。而哈尔滨郊区采集到的玉米秸秆,其成分分别为46.1%纤维素、38%半纤维素和15.9%木质素,纤维素含量更高(李冬梅,2008)。由此可见,玉米秸秆纤维素含量背景值的差异性是十分显著的。因此,需要对未改性玉米秸秆(块状和粉末状,分别命名为RCS-A和RCS-B)的木质素、半纤维素和纤维素的含量进行测定(表4-1)。

表4-1　未改性玉米秸秆(RCS-A和RCS-B)的主要成分　　　(单位:%)

玉米秸秆	木质素	半纤维素	纤维素
(RCS-A、RCS-B)	13.9	30.6	45.2

4.2　醚化改性玉米秸秆吸附剂与吸附研究

4.2.1　醚化改性机理

玉米秸秆的醚化改性,主要采用丙烯腈作为醚化剂。在醚化过程中,首先用氢氧化钠处理 RCS-A,即碱液对纤维素起到润胀作用,使得秸秆纤维素物理形态发生变化,结晶区被破坏,无定形区增大,有利于反应试剂接触到纤维素羟基,使醚化反应在更大程度得到实现。Na^+ 对纤维素葡萄糖基 C6 位置的伯羟基上的 H 产生吸引力作用,形成 "水合离子",并以 H_2O 的形式脱除出来。此时纤维素葡萄糖基带负电荷,如图 4-1(a)所示,纤维素成为碱纤维素,也是有利于进一步醚化得到纤维素的醚化产物。加入丙烯腈后,丙烯腈分子(RCN,R 为 C≡C)与伯羟基上的 O 发生反应而联接起来,从而氰基(—CN)也被接到纤维素葡萄糖基上,成为纤维素新的官能团,如图 4-1(b)所示。整个醚化过程也可以看成是羟基上的 H 被—RCN 取代,形成 Cell—CORCN(Cell 为纤维素)的形式,即为制备得到的醚化改性玉米秸秆吸附剂(AMCS)。由于醚化过程中发现有电荷变化,因此对 RCS-A 和 AMCS 进行了表面电位分析,结果发现 RCS-A 的表面电位为 $-7.5mV$,而 AMCS 为 $-10.6mV$。这是因为改性前,RCS-A 中的纤维素上的羟基(—OH),以及木质素所带的—COOH 等基团使秸秆带负电荷。醚化改性后,引入的氰基(—CN)基团使秸秆依然带负电荷。这些变化对吸附带正电荷的 Cd^{2+} 是非常有利的。

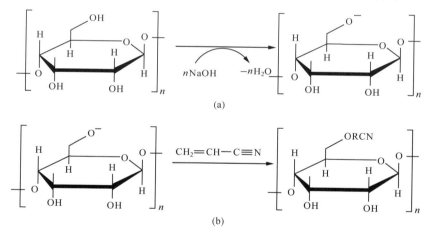

图 4-1　玉米秸秆醚化机理示意图

4.2.2　AMCS 吸附 Cd(Ⅱ)机理

如图 4-2(a)所示,AMCS 吸附水体 Cd^{2+} 主要有以下的机理:①AMCS 的物理吸附,依靠醚化改性后获得的较大比表面积和孔隙层状结构,给 Cd^{2+} 提供较多的吸附位;②AMCS 的化学吸附,AMCS 结构中的新官能团氰基(—CN)的作用,由于—CN 中的 N 有孤对电子,而 Cd^{2+} 提供空轨道,所以—CN 对其具有配位络合作用,这个作用在吸附过程中起到最重要的作用。图 4-2(b)显示了 AMCS 中纤维素大分子链上的吸附 Cd^{2+} 效果图,既有单根分子链中葡萄糖基 C6 位上的配位络合作用,也有相邻 C6 位上的配位络合作用,还有不同分子链之间的 C6 位上的配位络合作用;③AMCS 的表面电位是带负电荷,而 Cd^{2+} 是金属阳离子,带正电荷,它们之间产生静电吸附作用。

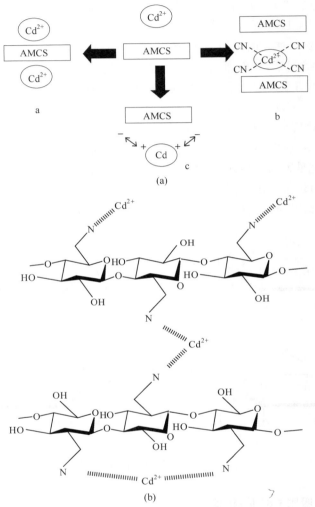

图 4-2　AMCS 吸附 Cd^{2+} 的机理示意图

(a)吸附作用机理;(b)配位络合作用

4.2.3　表征分析

1. 外观色泽变化

改性前的 RCS-A 的颜色是淡黄色。改性后,通过碱液前处理以及丙烯腈浸泡处理,所得到的吸附剂 AMCS 的颜色呈现黄色,颜色加深(图 4-3)。

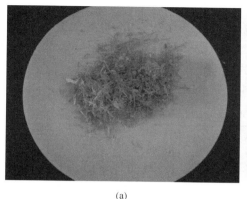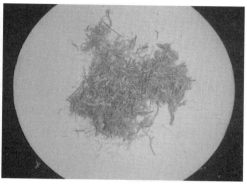

(a)　　　　　　　　　　　　　　　　　　　　(b)

图 4-3　RCS-A 和 AMCS 的外观颜色

(a) RCS-A;(b) AMCS

2. 扫描电镜分析

未改性吸附剂 RCS-A 和醚化改性得到的吸附剂 AMCS 扫描电镜(SEM)图片参见图 4-4。对比 RCS-A 的微观表面结构[图 4-4(a)],AMCS 的表面更均匀有序[图 4-4(b)]。这说明经过醚化改性后,由于木质素、半纤维素、灰分和一些抽出物(如果胶、单宁、色素、生物碱和脂类等)被去除,纤维素更多地暴露出来,而且排列具有高度的有序性(Iqbal et al.,2002),使得表面看起来更加均匀。与此同时,还可以观察到 AMCS 具有许多空隙。在图 4-4(c)中,当这些空隙被放大五倍后,清楚地看到空隙内部是层层叠叠的高度层状结构,这意味着其表面结构的内部表面积是十分可观的。因此,有必要对 AMCS 的比表面积大小和孔径尺寸进行进一步测试。

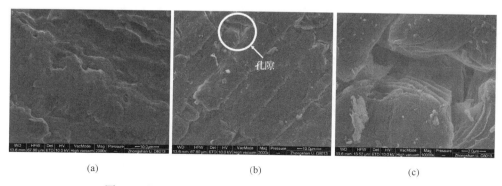

(a)　　　　　　　　　　(b)　　　　　　　　　　(c)

图 4-4　RCS-A、AMCS 以及 AMCS 的微孔的扫描电镜图

(a) RCS-A;(b) AMCS;(c) AMCS 的孔内部结构

3. 比表面积及孔径分析

经过醚化改性后,AMCS 比 RCS-A 的比表面积大 2.74 倍,孔径尺寸大 3.74 倍(表 4-2),这很好地量化了图 4-4(c)中孔隙内层状结构的大小,并且充分说明了改性后玉米秸秆的物理性质所发生的变化对于 AMCS 的吸附是有利的,也印证了吸附机理中有关 AMCS 有较大比表面积和孔隙来提供物理吸附位的设想。

表 4-2　RCS-A 与 AMCS 的 BET 比表面积及其孔径尺寸

吸附剂	BET 比表面积/(m²/g)	孔径/μm
RCS-A	2.20	0.95
AMCS	6.03	3.55

4. 红外光谱分析

通过对比观察吸附剂 RCS-A 和 AMCS 的傅里叶变换红外光谱图(图 4-5),可以发现 RCS-A 和 AMCS 有以下一些共有的特征峰:3430cm⁻¹ 处是一个强而宽的伸缩振动吸收峰,这是—OH 的伸缩(分子内氢键);2920cm⁻¹ 处也是一个较强和较宽的峰,这是—CH₂—的不对称伸缩振动吸收峰;1645cm⁻¹ 处也是一个较强和较宽的中型峰,这是吸附了水的弯曲模式吸收峰(Sun R C et al.,2004;Liu et al.,2006a);1380cm⁻¹ 处则是 CH 的弯曲振动峰;此外,1045cm⁻¹ 的峰是由于玉米秸秆纤维素结构上的 C—O—C 键的不对称"桥"伸缩振动吸收峰(Sun J X et al.,

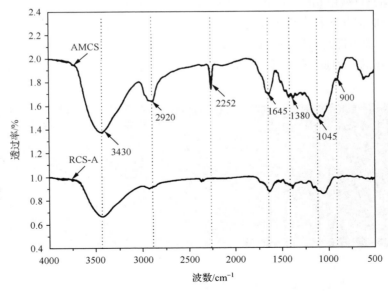

图 4-5　RCS-A 和 AMCS 的傅里叶变换红外光谱图

2004);900cm^{-1}是纤维素内糖苷的 C1—H 变形环弯曲及 O—H 振动。它们都是玉米秸秆纤维素的特征峰。与 RCS-A 相比,AMCS 在 2252cm^{-1}位置是一个强的伸展振动吸收峰,这是—CN 官能团的特征吸收峰。这有力地说明了经过醚化改性后,AMCS 成功地被引入了新的官能基团——氰基。也就是说,AMCS 的 N 因新官能团的引入而导致 N 含量的增加,因此,需要对 AMCS 中 N 进行元素含量分析。此外,在 AMCS 的图谱中,还有一些微小的,但也能反映玉米秸秆纤维素特征峰,如 1317cm^{-1}处的—CH$_2$—基团摇摆振动吸收峰、1282cm^{-1}处的 —CH— 基团弯曲振动吸收峰、900cm^{-1}的环呼吸振动吸收峰等。这些都是在 RCS-A 谱图中不清晰的。这说明通过醚化改性中的 NaOH 处理后,AMCS 的纤维素特征变得更为明显。

5. 元素分析

通过对 RCS-A 和 AMCS 的元素分析,可以比较醚化改性前后氮元素的含量变化,并且根据 N 的含量还可以进一步计算吸附剂的总交换容量。吸附剂的交换容量也是其吸附性能的一种量化体现。吸附剂的总交换容量 TEC 的计算,可基于吸附剂的 N 含量来进行计算(Orlando et al.,2002;Laszlo,1996):

$$TEC = \frac{N\%}{1.4} \tag{4-1}$$

式中,TEC 为总交换容量(mEq/g,每克干吸附剂所能交换的离子毫克当量数);N％为总氮含量;1.4 为修正系数。

元素分析结果得出 RCS-A 和 AMCS 的 N 元素含量分别是 1.11％ 和 3.93％。这从另一个角度证明了丙烯腈(AN)将—CN 成功地引入 AMCS 的结构上,成为 AMCS 的官能团。根据式(4-1)可以计算出 RCS-A 和 AMCS 的总交换容量,分别为 0.79mEq/g 和 2.81mEq/g。换言之,AMCS 的交换能力比 RCS-A 大 3.56 倍,所以—CN 是吸附能力较强的官能团。

6. X 射线衍射分析

在玉米秸秆的纤维素分子结构中,分子链的单元式简单而均一,分子表面十分平整,分子链易于长向伸展,D-葡萄糖基环上的侧基反应活性较强,容易形成分子内和分子间的氢键,这种带状、刚性分子聚集起来就成为结晶性的原纤结构(岳文文,2007),也称为结晶区。其特点是纤维素分子链取向良好,密度大,分子间的结合力最强,如图 4-6 所示。与结晶区相对应的是无定形区。纤维素分子结构,或者说纤维素的聚集状态,就是一种由结晶区和无定形区交错结合的体系。在这个体系内,从无定形区过渡到结晶区,是没有任何明显界限的。也就是说,一个纤维素分子链可以同时处在无定形区和结晶区,或者两个区域之间(O'Connell et al.,2008)。

以同时处在无定形区和结晶区，或者两个区域之间（O'Connell et al.，2008）。

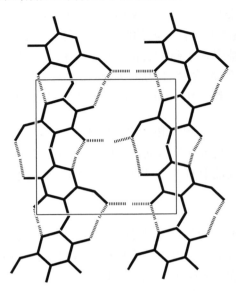

图 4-6　纤维素结晶区内的氢键结构（方框内）（O'Connell et al.，2008）

实线部分为纤维素的分子链结构，虚线部分为形成的氢键

醚化改性的第一步是利用 NaOH 溶液进行润胀处理，不但使玉米秸秆的木质素、半纤维素分别与碱发生化学作用，导致它们从秸秆表面脱离出来，而且碱液也继续与纤维素作用，生成碱纤维素，促进了纤维素可及度的提高。纤维素的可及度表示纤维素中无定形区和结晶区占纤维素全体的百分数，可及度与结晶度有关，可及度越大，结晶度就小；反之，结晶度就大。所以结晶度的降低意味着其内部结晶区受到破坏，也就是束缚羟基的氢键结构被破坏，从而结晶度发生降低，有利于丙烯腈中的氰基顺利地引入纤维素的结构上。

通过对 RCS-A 和 AMCS 的 XRD 图谱分析（图 4-7），在 $2\theta=15.5°$ 和 $22.5°$ 有两个衍射峰，这是纤维素的无定形区域和结晶区域。结果表明：与未改性的 RCS-A 相比，改性后的 AMCS 结晶区发生减小（可直观地观察到 $2\theta=22.5°$ 峰的响应值有所降低）。也可根据 X 射线结晶指数来表示结晶度，公式如下（O'Connell et al.，2008）：

$$\text{X 射线结晶指数} = \frac{I_{22.5°} - I_{15.5°}}{I_{22.5°}} \tag{4-2}$$

式中，$I_{22.5°}$ 为 $2\theta=22.5°$ 峰的强度，即结晶区的衍射强度；$I_{15.5°}$ 为 $2\theta=15.5°$ 峰的强度，即无定形区的衍射强度。以 RCS-A 结晶区的峰强度为例，其波峰强度读数为 2250，波谷强度为 700，则 RCS-A 的 $I_{22.5°}=2250-700=1550$。经过式（4-2）计算得出,RCS-A 和 AMCS 的 X 射线结晶指数大约分别为 0.73 和 0.60。

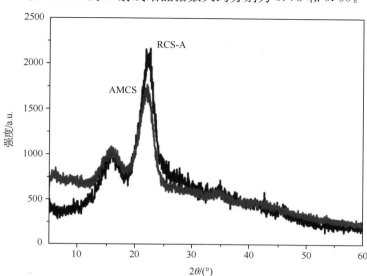

图 4-7 RCS-A 和 AMCS 的 X 射线衍射图

从上述结果分析,可以看出未改性的 RCS-A 有着较高的结晶度,结晶区域较大,而且纤维素分子按晶格排列程度高,比较整齐、有规则。很明显,RCS-A 绝大部分的—OH 基团被氢键束缚着。但改性后的 AMCS 结晶度变小,—OH 可以从氢键的束缚中被"解放"出来,也意味着这些—OH 基团可以被新引入的—CN 基团所替代,并且更有利于接触并吸附水体中的 Cd^{2+}(Anirudhan et al.,2009)。

7. ^{13}C 核磁共振(^{13}C-NMR)谱分析

根据 RCS-A 和 AMCS 的 ^{13}C 核磁共振(^{13}C-NMR)谱图(图 4-8)的显示,一般来说,在纤维素结构中,60~70ppm 位置的峰是纤维素结构上 D-葡萄糖基 C6 的位置;70~80ppm 的峰是 C2、C3 和 C5 的位置;80~90ppm 和 98~110ppm 的峰分别是 C4 和 C1 的位置(Liu et al.,2006b;Wang et al.,2007b)。对于 RCS-A 来说,C1、C5 和 C6 的具体峰位分别位于 105.0ppm、75.0ppm 和 64.6ppm;C2 和 C3 位于 72.4ppm;C4 的峰位有两个:一个是在 88.7ppm,这是结晶区位置;另外一个是在 83.6ppm,这是无定形区的位置。这和 Liu 等的研究相符,^{13}C-NMR 谱图中 85~90ppm 一般为结晶区的峰位,80~85ppm 为无定形区的峰位(Liu et al.,2006b)。相比 RCS-A,AMCS 的 ^{13}C-NMR 谱图中的 C1 峰位仍然在 105.0ppm,没有任何变化;C6 的峰位则消失,C4 结晶区、C2 和 C3 的峰信号变弱;而且出现在 21.59ppm 位置上是—CN。这些显著的变化说明:醚化改性后,AMCS 的结晶区被破坏和结晶度降低,这和 XRD 图谱显示的结果是一致的。同时,—CN 被成功地引入玉米秸秆纤维素结构中,这与 FTIR 图谱显示的结果符合。而且作用位置主要是在 C6 上的伯羟基上,C2 和 C3 的仲羟基或多或少受到影响。—CN 上的 N 被认为和—OH 上的 O 一样,具有孤对电子,这些孤对电子可以与低价电子的化学实体,如 Cd^{2+} 这样一些金属离子进行配位络合(Taty-Costodes et al.,2003;Aydin et al.,2008)。这也是吸附机理中所叙述 AMCS 可以进行化学吸附的原因所在。

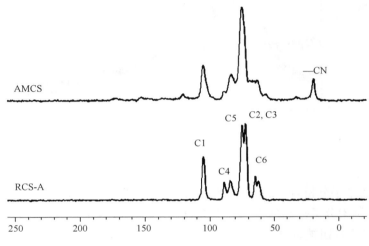

图 4-8　RCS-A 和 AMCS 的 ^{13}C 核磁共振谱(^{13}C-NMR)

4.2.4　吸附研究

1. pH 影响

溶液 pH 在吸附过程中是一个非常重要的参数(Taty-Costodes et al.,2003;Aydin et al.,2008)。在设定溶液 pH 为 1.0~7.0 的条件下,RCS-A 和 AMCS 在常温下吸附 Cd^{2+} 的大小能力如图 4-9 所示。当 pH 较低时(pH 为 1.0~4.0),RCS-A 和 AMCS 吸附容量迅速增加;当 pH 较高时(pH 为 4.0~7.0),它们的吸附容量增长变得非常缓慢;在 pH 为 7.0 时,两者的吸附容量达到最高,分别为3.2mg/g 和 7.1mg/g。在任何 pH 时,AMCS 的吸附容量均优于 RCS-A。

这种现象可以解释为:当 pH 较低时,酸性很高,溶液中存在着大量的 H^+,这些 H^+ 会与溶液中 Cd^{2+} 竞争 RCS-A 和 AMCS 的吸附位置,并很容易地占据到许多的吸附位,此时 Cd^{2+} 只能留存在溶液中(Aydin et al.,2008)。当在较高 pH 的时候,酸性降低,H^+ 变得很少,这时候有较多的吸附位置空置出来提供给 Cd^{2+},从

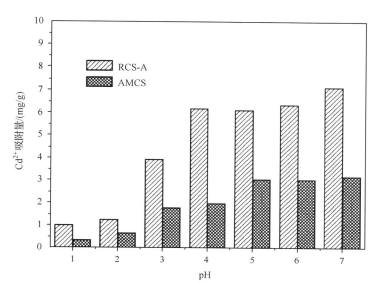

图 4-9　293K 时不同 pH 的溶液对 RCS-A 和 AMCS 吸附 Cd(Ⅱ)的影响

而使得 AMCS 的吸附容量增加。正如 Aydin 等研究吸附的规律一样，离子的吸附高度依赖该离子在溶液中的浓度，浓度越高，被吸附就越好，反之亦然（Aydin et al.，2008）。AMCS 的吸附容量均高于 RCS-A，说明醚化改性后 AMCS 的比表面积、电荷量和—CN 基团性质均要好于未改性前的。基于 pH 为 7.0 时，RCS-A 和 AMCS 的吸附效果最好，后续实验的吸附溶液均以此条件为准。

2. 投加量影响

在溶液体积和初始浓度不变的情况下，吸附材料的投加量也是影响吸附去除率的重要因素之一。RCS-A 和 AMCS 不同的投加量对其吸附 Cd^{2+} 的影响结果见表 4-3。实验数据表明：随着 RCS-A 和 AMCS 的投加量的增加，它们对 Cd^{2+} 的去除率是逐渐增加的，分别从 4.14% 和 42.9% 增加到 30.4% 和 94.3%。但是总体来看，它们的吸附容量是降低的，RCS-A 在投加量为 0.5 g 时的吸附容量最大，为 3.18mg/g，而 AGCS 在投加量为 0.25 g 时的吸附能力最高，为 8.84mg/g。去除率增加的现象是因为吸附剂量的增加，吸附表面积增加，导致提供给 Cd^{2+} 的吸附位置增加（Oliveira et al.，2008）。投加量增加到一定程度后，会额外多出更多的吸附位，吸附位置就会出现"剩余"的现象，从而单位质量吸附剂的吸附容量变小（Aydin et al.，2008）。

表 4-3 293K 时不同吸附剂投加量对 RCS-A 和 AMCS 吸附 Cd(Ⅱ)的影响

吸附剂	投加量/g	吸附率/%	吸附量/(mg/g)
AMCS	0.25	42.9	8.84
	0.5	68.9	7.11
	0.75	82.7	5.69
	1.0	90.0	4.64
	1.5	94.3	3.24
RCS-A	0.25	4.14	1.19
	0.5	22.6	3.18
	0.75	23.8	2.25
	1.0	27.4	1.95
	1.5	30.4	1.45

3. 吸附等温线

RCS-A 和 AMCS 的吸附等温线分别运用 Langmuir、Freundlich、Tempkin、Dubini-Radushkevich 和 Generalized 吸附等温方程来描述,各项参数可根据式(4-3)~式(4-13)来进行计算。

Langmuir 吸附等温式所代表的能量关系是吸附热不随吸附而变化,每一个吸附点的能量都是恒定不变的。它的表达式为(Sangi et al.,2008)

$$q_{ep} = \frac{q_{max}bC_{ep}}{1 + bC_{ep}} \tag{4-3}$$

其线性表达式为

$$\frac{C_{ep}}{q_{ep}} = \frac{1}{bq_{max}} + \frac{C_{ep}}{q_{max}} \tag{4-4}$$

式中,q_{ep}、q_{max} 分别为平衡吸附容量和理论最大吸附容量(mg/g);C_{ep} 为平衡浓度(mg/L);b 为吸附系数(L/mg),它是与吸附能(温度计吸附热)有关的常数。在恒定的温度下,从 C_{ep}/q_{ep} 与 C_{ep} 的线性方程中计算 q_{max} 和 b 的数值。

由式(4-3)可以看出,当吸附量很小的时候,即当 $bC_{ep} \leqslant 1$ 时,$q_{ep} = q_{max}bC_{ep}$,即 q_{ep} 与 C_{ep} 成正比关系,此时等温线近似于一条直线;而当吸附量很大的时候,即当 $bC_{ep} \geqslant 1$ 时,$q_{ep} = q_{max}$,即平衡吸附量接近于定值,等温线趋于水平。

Langmuir 吸附等温方程还可以定义一个无量纲的分离因子 R_L,其表达式为

$$R_L = \frac{1}{1 + bC_0} \tag{4-5}$$

分离因子 R_L 可用于表示吸附过程的性质,当 $0 < R_L < 1$,表示优惠吸附;当 $R_L > 1$,为非优惠吸附;当 $R_L = 1$,为可逆吸附;当 $R_L = 0$,为非可逆吸附(王毅等,2008)。

优惠吸附表示在溶质浓度较低的时候,吸附剂的吸附容量保持较高水平;非优惠吸附表示在开始时吸附较难进行,而且不利于对有效成分的吸附。

Freundlich 吸附等温式所代表的能量关系是吸附热随吸附量呈对数形式降低。其表达式为(Sangi et al.，2008)

$$q_{ep} = K_F C_{ep}^{1/n} \tag{4-6}$$

其线性表达式为

$$\ln q_{ep} = \frac{1}{n}\ln C_{ep} + \ln K_F \tag{4-7}$$

式中,K_F 和 n 为 Freundlich 常数,K_F 为与吸附剂和吸附质的种类、性质及所采用单位有关的经验常数,随温度的升高而降低。把 C_{ep} 与其对应的 q_{ep} 点绘制在双对数坐标纸上,得到一条近似的直线,其截距为 $\ln K_F$,斜率为 $1/n$,一般认为 $1/n=0.1\sim0.5$,它是一个浓度指数,值越偏离 1,表明吸附等温线的线性关系越不好。Freundlich 等温线是一个经验公式,可以描述包括无机、有机及生物吸附在内的各种吸附(Febrianto et al.，2009)。

Tempkin 吸附等温方程适用于吸附热是随表面覆盖度变化而线性下降的化学吸附。Tempkin 表达式为(Gupta and Babu，2009b)

$$q_{ep} = \frac{RT}{b_T}\ln(A_T C_{ep}) \tag{4-8}$$

其线性表达式为

$$q_{ep} = B_T \ln A_T + B_T \ln C_{ep} \tag{4-9}$$

式中,$B_T=(RT)/b_T$;T 为绝对温度(K);b_T 是与吸附热有关的常数(J/mol);R 为热力学常数[8.314J/(mol·K)];B_T 为 Tempkin 常数;A_T 为对应最大结合能的平衡结合常数(L·min^{-1})。在恒定的一个温度下,可通过 q_{ep} 与 $\ln C_{ep}$ 的线性方程来计算 B_T 和 A_T 的数值。

Dubinin-Radushkevich(D-R) 吸附等温式可以用来分析吸附平衡数据。由于 Freundlich 吸附模型只能给出一些吸附量及吸附质与吸附剂之间的关系,不能指出发生的吸附是属于物理吸附还是化学吸附。(D-R) 吸附等温式则不仅能说明吸附的类型,还能说明某些吸附机理。Dubinin-Radushkevich 表达式为(Gupta and Babu，2009b)

$$q_{ep} = Q_m \exp(-K\varepsilon^2) \tag{4-10}$$

式中,q_{ep} 为吸附剂中的单位吸附量(mg/g);K 为与吸附自由能相关的活性系数(mol^2/J^2);Q_m 为最大吸附容量(mg/g);ε 为 Polanyi 吸附势,它可由以下方程计算:

$$\varepsilon = RT\ln\left(1+\frac{1}{C_{ep}}\right) \tag{4-11}$$

式中,T 为绝对温度(K);R 为热力学常数[8.314J/(mol·K)];C_{ep} 为溶液的平衡

浓度(mol/L)。

$$E = \frac{1}{\sqrt{-2K}}$$ (4-12)

式中，E 为吸附自由能(kJ/mol)。

Generalized 吸附等温式也是用来分析吸附平衡数据。它结合了 Langmuir 和 Freundlich 吸附等温式的特点。其表达式为(Gupta and Babu，2009b)

$$\log\left(\frac{Q_m}{q_{ep}} - 1\right) = \log K_G - N_b \log C_{ep}$$ (4-13)

式中，K_G 为饱和常数(mg/L)；N_b 为结合常数；Q_m 为最大吸附容量(mg/g)。

结果见表 4-4 和表 4-5。表 4-4 中的结果是 RCS-A 和 AMCS 的 Langmuir 和 Freundlich 吸附等温式的相关参数。可以看出，两者对水体镉离子的吸附符合 Langmuir 吸附等温式，其相关性分别为 0.945 和 0.991，远大于 Freundlich 等温方程的相关性。而 AMCS 的吸附亦比 RCS-A 更符合 Langmuir 吸附等温式。表明吸附剂表面是比较均匀的，以及各处的吸附能力相同，AMCS 要比 RCS-A 均匀得多，这个结果和从它们的 SEM 图所观察到的结果是一致的；它们的吸附是单分子层的，吸附时间短，而且是单组分吸附。很多研究人员对农业废弃物吸附水体镉离子的吸附等温线进行了研究，如 Anwar 等(2010)改性的香蕉皮，Ho 和 Ofomaja (2006)两人改性的椰子壳肉，Pasavant 等(2006)处理后的杂草，Brown 等(2000)制备的花生壳吸附剂，Taty-Costodes 等(2003)的木屑吸附剂，Kumar 和 Bandyo-padhyay(2006)经过前处理的稻壳，Shen 和 Duvnjak(2005)及 Leyva-Ramos 等(2005)所在的团队所制备得到的玉米芯吸附剂等(2005)，Farinella 等(2007)精心改性的葡萄渣吸附剂及 Schiewer 和 Patil(2008)柚子皮吸附剂等的吸附都符合 Langmuir 吸附等温式。

表 4-4 在 293K 下 Langmuir 和 Freundlich 等温方程的各项参数

	Langmuir			Freundlich		
	q_{max}/(mg/g)	b/(L/mg)	R^2	K_F/[mg$^{(1-1/n)}$(L$^{1/n}$·g)]	n	R^2
RCS-A	3.39	0.030	0.945	0.379	2.484	0.837
AMCS	12.73	0.020	0.991	1.251	0.401	0.940

从 Langmuir 吸附等温式中可以得到 RCS-A 和 AMCS 的理论最大吸附量，分别是 3.39mg/g 和 12.73mg/g。AMCS 的吸附容量是 RCS-A 的 3.78 倍，这个结果和两者的表征结果反映的性质是符合的，AMCS 的吸附性能优于 RCS-A。在研究的浓度范围内，运用式(4-5)得到特征分离常数 R_L，结果发现 $0 < R_L < 1$，这表示 AMCS 和 RCS-A 对水体镉离子的吸附是优惠吸附。

表 4-5 中的结果是 RCS-A 和 AMCS 的 Tempkin、Dubini-Radushkevich 和

Generalized 吸附等温式的相关参数。从相关性(R^2)大小可以看出,RCS-A 对水体镉离子的吸附不是很符合这三种吸附等温式,而 AMCS 比较符合 Tempkin 和 Dubini-Radushkevich 等温吸附式,但不是很符合 Generalized 吸附等温式。从 Tempkin 等温式中得到的拟合参数说明 AMCS 对水体镉离子的吸附过程中,吸附热随着温度的变化是线性的,是一种化学吸附。Febrianto 等(2009)指出,Tempkin 等温式推导基础是一个简单的假设,在液相这种比较复杂体系来说,该方程往往不适合在复杂系统中的实验数据。然而,在本研究中,AMCS 的吸附是比较适合该等温式的,这是因为在本研究设定的理想条件下,吸附体系是较为简单的,可以满足该等温式所要求达到的条件;从 D-R 等温吸附式中得到的拟合参数可以看出,理论最大吸附容量为 9.59mg/g,这个数值与 Langmuir 吸附等温式得到的数值存在差值,鉴于 AMCS 更符合 Langmuir 吸附等温式,所以从 Dubini-Radushkevich 等温式得到的理论吸附容量被认为不够好。E 值大于 8.0kJ/mol,表明 AMCS 的吸附属于化学吸附。

表 4-5　在 293K 下 Tempkin、Dubini-Radushkevich 和 Generalized 等温方程的各项参数

吸附剂	Tempkin				Dubini-Radushkevich				Generalized		
	A_T/ L·min^{-1}	B_T	b_T/ (J/mol)	R^2	K/(10^6 mol^2/J^2)	Q_m/ (mg/g)	E/ (kJ/mol)	R^2	k_G/ (mg/g)	N_b	R^2
RCS-A	0.116	1.125	2165	0.876	−0.02	3.27	5.0	0.919	67.02	0.624	0.864
AMCS	0.200	2.847	855.6	0.935	−0.70	9.59	8.5	0.940	51.45	1.029	0.887

4. 吸附动力学及吸附反应活化能

在 283K、293K、303K 和 313K 四个温度下,考察 AMCS 对水体 Cd^{2+} 的吸附动力学,对其进行了准一级、准二级、颗粒内扩散、Elovich 和双常数动力学方程的相关拟合计算。

准一级动力学方程式如下(Yang and Bushra,2005;Wang et al.,2007b):

$$\ln(q_e - q_t) = \ln q_e - k_1 t \qquad (4-14)$$

式中,q_t 为在吸附 t 时刻吸附剂对吸附质的吸附量;q_e 为平衡吸附容量(mg/g);k_1 为准一级动力学常数(min^{-1})。在准一级动力学方程中,很多情形下平衡吸附容量是不知道的,即使吸附容量的变化情况非常缓慢,但可能出现数值仍小于平衡吸附量的问题,所以在很多情况下,该动力学方程不能完全符合实验数据。

准二级动力学方程式如下(Yang and Bushra,2005;Wang et al.,2007b):

$$\frac{t}{q_t} = \frac{1}{k_2 q_e^2} + \frac{t}{q_e} \qquad (4-15)$$

式中,q_t 为在吸附 t 时刻吸附剂对吸附质的吸附量;q_e 为平衡吸附容量(mg/g);k_2

为准二级动力学常数[g/(mg·min)]。准二级动力学方程不像准一级动力学方程那样,它是不需要知道任何参数的(准一级动力学方程需要预知平衡吸附容量),而且它所揭示的是整个吸附过程中的行为状态。

如果速率控制步骤符合颗粒内扩散模型,一般使用纯经验模型假设:扩散为在吸附剂内多个机制控制的方程,而且扩散行为符合 Fick 第二定律。其数学表达式为(王宇,2007)

$$q_t = k_p t^{0.5} + C \tag{4-16}$$

式中,q_t 为在吸附 t 时刻吸附剂对吸附质的吸附量(mg/g);k_p 为颗粒内扩散速率常数[mg/(g·min$^{0.5}$)];C 为常数(mg/g)。

一般来说,动力学模型可根据来源不同分为两类:一类是上述所列举的准一级、准二级以及颗粒内扩散模型,它们是基于化学动力学模型的基础的;另一类属于经验方程,如 Elovich 方程和双常数方程,这类动力学模型得出的参数意义多不确切,用于作为反应机理的分析可能不够实际,但是在某些方面来说,它们对于丰富解释吸附动力学模型还是有自身的意义的。

Elovich 方程是 20 世纪 30 年代 Elovich 在研究气体于固相表面上的吸附速率时提出的,其观点为吸附速率随着固相表面吸附量的增加呈现指数下降的趋势。该方程所描述的是包括一系列反应机制的过程,如界面扩散、表面活化等。它适用于反应过程中活化能变化较大的反应,而且还能够揭示别的动力学方程所忽视的不规则数据(陈新,2007)。其动力学方程表达式为(Gupta and Babu,2009b)

$$\frac{dq_t}{dt} = \alpha \exp(-\beta q_t) \tag{4-17}$$

式中,q_t 为在吸附 t 时刻吸附剂对吸附质的吸附量(mg/g);α 为起始吸附速率[mg/(g·min)];β 为与表面覆盖度和化学吸附活化能有关的解吸常数(g/mg)。对式(4-17)进行简化,假定 $\alpha\beta \geqslant t$,并应用边界条件:当 $t=0$ 时,$q_t=0$;当 $t=t$ 时,$q_t=q_t$。可简化得到以下公式:

$$q_t = \frac{1}{\beta}\ln(\alpha\beta) + \frac{1}{\beta}\ln t \tag{4-18}$$

双常数方程又叫幂函数方程,或者又称 Freundlich 修正式。它是由 Kuo 等在 1974 年从经典的 Freundlich 等温吸附方程中推导出来的一个经验方程。经实验应用表明,该方程主要适合反应较为复杂的动力学过程(陈新,2007)。动力学方程表达式为

$$\ln q_t = k_0 \ln t + b \tag{4-19}$$

式中,q_t 为在吸附 t 时刻吸附剂对吸附质的吸附量(mg/g);b 为双常数动力学方程常数(mg/g);k_0 为与吸附活化能有关的吸附速率常数[mg/(g·min)]。

结果如图 4-10、表 4-6、表 4-7 和表 4-8 所示。结果表明:在化学动力模型中,

四个不同温度下,AMCS 的吸附动力学最符合准二级动力学方程学,其相关性 (R^2)均高于 0.99,而准一级动力学方程的相关性只为 0.55~0.86,从而看出,AMCS 进行吸附中的吸附速率不是与驱动力成正比的关系,而是与驱动力的平方成正比。而且拟合得出的吸附能力与实验得到的结果相比,准二级动力学方程拟合得到的吸附容量接近于实验数据,而准一级动力学方程得到的结果与实测值相差很多,这也说明了准二级动力学方程拟合的准确性要高于准一级动力学方程。k_2 随着温度的升高,增加不明显,幅度很小,而且在 283K 和 293K 之间还有波动,说明温度的提高对 AMCS 吸附能力提升作用不大,从吸附容量的实测值和理论值都看出 AMCS 吸附容量的波动,但是总体来看(283~313K),升温还是有利于 AMCS 的吸附的。因为较高的温度下,可以使 AMCS 更多的吸附位置被活化,产生更多新的吸附位置,而且吸附属于吸热反应,温度的升高有利于吸附平衡往吸热方向移动,从而增加吸附量。其拟合曲线的趋势如图 4-10 所示,拟合得到的参数由表 4-6 所列。很多研究成果表明,相当一部分的改性农业废弃物对水体镉离子的吸附动力学模型符合准二级动力学模型,如 Schiewer 和 Patil(2008)利用富含果胶得到的果类残渣;Ho(2006)研究的树蕨;Ofomaja 和 Ho(2007)改性后的椰子壳肉;Pino 等(2006)制备的椰子壳粉;以及 Salem 和 Allia(2008)使用的植物吸附剂等。

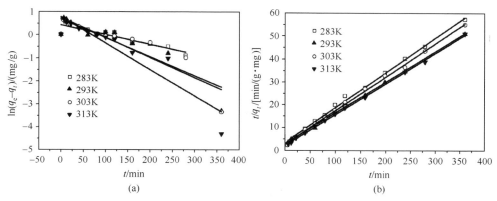

图 4-10　在不同温度下,准一级动力学方程和准二级动力学方程的拟合曲线

(a) 准一级动力学方程;(b) 准二级动力学方程

表 4-6　不同温度下准一级和准二级动力学方程的相关参数

T/K	实验值 /(mg/g)	准一级动力学方程			准二级动力学方程		
		q_{eq}/(mg/g)	k_1/min^{-1}	R^2	q_{eq}/(mg/g)	k_2/[g/(mg·min)]	R^2
283	6.28	2.31	0.0029	0.5570	6.60	0.0060	0.9969
293	7.07	7.93	0.0094	0.8663	7.48	0.0059	0.9977
303	6.55	6.13	0.0078	0.7265	6.84	0.0079	0.9980
313	7.07	6.37	0.0095	0.6647	7.46	0.0083	0.9993

　　吸附过程一般可以分为三个阶段。第一阶段是表示吸附质扩散到吸附剂表面的过程,也就是膜扩散的过程;第二和第三阶段是吸附质在吸附剂空隙内扩散过程,即颗粒内扩散过程。对颗粒内扩散动力学模型进行拟合,以293K温度下的"q_t-$t^{0.5}$"图为例(图4-11),三个阶段的界定点是数据点发生转折拐点的地方。同样,亦可拟合出其他三个温度下的三个阶段,数据如表4-7所列。数据的分析说明了这三个阶段的截距C都不为零,这意味着拟合后三个阶段的曲线都是不过原点的直线,颗粒内扩散速率不是控制AMCS吸附水体镉离子的唯一速率,而是由膜扩散和颗粒内扩散的速率共同决定的。从相关性(R^2)来看,第一阶段,即膜扩散的拟合很好。第二阶段,也就是颗粒内扩散过程的前半段,拟合也比较好,但是到了第三阶段,颗粒内扩散的后半段,线性就不太好了。整体来看,随着吸附时间的增加,AMCS的吸附过程越来越不符合颗粒内扩散的要求。

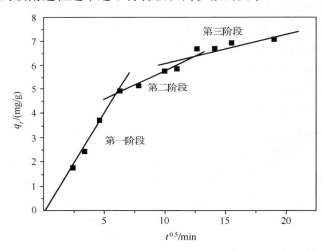

图4-11　在293K下颗粒内扩散动力学模型的拟合曲线

表 4-7　不同温度下颗粒内扩散动力学方程的相关参数

T/K	第一阶段			第二阶段			第三阶段		
	k_{p1}/ [mg/(g·min$^{0.5}$)]	C/ (mg/g)	R^2	k_{p2}/ [mg/(g·min$^{0.5}$)]	C/ (mg/g)	R^2	k_{p3}/ [mg/(g·min$^{0.5}$)]	C/ (mg/g)	R^2
283	0.8085	0.0359	0.9966	0.4111	1.5662	0.9838	0.1351	3.8550	0.8627
293	0.7078	0.0032	0.9999	0.8374	−0.3355	0.9975	0.1179	4.9271	0.7325
303	0.8781	0.0634	0.9821	0.5262	1.1127	0.9871	0.1237	4.3786	0.9148
313	1.0249	−0.0803	0.9824	0.5749	1.2846	0.9408	0.1022	5.3524	0.9068

在表 4-8 中,其他经验方程较为符合 Elovich 经验方程,相关性也在 0.96～0.98 之间;而双常数方程拟合得到的相关性相对要稍低。随着温度的升高,这些方程的拟合常数都有波动,变化不是很规律。

表 4-8　不同温度下 Elovich 和双常数动力学方程的相关参数

T/K	Elovich 动力学方程			双常数方程	
	$\alpha/[\mathrm{mg/(g\cdot min)}]$	$\beta/(\mathrm{g/mg})$	R^2	$k_0/[\mathrm{mg/(g\cdot min)}]$	R^2
283	3.401	1.837	0.9797	0.2247	0.9571
293	124.7	2.018	0.9471	0.6731	0.8970
303	46.43	2.115	0.9802	0.5145	0.9524
313	11.88	2.034	0.9613	0.2654	0.8908

吸附过程的反应活化能(E_a)可以由线性 Arrhenius 方程来计算(Ho et al.,2000):

$$\ln(k) = \ln(A) - (E_a/RT) \qquad (4\text{-}20)$$

式中,E_a 为吸附反应活化能(kJ/mol);k 为控制吸附过程中的速率常数;A 为 Arrhenius 常数;T 为绝对温度(K);R 为热力学常数[8.314J/(mol·K)]。AMCS 的吸附动力学符合准二级动力学方程,所以式(4-20)中的控制吸附过程中的速率常数 k 就是准二级动力学速率常数 k_2。

由式(4-20)的 $\ln k_2$ 和 $1/T$ 的关系可以做出图 4-12,并计算得到 AMCS 吸附反应的活化能大小为 9.43kJ/mol。一般认为,物理吸附的活化能是比较低的,小于 4.2kJ/mol。化学吸附的活化能则要比物理吸附大很多,为 8.4～83.7kJ/mol(Aksu and Karabbaylr,2008)。Li 等(2009)也认为化学吸附分为活化和非活化两部分,活化的化学吸附能在 8.4～83.7kJ/mol。因此,AMCS 对水体镉离子的吸附属于化学吸附。在 Dubini-Radushkevich 等温式计算得到的吸附自由能(E)值为 8.5kJ/mol,尽管其相关性一般,但也印证了 AMCS 的吸附属性。

5. 吸附热力学

AMCS 吸附过程中的热力学参数吉布斯自由能(ΔG)、吸附焓(ΔH)和吸附熵(ΔS)可以由式(4-21)～式(4-24)计算(Li et al.,2009;Willson and Beezer,2003;Namasivayam and Yamuna,1995):

$$K_D = q_e/C_e \qquad (4\text{-}21)$$
$$\Delta G = -RT\ln K_D \qquad (4\text{-}22)$$
$$\Delta G = \Delta H - T\Delta S \qquad (4\text{-}23)$$
$$\ln K_D = \frac{\Delta S}{R} - \frac{\Delta H}{RT} \qquad (4\text{-}24)$$

式中,T 为绝对温度(K);K_D 为分配系数(mL/g);ΔG 为吉布斯自由能(kJ/mol);ΔH 为吸附焓(kJ/mol);ΔS 为吸附熵[J/(mol·K)]。

其中,吸附焓和吸附熵在式(4-24)中的 $\ln K_D$ 和 $1/T$ 的线性关系中(图4-12)求出;吉布斯自由能在 283K、293K、303K 和 313K 四个不同的温度下的大小见表 4-9。吉布斯自由能为负值,说明 AMCS 对 Cd(Ⅱ)的吸附是自发的,而且随着温度的升高,自发程度增大;吸附焓为正值说明 AMCS 对 Cd(Ⅱ)的吸附是一个吸热过程。吸附熵是整个吸附体系过程中熵变的代数和关系,它指出了整个体系内部存在状态的混乱程度。如果熵值较小,说明体系是一个比较有序的状态,反之,体系是一个比较无序的状态。AMCS 较小的吸附熵值说明了 AMCS 吸附体系是一个有序的状态,而且吸附熵为正值,说明 AMCS 对水体 Cd^{2+} 有较好的吸附亲和力。

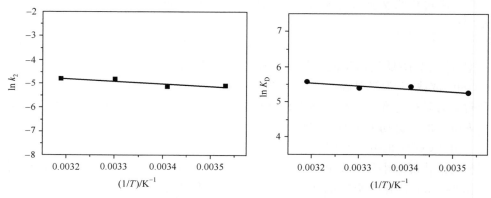

图 4-12　$\ln k_2$、$\ln K_D$ 和 $1/T$ 的关系图

表 4-9　AMCS 吸附 Cd(Ⅱ)的热力学参数值

T/K	E_a/(kJ/mol)	ΔG/(kJ/mol)	ΔH/(kJ/mol)	ΔS/[kJ/(mol·K)]
283		−12.35		
293		−13.12		
	9.43		6.85	0.068
303		−13.61		
313		−14.46		

4.3　接枝改性玉米秸秆吸附剂与吸附研究

4.3.1　接枝化改性机理

接枝化改性初期的引发阶段,RCS-B 在高锰酸钾的作用下,在纤维素分子链

上葡萄糖基 C2 和 C3 之间断开(图 4-13),此时这两个位置上的仲羟基首先被氧化为醛基,醛基很容易进行重排,变成烯醇结构。烯醇可以进一步与四价锰离子和三价锰离子反应,在纤维素大分子上产生自由基(图 4-14 中引发阶段)。自由基所产生的位置主要在葡萄糖基上的 C2 或者 C3 位置上(图 4-13),从而进一步诱发单体进行接枝共聚反应。玉米秸秆其他组分如半纤维素、木质素和果胶也有类似的现象,在其分子结构上形成相应的自由基(图 4-15)。高锰酸钾与玉米秸秆纤维素及其他组分的接枝共聚反应过程中,锰离子的价态会发生一系列的变化,七价的锰离子会被还原为四价锰离子,进而被还原为三价锰和二价锰离子(图 4-14 中引发阶段和图 4-15)。

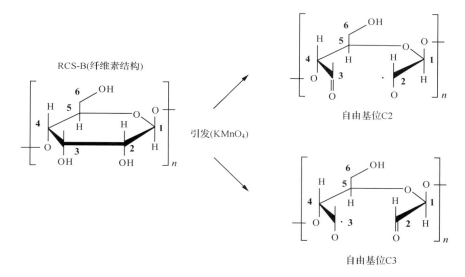

图 4-13　高锰酸钾引发 RCS-B 纤维素组分反应机理示意图

引发阶段(KMnO₄):

$$Cell\!-\!OH + Mn^{7+} \longrightarrow Cell\!=\!O + Mn^{4+} + 3H^+$$
(纤维素)

$$Cell\!-\!OH + \begin{cases} Mn^{4+} \\ \\ Mn^{3+} \end{cases} \longrightarrow Cell\!-\!O\cdot + \begin{cases} Mn^{3+} + H^+ \\ \\ Mn^{2+} + H^+ \end{cases}$$
(纤维素)

链增长阶段:

$$Cell\!-\!O\cdot + H_2C\!=\!CH\!-\!CN \longrightarrow Cell\!-\!\left[\begin{matrix} C\!-\!C \\ | \\ CN \end{matrix}\right]\!C\!-\!C\cdot$$
(纤维素)　　单体(AN)

终止阶段：

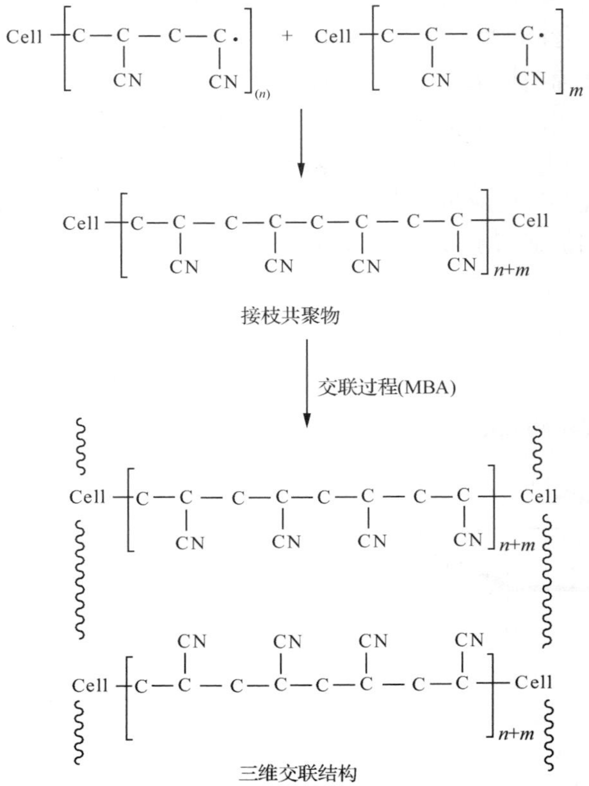

$$\text{Cell}\left[\!\!\begin{array}{c}\text{C}-\text{C}-\text{C}-\text{C}\bullet\\[2pt]\quad|\qquad\quad|\\[2pt]\quad\text{CN}\qquad\text{CN}\end{array}\!\!\right]_{(n)}+\;\text{Cell}\left[\!\!\begin{array}{c}\text{C}-\text{C}-\text{C}-\text{C}\bullet\\[2pt]\quad|\qquad\quad|\\[2pt]\quad\text{CN}\qquad\text{CN}\end{array}\!\!\right]_{m}$$

$$\downarrow$$

$$\text{Cell}\left[\!\!\begin{array}{c}\text{C}-\text{C}-\text{C}-\text{C}-\text{C}-\text{C}-\text{C}-\text{C}\\[2pt]|\qquad\quad|\qquad\quad|\qquad\quad|\\[2pt]\text{CN}\quad\ \text{CN}\quad\ \text{CN}\quad\ \text{CN}\end{array}\!\!\right]_{n+m}\!\text{Cell}$$

接枝共聚物

$$\downarrow\ \text{交联过程(MBA)}$$

三维交联结构

图 4-14　RCS-B 纤维素接枝共聚改性反应

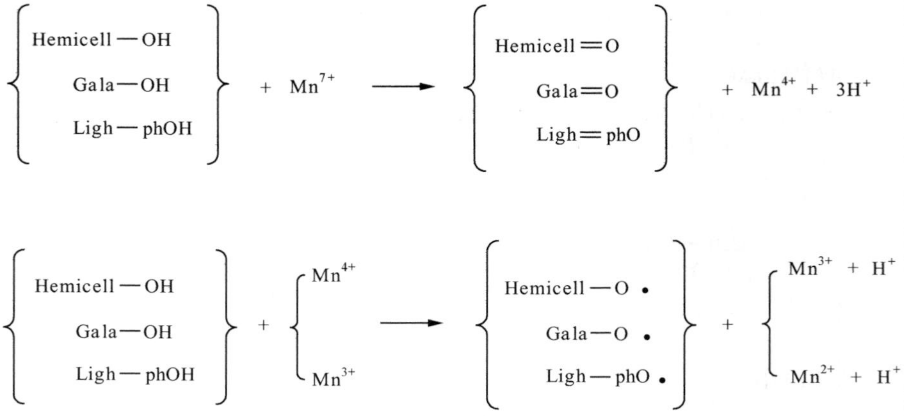

$$\left\{\begin{array}{l}\text{Hemicell}-\text{OH}\\ \text{Gala}-\text{OH}\\ \text{Ligh}-\text{phOH}\end{array}\right\}+\ \text{Mn}^{7+}\ \longrightarrow\ \left\{\begin{array}{l}\text{Hemicell}=\text{O}\\ \text{Gala}=\text{O}\\ \text{Ligh}=\text{phO}\end{array}\right\}+\ \text{Mn}^{4+}\ +\ 3\text{H}^{+}$$

$$\left\{\begin{array}{l}\text{Hemicell}-\text{OH}\\ \text{Gala}-\text{OH}\\ \text{Ligh}-\text{phOH}\end{array}\right\}+\left\{\begin{array}{l}\text{Mn}^{4+}\\ \\ \text{Mn}^{3+}\end{array}\right.\ \longrightarrow\ \left\{\begin{array}{l}\text{Hemicell}-\text{O}\ \bullet\\ \text{Gala}-\text{O}\ \bullet\\ \text{Ligh}-\text{phO}\ \bullet\end{array}\right\}+\left\{\begin{array}{l}\text{Mn}^{3+}\ +\ \text{H}^{+}\\ \\ \text{Mn}^{2+}\ +\ \text{H}^{+}\end{array}\right.$$

图 4-15　高锰酸钾引发 RCS-B 其他组分反应机理示意图

Hemicell 为半纤维素；Gala 为果胶；Ligh 为木质素

　　在接下来的链增长反应中,纤维素大分子自由基进一步攻击单体丙烯腈分子,使得丙烯腈分子形成自由基。接着,丙烯腈自由基继续攻击另外的丙烯腈分子,进而形成新的自由基。连续不断地进行下去,产生链式反应。在反应的末期,加入适量的阻聚剂后,两个相互的自由基之间反应生成分子结构,自由基不再存在,这是反应的终止阶段。此时,丙烯腈的官能团氰基(—CN)就以支链的形式,成功地接入纤维素的大分子链上。由于在接枝化过程中,加入了适量的交联剂 N,N,-亚甲基双丙烯酰胺,从而在秸秆纤维素大分子链与大分子链之间形成空间三维的交联结构,使得链的联系更为紧密和更加牢固,形成空间网状结构(图 4-14)。即可成功地制备出接枝改性玉米秸秆吸附剂(AGCS),接枝改性条件参数见表 4-10。

表 4-10　接枝改性条件参数

预氧化时间/min	引发剂浓度/(mol/L)	交联剂分数/%	单体浓度/(mol/L)	催化剂浓度/(mmol/L)	反应时间/h	反应温度/℃
60	0.02	1.0	0.5	5	1	40

4.3.2　AGCS 吸附 Cd(Ⅱ)机理

　　如图 4-16 中所示,AGCS 吸附水体 Cd^{2+} 主要归纳为以下的机理:①AGCS 的物理吸附。这是依靠接枝化改性后获得较大的比表面积和孔隙层状结构,给 Cd^{2+} 提供较多的吸附位。②AGCS 的化学吸附。AGCS 结构中的新官能团—CN 的 N 有孤对电子,而 Cd^{2+} 提供空轨道,所以—CN 对其具有配位络合作用,这个作用在吸附过程中起到最重要的作用。相比图 4-2(b),可以推测到接枝化改性中—CN 以支链形式接入 AGCS 结构中的数目,要比醚化过程—CN 以类似取代的方式引入 AMCS 结构上的数目要多得多,而且也牢固得多。图 4-17 中详细地表达了 AGCS 中纤维素大分子链上的吸附 Cd^{2+} 效果图,有单根大分子链中同一支链上一

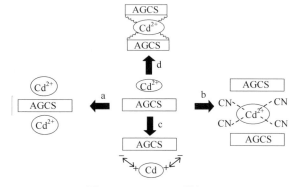

图 4-16　AGCS 吸附机理

CN 对其配位络合作用,也有单根大分子链中相邻支链的—CN 配位络合作用,还有不同分子链之间(包括前后左右等不同方位)支链上—CN 的配位络合作用。③经过表面电位分析,AGCS 的表面电位为－12.7mV,带负电荷,而 Cd^{2+} 是金属阳离子,带正电荷,它们之间产生静电吸附作用。④由于交联剂的交联作用,在纤维素大分子链之间形成的空间三维网状结构对 Cd^{2+} 起到空间网捕的效果。

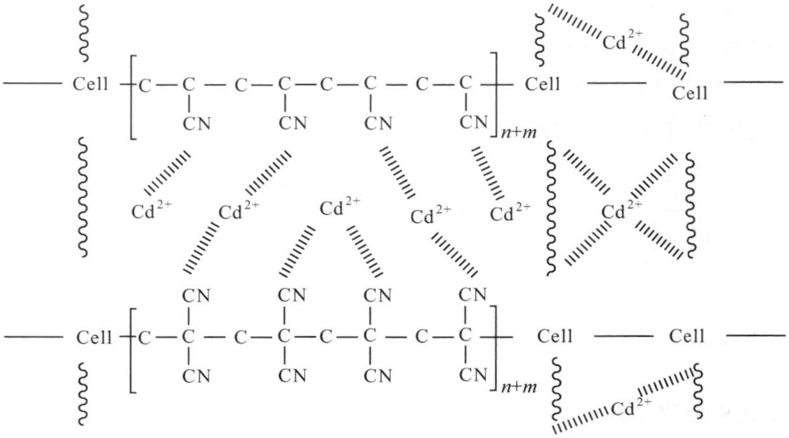

图 4-17　AGCS 配位络合吸附 Cd^{2+} 的示意图

4.3.3　表征分析

1. 外观色泽变化

改性前的 RCS-B 类似于 RCS-A 的颜色,是淡黄色。接枝化改性后,暗紫色的高锰酸钾作为引发剂加入到制备 AGCS 的流程中,所得到的吸附剂 AGCS 的颜色呈现黑色,颜色变深。如图 4-18 所示。AGCS 经过了连续抽提和反复洗涤的后续处理后,在吸附过程中,AGCS 的颜色不会发生任何褪色现象。

2. 扫描电镜分析

未改性吸附剂 RCS-B 和接枝化改性得到的吸附剂 AGCS 扫描电镜(SEM)图片参见图 4-19。对比 RCS-B 的微观表面结构[图 4-19(a)],AGCS 的表面更均匀有序[图 4-19(b)]。这说明经过接枝化改性后,木质素、半纤维素、灰分和一些抽出物(如果胶、单宁、色素、生物碱和脂类等)被去除,秸秆纤维素纤维排列具有高度的有序性,使得表面更加匀称,这个现象与醚化所得到的结果是一样的。与此同时,还可以观察到 AGCS 具有许多缝隙。同样地,也需要对 AGCS 的比表面积大小和孔径尺寸进行进一步测试。另外,在图 4-19(c)中观察到单根 AGCS 纤维素纤维丝紧密交错、相互包裹的外观状态,这是由于交联作用,纤维素分子链之间链

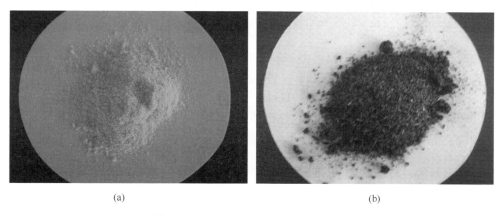

(a)　　　　　　　　　　　　　　　　(b)

图 4-18　RCS-B 和 AGCS 的外观颜色

（a）RCS-B；（b）AGCS

接更为紧密的原因。

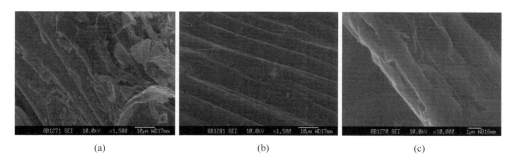

(a)　　　　　　　　　　　(b)　　　　　　　　　　　(c)

图 4-19　RCS-B 和 AGCS 的扫描电镜图

（a）RCS-B；（b）AGCS；（c）单根纤丝

3. 比表面积及孔径分析

由表 4-11 可以看出,经过接枝化改性后,AGCS 比 RCS-B 的比表面积大 2.43 倍,孔径尺寸大 3.66 倍,同样很好地量化了 AGCS 孔隙内层状结构的大小,并且也充分地说明了改性后玉米秸秆的物理性质发生了变化,这对 AGCS 的物理吸附是有利的,也印证了吸附机理中有关 AGCS 有着较大比表面积和孔隙来提供物理吸附位的设想,而且与 AMCS 相比,比表面积和孔径尺寸也更优。

表 4-11　RCS-B 与 AGCS 的 BET 比表面积及其孔径尺寸

吸附剂	BET 比表面积/(m^2/g)	孔径/μm
RCS-B	2.66	1.00
AGCS	9.12	4.66

4. 红外光谱分析

通过对比观察吸附剂 RCS-B 和 AGCS 的傅里叶变换红外光谱图（图 4-20），可以发现 RCS-B 和 AGCS 有以下一些共有的特征峰：3430cm⁻¹ 处是一个强而宽的伸展振动吸收峰，这是羟基（—OH）伸缩（分子内氢键）；2918cm⁻¹ 处也是一个较强和较宽的峰，这是—CH₂—的不对称伸缩振动吸收峰；1635cm⁻¹ 处也是一个较强和较宽的中型峰，这是水的弯曲模式吸收峰（Liu et al.，2007）；1438cm⁻¹ 是与—CH₂—的对称振动有关，而 1380cm⁻¹ 处则是 —CH— 的弯曲振动峰（Liu et al.，2006b）；1166cm⁻¹ 是 C—O 键反对称桥伸缩峰（Liu et al.，2006a）；1030cm⁻¹ 的峰是由于玉米秸秆纤维素结构上的 C—O—C 伸展振动吸收峰（Sun J X et al.，2004）；900cm⁻¹ 是纤维素内糖苷的 C1—H 变形环弯曲及 O—H 振动。它们都是玉米秸秆纤维素的特征峰。RCS-B 与 RCS-A 都是未改性的玉米秸秆 RCS，只是尺寸大小不同，性质都相同。以上的吸收峰 3430cm⁻¹、2918cm⁻¹、1635cm⁻¹、1438cm⁻¹、1380cm⁻¹、1166cm⁻¹、1030cm⁻¹ 和 900cm⁻¹ 作为天然纤维素的特征峰（Liu et al.，2006a），AGCS 和 AMCS 也同样具有。与 RCS-B 相比，AGCS 在 2252cm⁻¹ 位置也是一个强的伸展振动吸收峰，这是—CN 的特征吸收峰。这些证据说明，AGCS 经过接枝化改性后，也成功地被引入了新的官能基团——氰基。因此，同样需要对 AGCS 中的 N 进行元素含量分析。

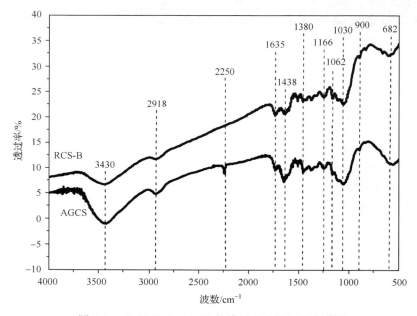

图 4-20　RCS-B 和 AGCS 的傅里叶变换红外光谱图

5. 元素分析

通过对 RCS-B 和 AGCS 的元素分析,可以得到接枝化改性前后 N 的含量变化,并且根据 N 的含量还可以进一步计算 RCS-B 和 AGCS 的总交换容量。元素分析结果得出 RCS-B 和 AGCS 的 N 含量分别是 1.11% 和 4.02%。RCS-B 与 RCS-A 都是未改性的玉米秸秆 RCS,所以 N 含量是一样的。而 AGCS 的 N 含量升高,证实了丙烯腈(AN)将氰基成功地引入到 AGCS 的结构上,成为 AGCS 的官能团。根据式(4-1)可以计算出 RCS-A 和 AGCS 的总交换容量,分别为 0.79mEq/g 和 2.97mEq/g。换言之,AGCS 的交换能力比 RCS-A 大 2.76 倍。与 AMCS 相比,AGCS 的交换能力也要大些。

6. X 射线衍射分析

通过对 RCS-B 和 AGCS 的 XRD 图谱分析(图 4-21),在 $2\theta=15.5°$ 和 22.5°有两个衍射峰,这是纤维素的无定形区域和结晶区域。结果表明:相比于未改性的 RCS-B,改性后的 AGCS 结晶区发生减小(同样可直观上观察到 $2\theta=22.5°$ 峰的响应值降低)。经过式(4-2)计算得出 X 射线结晶指数,RCS-B 和 AGCS 的结晶度大约分别为 0.68 和 0.50。RCS-B 的数值比 AGCS 的要大,AGCS 的值要比 AMCS 小。结果表明,未改性的 RCS-B 与 RCS-A 一样,具有较高的结晶度,结晶区域较大,由于 RCS-B 的尺寸小于 RCS-A,且 X 射线结晶指数低于 RCS-A,这说明机械

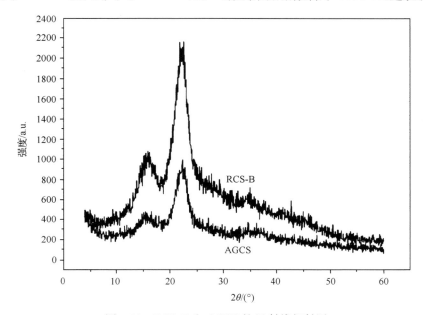

图 4-21　RCS-B 和 AGCS 的 X 射线衍射图

粉碎是可以降低秸秆纤维素的结晶度的。纤维素原料经过磨碎、压碎或受其他强烈机械作用的时候,会发生天然纤维素结晶结构及纤维素大分子间氢键的破坏。AGCS 结晶度降低不但预示着它的—OH 打破氢键的束缚中,而且也意味着接枝化的改性方法比醚化改性更能让 AN 进入到纤维素结晶区。值得注意的是,AGCS 无定形区峰的响应值也是降低的,这是因为在接枝化改性的引发过程中,纤维素主链的吡喃式葡萄糖环在 C2 和 C3 之间发生断裂,接着在链式反应中接入了新的分子支链,这些支链排列可能比之前无定形区的分子链排列要齐整,结构也相对紧凑,取向也发生了不小的变化,这些都会使无定形区产生一定的破坏,因此造成 AGCS 无定形区的相应减小。

7. ^{13}C 核磁共振(^{13}C-NMR)谱分析

从 RCS-B 和 AGCS 纤维素结构的 ^{13}C 核磁共振(^{13}C-NMR)谱图(图 4-22)中可知,60～70ppm 位置的峰是纤维素结构上 D 葡萄糖基 C6 的位置;70～80ppm 的峰是 C2、C3 和 C5 的位置;80～90ppm 和 98～110ppm 的峰分别是 C4 和 C1 的位置(Liu et al.,2006b)。对于玉米秸秆 RCS-B 来说,C1、C5 和 C6 的具体峰位分别位于 105.0ppm、75.0ppm 和 65ppm;C2 和 C3 位于 72ppm;C4 的峰位同样有两个:一个是在 88.8ppm,这是结晶区位置;另外一个是在 83.5ppm,这是无定形区的位置。这和 Liu 等的研究相符,^{13}C-NMR 谱图中 85～90ppm 一般为结晶区的峰位,80～85ppm 为无定形区的峰位(Liu et al.,2006b)。相比 RCS-B,AGCS 的 ^{13}C-NMR 谱图中的 C1 峰位仍然在 105.0ppm,并被观察到,没有发生任何变化;C6、C4 结晶区以及无定形区的峰位几乎消失掉,这是由于接枝化改性后,AGCS 的结晶区被破坏和结晶度降低,无定形区也由于接枝化改性带入新的支链而造成减小,这和 XRD 图谱显示的结果是一致的。C2 和 C3 的峰信号变弱,表明接枝共聚反

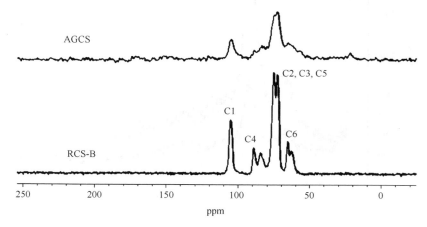

图 4-22　RCS-B 和 AGCS 的 ^{13}C 核磁共振谱(^{13}C-NMR)

应主要发生在这两个位置,所以导致峰形产生明显变化,这与改性机理推理相一致;同样的,在 21.52ppm 位置上出现的是—CN,意味着—CN 成功地被引入到玉米秸秆纤维素结构中,这与 FTIR 图谱显示的结果符合。在吸附过程中,—CN 上的 N 因具有孤对电子,可以与重金属离子如 Cd^{2+} 进行配位络合(Aydin et al.,2008;Taty-Costodes et al.,2003)。

8. 差热分析及差示扫描量热法

差热分析(TGA)及差示扫描量热法(DSC)可以揭示吸附剂 RCS-B 和 AGCS 的热稳定性。图 4-23 是 RCS-B 和 AGCS 的 TGA 及 DSC 曲线。在 TGA 曲线中,RCS-B 和 AGCS 分别在 280℃ 和 305℃ 下开始发生分解。当温度达到 340℃ 的时候,RCS-B 的重量损失了 45.63%;与此同时,在温度为 379℃ 的时候,AGCS 的重量损失了 34.7%。分解温度的大小和重量损失的程度明确地表明了 AGCS 的热稳定性要好于 RCS-B,因为接枝化改性接上了大量的—CN,破坏这些键能需要更多的能量。在 DSC 曲线中,RCS-B 和 AGCS 放热峰分别在 350℃ 和 370℃ 被观测到,此时两种吸附剂的纤维素结构都开始发生熔融和破坏,纤维素大分子发生了化学反应,生成大量的气体,出现放热效应。Liu 等(2006a)和 Fringant 等(1996)认为 DSC 曲线可通过量化的热能量流来测定物质内部组分之间的反应可能性和氢键破坏程度。DSC 曲线再一次证实了 AGCS 的热稳定性优于 RCS-B。

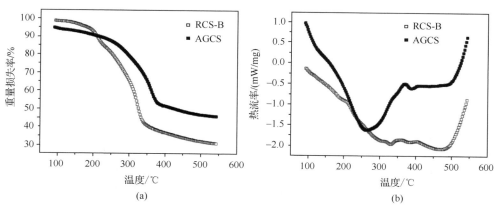

图 4-23　RCS-B 和 AGCS 的 TGA 及 DSC 曲线
(a) TGA;(b) DSC

4.3.4　吸附研究

1. 吸附剂尺寸影响

RCS-B 是过 20～100 目筛的玉米秸秆粉,如果将 RCS-B 分别过 40 目和 60 目筛进行进一步的筛分,可以得到三种不同尺寸的 RCS-B,它们的尺寸分别是 0.90～0.45mm、0.45～0.30mm 和 0.30～0.15mm。将它们接枝化改性后,就得到这三种不同尺寸的 AGCS。研究不同尺寸下 AGCS 对水体镉离子的吸附能力,结果如图 4-24 所示。结果表明,经过进一步的筛分,AGCS 的吸附能力无任何明显的变化,这说明了 AGCS 的吸附属于化学吸附。尺寸的改变所导致的比表面积的变化,只能使得 AGCS 的物理吸附能力有相应提高,但是物理吸附对 AGCS 吸附的贡献远远小于化学吸附的贡献。在筛分的过程中发现,获得 0.45～0.30mm 尺寸 AGCS 的质量较多,所以后续实验都是以 0.45～0.30mm 尺寸大小的 AGCS 为主。

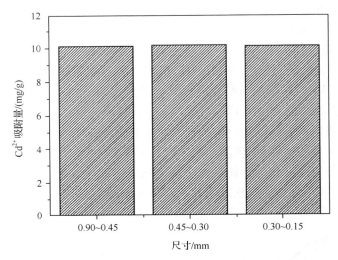

图 4-24　不同尺寸大小的 AGCS 对 Cd^{2+} 的吸附影响

2. pH 影响

溶液的 pH 在吸附过程中是一个很关键的参数(Aydin et al. , 2008；Taty-Costodes et al. , 2003),而且对初始溶液的 pH 影响的研究远比研究吸附后的 pH 的影响更有意义(Waramisantigul et al. , 2003)。根据实验的目的,设定溶液 pH 为 1.0～7.0,测试 RCS-B 和 AGCS 吸附 Cd^{2+} 的大小能力,如图 4-25(a)所示。在 pH 为 1.0 时,RCS-B 和 AGCS 对 Cd^{2+} 的去除率分别只有 1.0% 和 13.6%。当 pH 从 1.0 升高到 3.0 时,RCS-B 和 AGCS 对 Cd^{2+} 的去除率迅速升高,分别从 1.0% 升高到 19.3%,13.6% 升高至 95.6%；在 pH 较高时(pH 为 4.0～7.0),它们去除镉离子效率增长变得非常缓慢；两者对 Cd^{2+} 的最高去除率分别为 29.4% 和 98.0%。RCS-B 和 AGCS 对 Cd^{2+} 的吸附容量规律相同,也是先迅速增加后基本不再明显增加[图 4-25(b)]。在任何 pH 时,AGCS 的吸附容量均优于 RCS-B。

这种变化与 RCS-A 和 AMCS 的吸附变化基本相似。所不同的是 AGCS 在

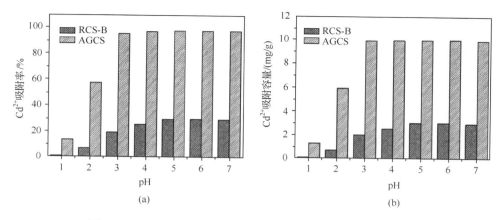

图 4-25　不同的溶液 pH 对 RCS-B 和 AGCS 吸附 Cd^{2+} 的影响

pH 为 3.0 时,吸附容量增加开始变得缓慢,而且吸附容量值与在 pH 为 7.0 时的最高值很接近;而 AMCS 在 pH 为 4.0 时吸附容量增加才开始变得缓慢,吸附容量值还远未达到最高值,可以看出在处理水体 Cd^{2+} 的时候,AGCS 所适应的溶液 pH 浓度范围要比 AMCS 的广,而且处理效果要优于 AMCS 的。在实际应用中,许多废水的 pH 普遍较低,如酸性矿山废水(AMD)。此时 AGCS 的应用能力要比 AMCS 好得多。

与 RCS-A 和 AMCS 吸附解释相同,RCS-B 和 AGCS 吸附现象同样可以解释为:在较低 pH 的时候,溶液中存在着大量的 H^+,会与溶液中 Cd^{2+} 竞争吸附剂的吸附位置。在较高 pH 时,H^+ 浓度低于 Cd^{2+} 的浓度,此时 Cd^{2+} 可以占据吸附剂更多的吸附位,从而导致它们的去除率升高和吸附容量增加。正如相关的研究表明,离子被吸附的程度依赖该离子在溶液中的浓度,浓度越高,被吸附就越好,反之亦然(Aydin et al.,2008;Haluk et al.,2008)。AGCS 的吸附容量均高于 RCS-B,这说明接枝化改性后 AGCS 的比表面积、电荷量、空间结构和—CN 等性质均要好于未改性前的性质。AGCS 的吸附容量和 pH 的适应范围均好于 AMCS,说明接枝化改性后 AGCS 的性质优于醚化改性后 AMCS 的性质,这与表征分析结果是一致的。

3. 投加量影响

吸附剂的投加量也是一个很重要的参数,它可在一个给定的吸附质浓度下考核吸附剂的吸附能力(Aydin et al.,2008)。不同的 RCS-B 和 AGCS 投加量对其吸附 Cd^{2+} 的影响结果见表 4-12。实验数据表明:随着 RCS-B 和 AGCS 的投加量的增加,它们对 Cd^{2+} 的去除率是逐渐增加的,分别从 1.5% 增加到 74.8% 和 16.0% 增加到 99.2%。但它们的吸附容量是先增后降低的,RCS-B 在投加量为 0.5g 时的吸附容量最大,为 3.75mg/g,而 AGCS 在投加量为 0.2g 时的吸附能力最高,为10.72mg/g。吸附容量先增加的现象是因为吸附剂量的增加,吸附表面积增加,导致提供给Cd^{2+}的吸附位置增加(Oliveira et al.,2008)。投加量增加到一定程度后,会额外多出更多的吸附位,吸附位置就会出现"剩余",从而单位质量吸附剂的吸附容量变小(Aydin et al.,2008)。RCS-B比RCS-A的吸附容量高,是因为RCS-B的颗粒尺寸小于RCS-A,吸附表面积大于RCS-A;AGCS也要优于AMCS,这是因为除了AGCS尺寸小表面积大外,关键是接枝化改性后AGCS的性质优于醚化改性后AMCS的性质。

表 4-12　　不同的投加量下 RCS-B 和 AGCS 对 Cd^{2+} 吸附容量的影响

吸附剂	投加量/g	吸附率/%	吸附量/(mg/g)
AGCS	0.1	16.0	8.00
	0.2	42.9	10.72
	0.5	96.8	9.68
	1.0	98.5	4.93
	2.0	99.2	2.48
RCS-B	0.1	1.5	0.75
	0.2	7.3	1.82
	0.5	37.5	3.75
	1.0	53.2	2.66
	2.0	74.8	1.87

4. 吸附等温线

RCS-B 和 AGCS 的吸附等温线也分别运用 Langmuir、Freundlich、Tempkin、Dubini-Radushkevich 和 Generalized 吸附等温方程来描述,各项参数同样可根据式(4-3)~式(4-13)来进行计算,结果见表 4-13 和表 4-14。表 4-13 中的结果是 RCS-B 和 AGCS 的 Langmuir 和 Freundlich 吸附等温式的相关参数。可以看出,两者对水体镉离子的吸附符合 Langmuir 吸附等温式,其相关性分别为 0.9221 和 0.9725,远大于 Freundlich 等温方程的相关性。而 AGCS 的吸附亦比 RCS-A 更加符合 Langmuir 吸附等温式。这也表明了 AGCS 与 AMCS 一样,其吸附剂表面是比较均匀的,以及各处的吸附能力相同,AGCS 也要比 RCS-B 均匀得多,这个结果同样与从 AGCS 的 SEM 图所观察到的结果是一致的。从 Langmuir 吸附等温式中可以得到 RCS-B 和 AGCS 的理论最大吸附量,分别是 3.81mg/g 和 22.17mg/g。AGCS 的吸附容量是 RCS-B 的 5.82 倍,这个结果和两者的表征结果得到的性质符合。与 AMCS 相比,AGCS 的吸附容量是 AMCS 的 1.74 倍。AGCS 的吸附性能优于 AMCS,更优于 RCS-B。与 RCS-A 相比,RCS-B 的吸附容量稍大,这是因为 RCS-B 的尺寸比 RCS-A 小,故 RCS-B 比表面积大。在研究的浓度范围内,同样运用式(4-5)计算特征分离常数 R_L,结果发现 $0 < R_L < 1$,这表明 AGCS 和 RCS-B 对水体 Cd^{2+} 的吸附是优先吸附。

表 4-13　AGCS 和 RCS-B 吸附 Cd^{2+} 的 Langmuir 和 Freundlich 等温方程的各项参数

吸附剂	Langmuir 吸附等温线			Freundlich 吸附等温线	
	方程式	$q_{max}/(mg/g)$	R^2	方程式	R^2
AGCS	$\frac{c_{eq}}{q_{eq}} = 0.0451c_{ep} + 0.2721$	22.17	0.9725	$\ln q_{eq} = 0.09931\ln c_{eq} + 2.5517$	0.4081
RCS-B	$\frac{c_{eq}}{q_{eq}} = 0.2628c_{ep} + 6.6283$	3.81	0.9221	$\ln q_{eq} = 0.599\ln c_{eq} - 1.8241$	0.8243

表 4-14　AGCS 和 RCS-B 吸附 Cd^{2+} 的 Tempkin、Dubini-Radushkevich 和 Generalized 等温方程的各项参数

吸附剂	Tempkin 吸附等温线		Dubini-Radushkevich 吸附等温线		Generalized 吸附等温线	
	方程式	R^2	方程式	R^2	方程式	R^2
AGCS	$q_{ep} = 2.0461\ln C_{ep} + 11.123$	0.38	$q_{ep} = 20.478$ $\exp(-7E-6\varepsilon^2)$	0.17	$\log\left(\frac{22.17}{q_{ep}} - 1\right) =$ $-0.4729\log c_{eq} + 0.1115$	0.64
RCS-B	$q_{ep} = 0.2432\ln C_{ep} + 1.9686$	0.05	$q_{ep} = 2.9986$ $\exp(-E-5\varepsilon^2)$	0.002	$\log\left(\frac{22.17}{q_{ep}} - 1\right) =$ $0.99451\log c_{eq} - 2.8709$	0.10

表 4-14 中的结果是 RCS-B 和 AGCS 的 Tempkin、Dubini-Radushkevich 和 Generalized 吸附等温式的相关参数。从相关性(R^2)大小可以看出,RCS-B 和 AGCS 对水体镉离子的吸附都不符合这三种吸附等温式。AGCS 和 AMCS 的吸附容量与其他文献报道的某些改性农业废弃物吸附水体镉离子的吸附容量相比,AGCS 和 AMCS 的吸附能力要好于其中的一些吸附剂,但也要逊于其中的另一些,具体情况见表 4-15。

表 4-15　文献报道中各种改性农业废弃物吸附镉离子的吸附能力

吸附剂	改性方法	吸附条件				吸附等温线类型	吸附量/(mg/g)	参考文献
		pH	T/K	投加量/(g/L)	反应时间			
木浆	丙烯酸接枝	4.0	—	0.01	8 天	—	4.16	Abdel-Aal et al.，2006
		6.0					4.61	
核桃屑	超纯水清洗	—	298	20	1 小时	L	4.39	Bulut and Tez，2007
椰干肉	盐酸	7.0	299	30	2 小时	L	4.92	Ho and Ofomaja，2006
玉米秸秆	丙烯腈	7.0	293	10	6 小时	L	12.73	本研究

续表

吸附剂	改性方法	吸附条件				吸附等温线类型	吸附量/(mg/g)	参考文献
		pH	T/K	投加量/(g/L)	反应时间			
谷壳	氢氧化钠	5.3～5.6	298	—	2小时	L	17.3	Low et al.，2000
玉米芯	柠檬酸	4.5～5.0	—	10	24小时	—	8.89	Leyva-Ramos et al.，2005
玉米芯	硝酸	6.0	298	2	5天	L	19.3	Vaughan et al.，2001
	柠檬酸						32.3	
玉米秸秆	丙烯腈接枝	7.0	293	10	6小时	L	22.17	本研究
	水洗						8.58	Vaughan et al.，2001
稻壳	氢氧化钠	6.6～6.8	301	10	—	L	20.24	
	碳酸氢钠						16.18	
	环氧氯丙烷						11.12	
锯粉	丙烯酸接枝			1	24小时		168	Gaey et al.，2000

注：L 为 Langmuir。

5. 吸附动力学

在水体镉离子初始浓度为 314mg/L、413mg/L 和 471mg/L 三个浓度下，考察 AGCS 对水体 Cd^{2+} 的吸附动力学，对其进行了准一级、准二级、颗粒内扩散、Elovich 和双常数动力学方程的相关拟合计算。结果见表 4-16、表 4-17 和表 4-18。结果表明：在化学动力模型中，三个不同浓度下，AGCS 的吸附动力学最符合准二级动力学方程，其相关性（R^2）均高于 0.99，而准一级动力学方程的相关性只有 0.45～0.60，从而看出，AGCS 吸附中吸附速率不是与驱动力成正比的关系，而是与驱动力的平方成正比的化学吸附，AGCS 的吸附性质与 AMCS 一样。而且拟合得出的吸附能力与实验得到的结果相比，准二级动力学方程拟合得到的吸附容量接近实验数据，而准一级动力学方程得到的结果与实测值相差很多，这也说明了准二级动力学方程拟合的准确性要高于准一级动力学方程。

表 4-16　在不同温度下，准一级动力学方程和准二级动力学方程的拟合曲线

$C_{Cd^{2+}}$/(mg/L)	实验值/(mg/g)	准一级动力学方程			准二级动力学方程		
		q_{eq}/(mg/g)	k_1/min^{-1}	R^2	q_{eq}/(mg/g)	k_2/[g/(mg·min)]	R^2
314	30.07	16.95	0.0239	0.6012	29.94	0.0079	0.9995
413	28.43	12.79	0.0338	0.4512	28.57	0.0121	0.9998
471	30.04	61.05	0.0399	0.5900	31.25	0.0026	0.9961

表 4-17 不同温度下颗粒内扩散动力学方程的相关参数

$C_{Cd^{2+}}$ /(mg/L)	第一阶段			第二阶段			第三阶段		
	k_{p1} /[mg/(g·min$^{0.5}$)]	C/(mg/g)	R^2	k_{p2} /[mg/(g·min$^{0.5}$)]	C/(mg/g)	R^2	k_{p3} /[mg/(g·min$^{0.5}$)]	C/(mg/g)	R^2
314	12.675	0.2647	0.9886	2.8795	19.482	0.9941	1.4037	23.748	0.9597
413	13.037	0.0164	0.9999	4.5924	14.165	0.8951	0.6324	25.740	0.3685
471	6.8421	0.5425	0.9622	2.5698	8.9516	0.8855	3.5781	10.382	0.6162

表 4-18 不同温度下 Elovich 和双常数动力学方程的相关参数

$C_{Cd^{2+}}$ /(mg/L)	Elovich 动力学方程			双常数方程	
	α/[mg/(g·min$^{0.5}$)]	β/(g/mg)	R^2	k_0/[mg/(g·min)]	R^2
314	2.8E06	0.6790	0.9894	1.4728	0.9894
413	4.4E04	0.5436	0.8922	1.8395	0.8922
471	11.45	0.2115	0.8849	4.7276	0.8849

与 AMCS 一样,AGCS 的吸附过程也分为三个阶段:第一阶段的膜扩散的过程,以及第二和第三阶段的颗粒内扩散过程。对颗粒内扩散动力学模型进行拟合,以初始浓度为 314mg/L 下的"q_t-$t^{0.5}$"图为例(图 4-26),三个阶段的界定点同样是在数据点发生转折拐点的地方。同样,可拟合出另两个不同初始浓度下的三个阶段,拟合数据见表 4-17。在对颗粒内扩散动力学模型进行拟合时发现,在三个不同初始浓度的三个阶段的截距 C 也都不为零,这意味着拟合后三个阶段的曲线都

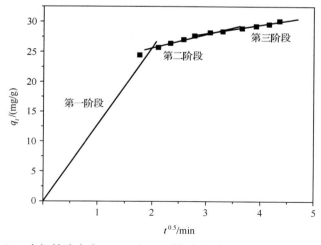

图 4-26 在初始浓度为 314mg/L 下颗粒内扩散动力学模型的拟合曲线

是不过原点的直线,颗粒内扩散速率也不是控制 AGCS 吸附水体镉离子的唯一速率,而是由膜扩散和颗粒内扩散的速率共同决定的。从相关性(R^2)来看,第一阶段,即膜扩散的拟合很好。第二阶段,也就是颗粒内扩散过程的前半段,拟合也比较好,但是到了第三阶段,颗粒内扩散的后半段,线性较差。整体来看,随着吸附时间的增加,AMCS 的吸附过程越来越不符合颗粒内扩散的要求。这个特征里,AGCS 和 AMCS 也是相似的。

在表 4-18 中,在其他经验方程中,在低浓度的情况下,符合 Elovich 经验方程和双常数方程,相关性约在 0.98;而在浓度升高的情况下,拟合得到的相关性降低。Elovich 经验方程中的 α 随着浓度的增加而变大,说明浓度越大,AGCS 吸附 Cd^{2+} 的起始速率越大。双常数方程中的常数 k_0 也是随着浓度的增大而变大的。

4.3.5　AMCS 和 AGCS 吸附机理比较

从 4.2.2 节和 4.3.2 节所得出的 AMCS 和 AGCS 各自吸附水体镉离子的吸附机理,以及它们的表征性质和吸附性能中看出吸附都是化学吸附占主要地位。有研究资料指出,固-液界面吸附理论中的一些主要理论如配位理论、内层交换理论、水解吸附理论等模型不能解释颗粒物与金属离子相互作用的关系,只有表面络合模型的发展可以解释这些关系(邹卫华,2006)。那么,两种吸附剂吸附作用模式都应同属于表面络合吸附模式。在这种模式下,AMCS 和 AGCS 具有共同的模式特征:它们的结构都带有—CN,这个基团内的 N 可以与吸附质 Cd^{2+} 形成配位络合物,反应属于络合反应;它们都因带有表面电荷而具有表面电位,这是它们发生表面功能基化学反应的结果,这个化学反应就是配位络合形成的反应;这种配位络合反应的反应平衡可用质量定律方程进行描述,而质量定律方程中的表观结合常数可与热力学常数相关联,如从 AMCS 的热力学常数中得知 AMCS 吸附是自发的,反应平衡是向有利于吸附方向进行的。对它们的热力学模型理论的研究还表明,AMCS 和 AGCS 的平衡吸附模型都符合固-液体系中的 Langmuir 吸附等温式,拟合的线性相关性非常好。

AMCS 和 AGCS 吸附的动力学模型理论则阐明了两种吸附剂的微观吸附动力学机理符合从膜扩散到颗粒内扩散,再到颗粒内吸附的吸附过程。吸附速率是由膜扩散和颗粒内扩散控制的。表观吸附动力学也论述了两种吸附剂的吸附速率与驱动力平方成正比关系的化学吸附。

4.4　玉米秸秆吸附剂的解吸研究

4.4.1　解吸机理

纯水是所有解吸剂中成本最低的,黄美荣和李舒(2009)认为纯水只能解吸那些主要以物理吸附为主的吸附剂,因为静电吸附和范德华力吸附的作用力很弱。纯水在解吸过程中,存在着高浓度向低浓度转移的效应,即吸附剂表面的重金属离子浓度很高,而水溶液中存在的重金属离子浓度很低,此时重金属离子会向低浓度的溶液发生扩散,直至吸附剂表面和水溶液的固-液间浓度达到平衡状态,这时才会停止解吸。

无机酸解吸剂的解吸原理是基于吸附剂对水体重金属离子的吸附形式是阳离子吸附,酸液中的氢离子会使溶液中的阳离子浓度增高,这些氢离子会与重金属阳离子竞争吸附位,越来越多的氢离子逐渐占据了吸附剂的表面,使得重金属阳离子发生脱附,进入到溶液中;同时,酸液的加入可能会对吸附剂的表面产生破坏作用,也有类似酸改性的效果。例如,酸液加入会使吸附剂表面本来有凹凸的区域变得平坦,不但减小了吸附剂的比表面积,而且可能还会改变吸附剂的内部结构,从而使得重金属阳离子发生脱附(黄美荣和李舒,2009)。有机酸类解吸剂与无机酸类不同,一是有机酸酸性弱于无机酸,无法产生过多的氢离子去与重金属阳离子竞争吸附位;二是有机酸的酸根离子的络合作用比较强,主要是与重金属离子发生络合反应,从而形成具有稳定结构的可溶性有机酸-金属络合物,使得重金属阳离子解吸出来(Qi and Aldrich,2008)。本研究中使用硝酸和柠檬酸解吸 AMCS 和 AGCS 吸附剂的目的就是分别利用无机酸和有机酸各自的特点。在图 4-27 和图 4-28 中可以看出,硝酸里的氢离子把 AMCS 和 AGCS 吸附的 Cd^{2+} 脱附出来,Cd^{2+} 重新回到溶液中去;有研究表明,柠檬酸与重金属 Cd^{2+} 的络合常数(lgk)为 4.54,比一般的有机酸的络合常数大,络合效果较好(Qi and Martell and Smith,

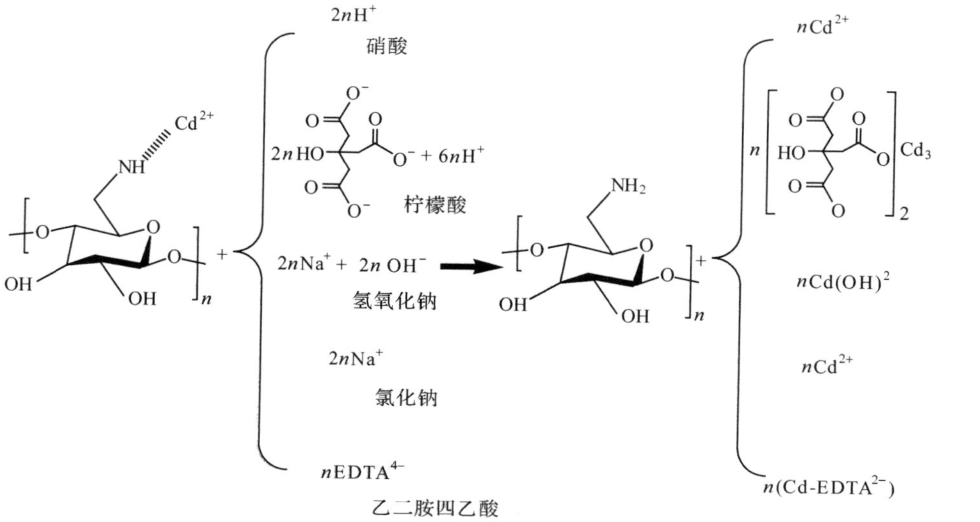

图 4-27　AMCS 在不同种类的解吸剂中的解吸机理

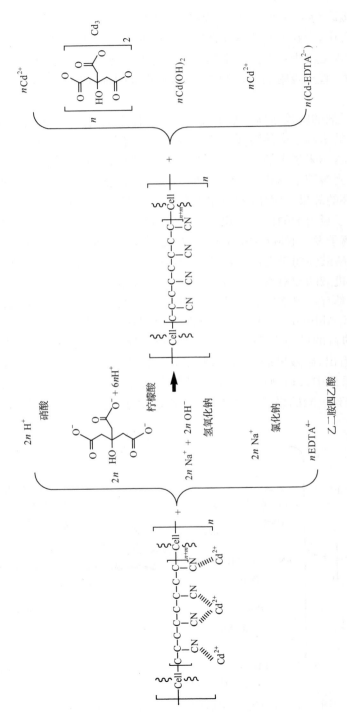

图 4-28　AGCS 在不同种类的解吸剂中的解吸机理

1977，1982；Aldrich，2008)。柠檬酸中酸根离子上的氧原子具有络合作用，一个柠檬酸分子可以同时络合三个镉离子。

　　碱类解吸剂主要是通过提高溶液的 pH，使重金属阳离子在碱性状态下发生沉淀而从吸附剂表面中解吸出来。碱类解吸剂和无机酸类解吸剂一样，对吸附剂表面原有的结构会产生破坏作用，同样可以使得重金属阳离子发生脱附。无机盐解吸剂对重金属阳离子的解吸性能主要是依靠其阳离子的交换作用。所以一般用碱金属类的盐所得到的离子交换性能最好，如钠盐。而且无机盐一般是通过离子交换吸附作用来解吸重金属阳离子，而对络合作用吸附的重金属阳离子的解吸效果较差。本研究中使用氢氧化钠和氯化钠解吸 AMCS 和 AGCS 吸附剂的作用分别是因为氢氧化钠可与吸附剂附着的重金属阳离子发生沉淀作用；而氯化钠中的钠离子可与镉离子发生离子交换作用，同样起到解吸镉离子的效果。

　　络合剂类解吸剂的络合常数比有机酸的络合常数要大很多，所以无论吸附剂是以何种形式来吸附的重金属离子都可与络合剂发生络合反应，从而实现解吸目的。本研究所采用的 EDTA 就是使用最广泛、效果较为明显的络合剂。EDTA 的强络合作用比 AMCS 和 AGCS 中的氰基对重金属镉离子的络合作用还要强，所以可以生成更为稳定的络合配位物，图 4-29 中可以清楚地看到 EDTA 的强络合效应，Cd^{2+} 在 EDTA 结构空间中各个方向的氧和氮之间产生稳定的络合作用。

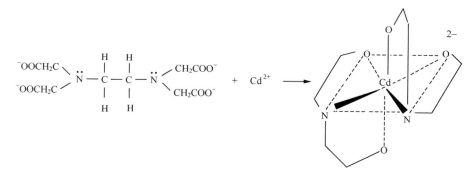

图 4-29　EDTA 与 Cd^{2+} 的反应过程(Tseng et al.，2009)

4.4.2　解吸研究

1. 温度的影响

　　本研究中的六类解吸剂分别是纯水、HNO_3、NaOH、柠檬酸、NaCl 和 EDTA，除纯水及 EDTA 浓度为 0.02g/L 外，其他解吸剂的浓度为 0.1mol/L，它们分别在 10℃、25℃和 40℃三个不同温度下对 RCS-A、RCS-B、AMCS 和 AGCS 进行解吸，结果如图 4-30 和图 4-31 所示。HNO_3、柠檬酸和 EDTA 对 RCS-A、RCS-B、

AMCS 和 AGCS 的解吸效果明显,其中硝酸对 RCS-A 和 RCS-B,以及柠檬酸对
AMCS 和 AGCS 的效果最好。而纯水、氢氧化钠和氯化钠对 RCS-A 和 RCS-B 的
解吸效果也比较明显,但对 AMCS 和 AGCS 的效果非常不明显。而且随着解吸过
程中温度的逐渐升高,各类解吸剂的解吸作用越来越明显,都在 40℃ 的温度下达
到最高,而低温和常温的状态下,相比较而言,差异性不大。这是因为 RCS-A 和
RCS-B 主要是物理吸附为主,吸附作用主要是靠静电力、范德华力及部分的离子
交换与水体镉离子发生作用。而 AMCS 和 AGCS 主要是以化学吸附为主,吸附作
用主要是通过结构中的对镉离子的配位络合作用。温度升高会使解吸作用变好,
说明解吸反应是一个吸热反应。在较高的温度下,固-液之间的各项解吸反应变得
更为剧烈,离子间或者离子与分子间的相互作用程度更大。这里还需要进一步解
释的是氢氧化钠的解吸效果,氢氧化钠与吸附剂附着的重金属镉离子发生沉淀反
应后,生成的氢氧化镉沉淀物可能会被吸附剂的表面重新吸附,原来提供给镉离子
的吸附位置此时成为氢氧化镉的吸附位置,所以氢氧化钠的解吸效果没有预想中
的那么好。也有前人的研究指出碱性解吸剂应用于阳离子形式的重金属离子解
吸,效果不尽如人意(黄美荣和李舒,2009)。另外一个需要解释的是柠檬酸和
EDTA 对 AMCS 和 AGCS 的络合解吸作用。在解吸机理的讨论中,可以获知
EDTA 的络合常数是大于有机酸类的,也就是说 EDTA 的络合解吸作用要优于柠
檬酸。而在这里结果有点相反,其实这并不矛盾,首先本研究中的柠檬酸浓度是

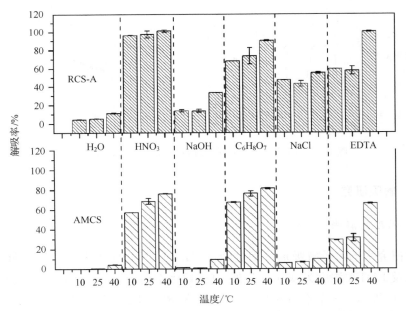

图 4-30　在不同的温度下各种解吸剂对 RCS-A 和 AMCS 解吸作用的影响

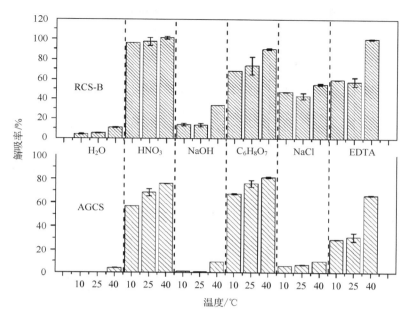

图 4-31 不同的温度下各种解吸剂对 RCS-B 和 AGCS 解吸作用的影响

0.1mol/L,而 EDTA 是饱和溶液,即浓度为 0.2g/L。EDTA 的浓度要远小于柠檬酸的浓度,而 EDTA 所达到的解吸率和柠檬酸相差 10% 左右,在这个角度来看,EDTA 的络合解吸效果是好于柠檬酸的。

2. 浓度的影响

本研究中的六类不同的解吸剂,所选取的解吸剂浓度,除纯水及 EDTA 浓度为 0.2g/L 和 0.02g/L 外,其他解吸剂的浓度均为 1.0mol/L 和 0.1mol/L 两种,它们分别在常温(25℃)对 RCS-A、RCS-B、AMCS 和 AGCS 进行解吸作用,结果如图 4-32 和图 4-33 所示。随着浓度的减小,其中硝酸和柠檬酸对四类吸附剂的解吸效果都变好,这是因为硝酸的氧化性很强,特别是浓度比较高的时候,在解吸的过程中,可能会对吸附剂的吸附位造成破坏,而不是产生解吸的效果;而柠檬酸浓度比较高时,溶液中的酸性较大,柠檬酸对镉离子的络合常数会变小,从而降低柠檬酸的络合能力。络合能力受酸性影响的现象就是酸效应问题(黄美荣和李舒,2009)。而氢氧化钠浓度的变化对四类吸附剂的解吸效果所产生的影响不大;氯化钠的效果和氢氧化钠差不多,除了对 AGCS 外。EDTA 的则相反,解吸剂浓度越高,配位络合效果越好,解吸效果越明显。

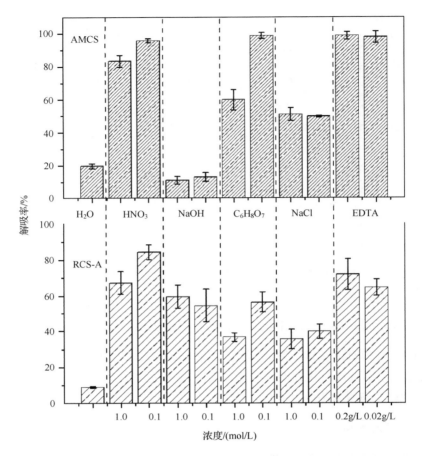

图 4-32　不同的浓度下各种解吸剂对 RCS-A 和 AMCS 解吸作用的影响

3. 质量损失分析

在这六类不同的解吸剂里,除了纯水外,它们本身也是一种化学试剂,不但起到对 RCS-A、RCS-B、AMCS 和 AGCS 进行解吸的作用,而且同时可以对这四种吸附剂的本身有着其他化学作用,这些不必要的化学反应可能会对吸附剂的质量造成损失,因此,有必要对解吸后 RCS-A、RCS-B、AMCS 和 AGCS 的质量损失进行统计。统计的结果如图 4-34 和图 4-35 所示。纯水解吸后对 RCS-A 和 RCS-B 的质量损失量大于 AMCS 和 AGCS,这是因为 RCS-A 和 RCS-B 没有经过任何的化学改性,其内部结构依然是天然植物的成分,而其中一些抽出物,如单宁等会溶解到纯水中,造成损失;但 AMCS 和 AGCS 在改性流程中已经对这些组分进行了清理,所以不会有这种情况的发生。硝酸解吸后对 RCS-A 和 RCS-B 的质量损失比

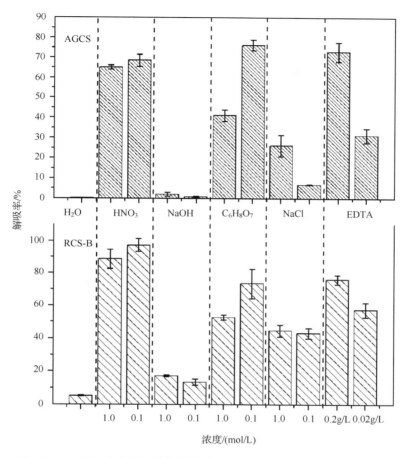

图 4-33　不同的浓度下各种解吸剂对 RCS-B 和 AGCS 解吸作用的影响

较大,对 AMCS 和 AGCS 的影响较小,这是因为 AMCS 醚化过程中有过酸处理的
步骤,AGCS 接枝化改性使得其结构内组分结合更加紧密,它们的影响反而小。而
RCS-A 和 RCS-B 在解吸的同时,硝酸还对它们进行了改性反应处理,会损失掉它
们结构里的主要成分如木质素和半纤维素的质量。氢氧化钠和柠檬酸产生的吸附
剂质量损失原因和硝酸一样,对未改性的吸附剂会有改性处理的效果,造成主要成
分含量的损失。氯化钠没有任何的化学改性作用,造成质量损失的原因和纯水一
样,区别就是有外加离子的溶液下对吸附剂自身一些成分的流失。未改性过的吸
附剂流失质量比改性的吸附剂要多。EDTA 解吸后对四种吸附剂的质量损失没
有硝酸、氢氧化钠和柠檬酸那么多,鉴于 EDTA 良好的解吸率和较低的破坏率,
EDTA 是不错的解吸剂。

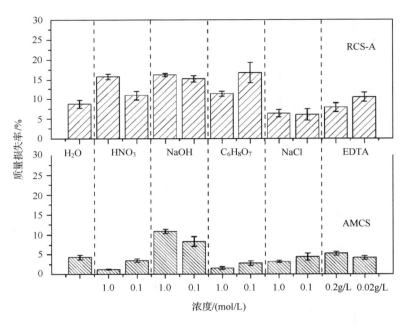

图 4-34 不同的浓度下各种解吸剂对 RCS-A 和 AMCS 产生的质量损失

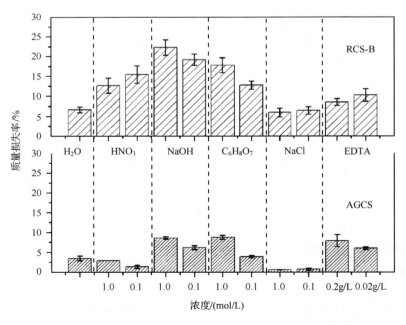

图 4-35 不同的浓度下各种解吸剂对 RCS-B 和 AGCS 产生的质量损失

第5章　改性稻草秸秆吸附剂

稻草秸秆是另一类具有代表性的农业废弃物,同样富含大量的纤维素。稻草经过改性加工处理后。可以成为有潜力的吸附材料。本章以传统的稻草秆为原料,通过季铵化改性制备成本低、性能良好的新型阴离子吸附材料,用于去除酸性矿山废水中 SO_4^{2-} 和 $Cr(Ⅵ)$ 等离子污染物,从而完善其吸附水体中 SO_4^{2-} 和$Cr(Ⅵ)$的技术理论,并丰富稻草秸秆资源化和增值利用的思路。

5.1　稻草组分在改性制备过程中的变化

5.1.1　季铵化改性

季铵化改性稻草(命名为:RS-AE)的制备流程(图 5-1):取 6g 烘干的稻草粉末原料,装入恒温水浴锅内配有电动搅拌机的三口烧瓶中。用 200mL 10%的 NaOH 溶液在室温下进行碱化预处理 2h。碱化产物以压榨的方式脱出部分水分

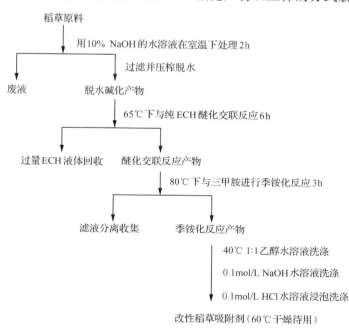

图 5-1　改性稻草吸附剂制备流程

后,与 60mL 环氧氯丙烷在 65℃及搅拌条件下进行交联反应 6h。将过量的环氧氯丙烷滤出反应系统,重新加入 60mL 三甲胺溶液,在 80℃下反应 3h 时实现季铵化反应。反应产物用 40℃ 1∶1 乙醇和 0.1mol/L NaOH 和 0.1mol/L HCl 洗涤。最后用去离子水清洗至中性(pH 试纸检测),并在 60℃条件下烘干 24h。

通过改变单个因素的实验方式对 RS-AE 制备过程中的几个关键步骤进行优化研究,考察它们对最终 RS-AE 产物的影响。

1. NaOH 预处理浓度的影响

NaOH 碱处理可以去除稻草原料中的部分半纤维素和木质素,从而增加稻草纤维素的相对含量(Lim et al.,2001),同时也是纤维素的良好润胀剂,可以提高纤维素对后续改性试剂的可及度和反应活性(Laszkiewicz and Wcislo,1990)。表 5-1 对比了经过不同浓度 NaOH 碱化处理后的产物纤维素含量。当 NaOH 浓度为 5%时,碱化后稻草的纤维素含量为 47.5%,与原稻草纤维素含量 34.6%～36.3%相比提高了约 10%,效果并不显著。当 NaOH 浓度大于 10%时,产物纤维素含量可达 60%以上;而 NaOH 浓度为 30%时,纤维素含量接近 80%。而且,NaOH 浓度越低,最终吸附剂的收率越高。当 NaOH 浓度为 5%时,最终 RS-AE 吸附剂收率为 78.9%;NaOH 增加到 30%时,收率已低于 60%。通过对最终改性稻草吸附剂的总氮含量和硫酸根吸附效率测试,发现 NaOH 浓度较低(5%)时,得到的吸附剂含氮量较低,为 1.75%,而且实际吸附 SO_4^{2-} 的效率仅为 43.4%。当 NaOH 浓度为 30%时,RS-AE 的总氮含量最高,且硫酸根离子吸附率也最高。但此时 RS-AE 收率极低,因此并不适合制备改性稻草吸附剂,而 10%～18%的 NaOH 浓度下得到的产物收率较高,吸附效果较好。

表 5-1　预处理 NaOH 浓度对改性稻草吸附剂制备的影响

NaOH 浓度/%	收率/%	SO_4^{2-} 吸附效率/%	总氮含量/%	碱化后纤维素含量/%
5	78.9	43.4±2.6	1.75	47.5±4.8
10	77.1	75.2±1.7	2.75	61.4±7.4
18	73.1	76.3±2.5	2.95	68.7±8.2
30	56.6	79.2±3.1	3.05	77.9±7.3

NaOH 预处理对 RS-AE 制备的影响主要表现为半纤维素及木质素等其他组分在处理过程中被 NaOH 碱液溶出,造成了原材料质量损失。而纤维素却在稀碱液中不溶,其相对含量得到提高。这一碱化过程不可避免地破坏了稻草秸秆原有的由纤维素、半纤维素和木质素构成的超分子结构体系,使得大量纤维素暴露到稻草材料表面,提高了纤维素对改性试剂的可及度和反应活性。实验结果也证实了 NaOH 预处理对稻草材料的这种碱化作用随碱液浓度增加而增强。但过高的碱

液浓度会降低 RS-AE 收率,甚至会直接引起稻草纤维素本身的解聚和溶出。

2. 碱化产物脱水方式的影响

环氧氯丙烷在水溶液中的溶解度较低,常温下小于 10%,因此水的存在不利于其与稻草中纤维素的醚化交联反应。实验表明(表 5-2),不进行脱水处理,直接向 NaOH 与稻草的混合溶液中加入环氧氯丙烷进行交联反应,最终得到的 RS-AE 吸附剂效果非常差,硫酸根吸附效率仅为 6.45%。采取压榨、抽滤、乙醇脱水方式后,得到的改性稻草吸附剂对硫酸根的吸附效率明显增加,均可达到 60%。显然将碱化稻草脱水后再进行交联反应,提高了碱化稻草与环氧氯丙烷即 ECH 的接触程度,有利于稻草中纤维素 ECH 进行交联反应。预先脱除剩余碱液后与纯 ECH 反应,使得反应结束后过量的 ECH 有回收再利用的可能性,降低试剂成本,符合清洁生产理念。不同的脱水方式对最终 RS-AE 收率的影响并不显著,反而不进行脱水处理会导致最终产物的收率降低。造成这一现象的原因是碱液不脱除直接进行后续反应,相当于延长了碱处理的时间,加剧了碱化作用。

表 5-2　碱化产物脱水对 RS-AE 吸附剂制备的影响

脱水方式	脱水产物含水率/%	收率/%	SO_4^{2-} 吸附效率/%
不脱水	—	69.4	6.45±3.9
压榨脱水	69.8±5.2	77.1	75.2±1.7
抽滤脱水	96.4±1.9	78.2	67.8±2.3
乙醇脱水	—	75.4	63.5±2.5

— 表示未测试含水率。

在三种脱水方式中,以压榨脱水得到的 RS-AE 吸附硫酸根效果最好,吸附效率可达 75.2%。这可能得益于压榨过程不仅脱除碱液更彻底,含水率较抽滤也更低,小于 70%;同时反复挤压一定程度上破坏了纤维素紧密的结晶结构,暴露出更多可利用的羟基,从而提高了材料与 ECH 的反应程度。

3. 季铵化反应温度的影响

在叔胺试剂中,三甲胺的反应活性较强,且分子尺寸较小,适合进行季铵化反应。三甲胺具有强挥发性,要在常压下短时间内获得最大反应效率,季铵化反应温度的选择至关重要。图 5-2 显示了不同季铵化反应温度下所得到的最终 RS-AE 的收率和 SO_4^{2-} 吸附效率。一方面,季铵化反应温度从 65℃ 依次提高到 85℃,得到的改性稻草吸附剂产物收率略有降低。可见季铵化反应不是决定收率的关键步骤,反应温度对收率的影响也不明显。另一方面,随着季铵化反应温度的提高,改性稻草吸附剂的 SO_4^{2-} 吸附效率明显增大,当温度为 65℃ 时,吸附效率仅为

56.6%;温度为80℃时,SO_4^{2-} 吸附效率达到74.8%。继续提高季铵化反应温度到85℃,得到吸附剂的吸附效率增加不大。在高温下三甲胺试剂更容易挥发,产物收率降低,因此80℃即可作为合适季铵化温度进行改性稻草吸附剂的制备。温度增加,得到的 RS-AE 吸附效率提高,可视为季铵化反应效率增加,因此也可以看出该季铵化反应步骤为吸热反应过程。

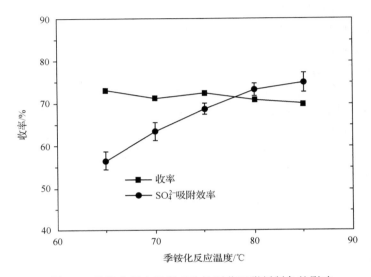

图 5-2 季铵化反应温度对改性稻草吸附剂制备的影响

5.1.2 改性机理

1. NaOH 与纤维素的反应

稻草秸秆粉末在碱液的作用下,原有结构被破坏,溶出了部分半纤维素和木质素,纤维素大量暴露出来。纤维素葡萄糖环结构上携带有三个羟基,其中6位上的醇羟基活性最高,表现出类似醇的性质。一般而言,在强碱作用下醇羟基(—OH)中 H^+ 被激活远离羟基主体结构,从而被 Na^+ 替换形成醇钠(Laszkiewicz and Wcislo, 1990)。稻草秸秆在 NaOH 处理后,其中可利用的纤维素被转化为纤维素钠或称碱纤维素。纤维素钠的化学反应性高于纤维素本身,因此这一过程中纤维素相当于被激活,有利于后续化学改性的进行。

2. 纤维素钠与环氧氯丙烷的醚化交联反应

向稻草纤维素结构中引入带正电性的季铵基,以便于结合吸附水中的阴离子。然而,纤维素或纤维素钠与叔胺在有机反应中均属于亲电试剂,直接反应生成季铵的概率非常小。因此需要环氧氯丙烷作为中介桥梁进行交联反应。环氧氯丙烷与纤维素生产环氧纤维素醚的反应机理包含两个步骤。如图 5-3 所示,首先是 ECH 在碱催化下氧环打开,首段碳与纤维素钠结合醚化,中间碳保留负氧基团。其次,由于 Cl 的电负性较强,引起相近碳位上的电子产生偏移,导致碳原子带正电性,可与中间碳原子上保留的负氧基团重新成环(Carey,2000)。因此纤维素与 ECH 反应最终形成的产物是环氧纤维素醚,其结构上的氧环可继续开环进行下一步季铵化反应。

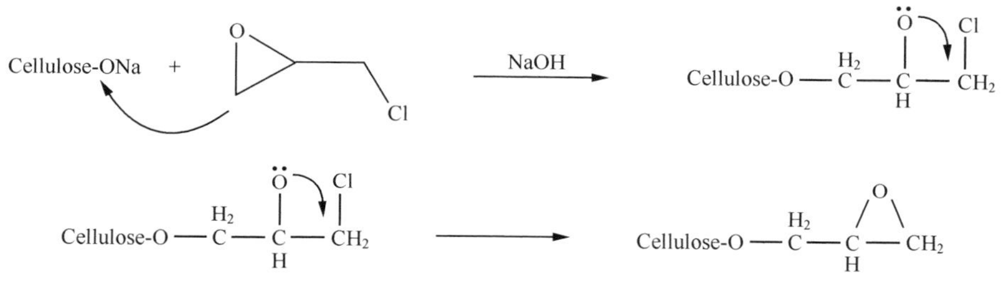

图 5-3 纤维素钠与环氧氯丙烷反应机理

ECH 在水溶液中溶解度较低,为提高其与纤维素的接触程度和反应效率,对碱化稻草产物进行脱水处理,之后不使用分散溶剂,直接在纯 ECH 试剂中进行醚化交联反应。采用纯 ECH,有利于 ECH 的回收利用,经过多次实验证实,ECH 回收率可稳定在 $65\%\sim75\%$。反应过程中 ECH 可能发生自聚反应,消除或减小这一副反应的方法是降低反应温度(Bai and Li,2006)。

3. 环氧纤维素醚与三甲胺的季铵化反应

环氧纤维素醚结构上的氧环在弱碱条件下即可开环与三甲胺进行季铵化反应。其氧环打开后,氧原子有一对未成对的电子,与三甲胺中心氮原子所携带的孤对电子配对成键。碳氮单键形成以后,与中心氮原子相连的已有四个碳,即季铵结构。季铵结构的中心氮原子呈现正电性,具有类似盐的性质,可以与溶液中的阴离子结合,结合力大小属于离子键范畴。通过乙醇、稀碱洗涤去除杂质产物之后,以稀 HCl 溶液浸泡,将 Cl$^-$ 负载在季铵结构上。这时,RS-AE 的表面含有氯离子。

改性流程中稻草纤维素与 NaOH 反应、与 ECH 醚化交联、与三甲胺季铵化反应过程如图 5-4 所示。据设计改性路线,改性稻草吸附剂 RS-AE 的化学结构为以纤维素为骨架,以季铵结构为功能基团,同时仍然含有大量的羟基。

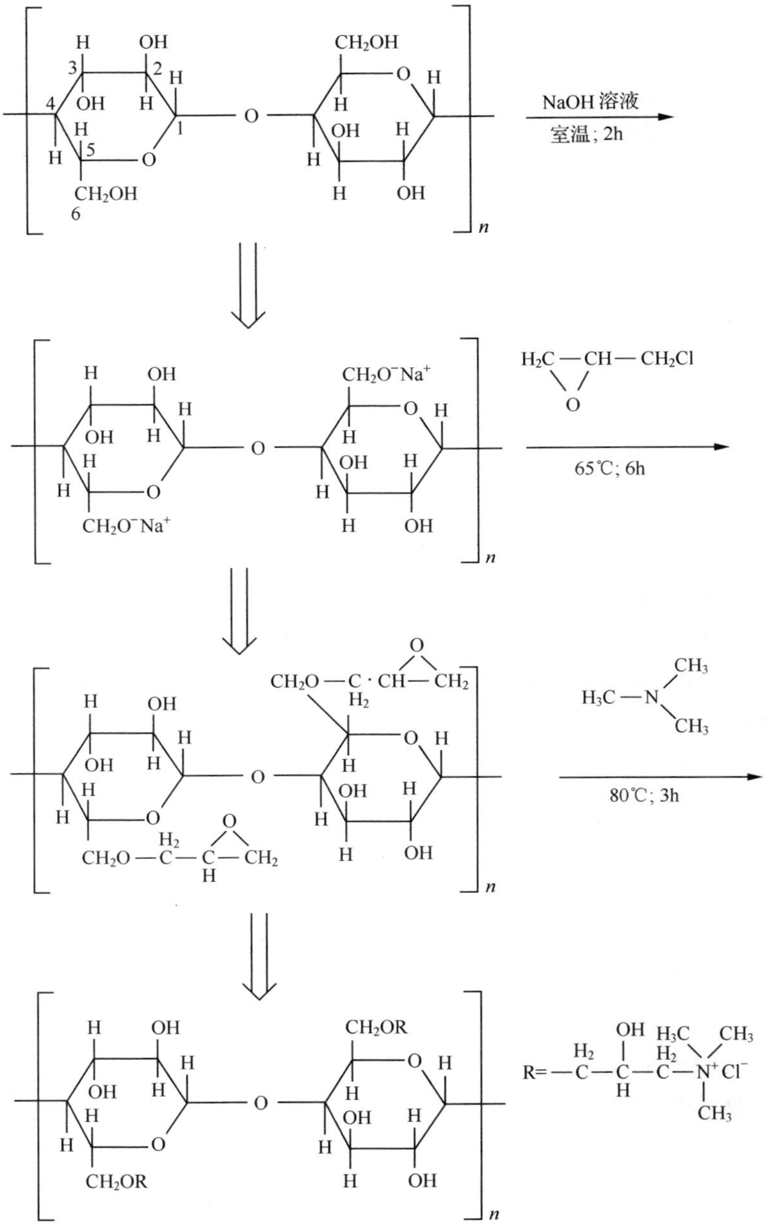

图 5-4　改性稻草吸附剂制备中纤维素的主要化学反应

5.2 吸 附 研 究

5.2.1 表征分析

1. 表面形貌观察

从稻草及 RS-AE 粉末的宏观照片(图 5-5)可以看出,改性前后稻草材料外观变化明显。其一,稻草粉末原有色泽为黄褐色,改性得到的 RS-AE 呈乳白色。从改性实验过程观察到改性稻草出现乳白色阶段是在 ECH 醚化交联反应之后。因此可以推测,ECH 醚化交联后稻草原来的生色基团被破坏,而引入了新的生色基团,使得醚化交联后的材料呈现乳白色。其二,与稻草原材料相比,RS-AE 的粒径略有降低,出现一些细小颗粒。这可能是反应过程中连续使用搅拌造成的,也可能是碱处理后稻草原有结构被破坏,使材料粒径减小。其三,经过仔细观察可发现,RS-AE 多呈卷曲状态,而不是原来稻草所呈现的挺直的纤维碎屑状态。这一变化主要由 NaOH 碱处理造成,稻草植物细胞壁结构中的半纤维素和木质素被破坏和部分溶出后,纤维胶束变形,卷曲,有些单个纤维丝甚至会从原来团簇结构中剥离出来。要想清晰地观察这种变化,需借助 SEM 在放大几十倍到上千倍的情况下获取其表面形貌图像。

(a) (b)

图 5-5　稻草原料及 RS-AE 吸附剂数码相机拍摄照片
(a) 稻草原料;(b) 改性稻草吸附剂

从放大 50 倍的 SEM(图 5-6)上可以看出,稻草原料颗粒呈长条状,形态直挺,部分颗粒表面有裂痕。这些裂纹可能是机械粉碎过程中粉碎机的剪切力造成的。原稻草秸秆表面相对平整,空隙不多,在条状稻草碎屑的断头处可观察到一些空腔。这些空腔可能是植物细胞壁的维管束结构,也可能是稻草植物细胞质干化后留下的空的细胞壁外壳。放大到 1000 倍观察,可以发现稻草秸秆表面的气孔结构保留完好,这些气孔结构可为化学改性试剂进入秸秆结构内部提供通道。经过碱液处理、醚化交联和季铵化改性后,得到的 RS-AE 吸附剂的表面形貌与稻草原来之间差异巨大。首先,从低倍 SEM 图中可以看到,改性稻草吸附剂整体都是扭曲变形的状态,和原来稻草颗粒直条碎屑有明显区别。其次,大部分改性稻草吸附剂颗粒表面有纤维丝裸露,个别纤维丝被剥离出吸附剂颗粒之外。在放大 1000 倍时,可清晰地看到改性稻草中纤维丝的团簇结构,而在原稻草中其纤维束结构被其他物质包裹,仅隐约可见。改性稻草吸附剂中暴露出的纤维丝直径相对均匀,为 $5\sim10\mu m$,与文献报道的天然纤维素纤维束的横切面直径数据吻合(Lim et al.,2001)。而且这些纤维丝之间有宽度不均的缝隙,说明改性试剂不仅在改性稻草材料的表面,也可能进入纤维结构内部。纤维束结构只是稻草材料的一个特征,某些稻草的边缘也呈现出碎片结构,如表 5-3 中 SEM/EDX 图片所显示。这种碎片结构在经过改性后的 RS-AE 表面更为突出,碎片面积增大,碎片与碎片之间形成大

(a)　　　　　　　　　　　　　　　　(b)

(c)　　　　　　　　　　　　　　　　(d)

图 5-6　稻草原料及改性稻草吸附剂扫描电子显微照片

(a) 稻草原料×50;(b) 改性稻草吸附剂×50;(c) 稻草原料×1000;(d) 改性稻草吸附剂×1000

量的不规则间隙。不论是纤维束结构还是这些碎片结构都可为稻草化学改性反应的进行提供有利条件。

表 5-3 稻草及改性稻草吸附剂 SEM/EDX 表面元素组成分析结果

材料名称	SEM/EDX 图	元素	浓度(原子分数)/%	误差/%
稻草原料		O	63.10	20.2
		C	32.72	8.1
		Si	3.52	0.3
		K	0.37	0.1
		Cl	0.19	0
		Mg	0.09	0
改性稻草吸附剂		O	55.77	18.4
		C	38.35	9.6
		N	3.86	0.3
		Cl	1.16	0.1
		Si	0.86	0.1

2. 元素分析及理论吸附容量

经测试,稻草及 RS-AE 整体含氮量分别为 0.45% 和 2.75%,显然,改性增加了稻草中 N 含量。由于 RS-AE 是经过了乙醇、稀碱和稀盐酸及去离子水数次洗涤过的,基本可以排除稻草黏附胺试剂的可能,说明的确是有含氮基团在改性过程中被引入稻草纤维结构中。至于这些含氮基团是否属于季铵基,还需要进一步甄别。对于阴离子吸附剂来说,含氮基团含量直接决定理论吸附(交换)容量,根据公式(4-1)计算 RS-AE 的理论吸附容量,结果为 1.96mEq/g。该数据表明,RS-AE 对 SO_4^{2-} 和 Cr(Ⅵ)等阴离子污染物在理论上具有较强的吸附能力。

通常改性试剂主要作用在稻草材料的表面,即所进行的主要是表面化学改性,因而稻草改性前后,其表面元素组成必定有明显变化。采用 SEM/EDX 仪器扫描分析了稻草及 RS-AE 的表面元素组成。分析结果如表 5-3 所示,其中 SEM/EDX 图片中线框为探测区域。不论是稻草原料还是 RS-AE,碳和氧都是主要成分,总量占元素组成的 90% 以上。它们主要来自稻草材料中纤维素、木质素等碳水化合物。而改性前后,碳和氧比例略有变化,改性后碳的含量有所增加。在原稻草中还含有大量的硅元素,为 3.52%。硅是包括稻草在内的各种秸秆的主要矿物残留成分之一(Flogeac et al.,2003)。改性后稻草中硅元素含量大量减少,仅为 0.86%,说明大部分的硅可能是附着在材料表层的,经过搅拌、洗涤步骤之后这些附着物被去除。原稻草的表面元素组成中还含有少量氯和镁元素。这些元素可能与稻草生长的土壤环境有关系,它们附着在稻草秸秆表面上,在化学改性过程中逐渐去除,因此在 RS-AE 表面无法检测到。

RS-AE 表面元素组成中氮元素高达 3.86%,氯元素含量也增加了 6 倍。考虑到化学改性过程中采取的是季铵化改性,氮元素含量增加佐证了化学改性的成功,即含氮功能基团被引入稻草材料中。而且可以发现,RS-AE 表面含氮量大于整体氮元素含量,因此初步证实了化学改性的作用位置主要是在材料的表面。RS-AE 中氯元素的成倍增加与改性过程中稀盐酸浸洗步骤有关。采取稀盐酸浸洗 RS-AE 的目的就是将氯离子负载到吸附剂上,形成化学结构如图 5-4 中 R 所示的功能基团。因此,从元素组成角度初步可以判断,稻草改性后其化学结构中增加了大量的含氮基团,并固定有相当数量的氯离子。

3. 主要功能基团构成

如果说元素组成分析只能从化学成分上佐证基团的存在,那么通过 FT-IR 和固态[13]C-NMR 的表征可以准确判定 RS-AE 所含功能基团的细微结构。

1) FT-IR 光谱分析

稻草及改性稻草吸附剂即 RS-AE 的红外光谱如图 5-7 所示。在原稻草图谱中,3433cm^{-1} 附近的宽阔吸收峰是—OH 伸缩振动引起的。这些羟基可能来自稻草秸秆所含纤维素的醇羟基和木质素的酚羟基。在 2917cm^{-1} 附近的吸收峰为—CH$_3$ 或—CH$_2$—中 C—H 键的伸缩振动,而 1379cm^{-1} 处的尖峰为 C—H 结构的弯曲振动。在 1640cm^{-1} 处的峰是吸附水分的骨架弯曲振动吸收峰(Liu et al.,2006b)。而 899cm^{-1} 附近吸收峰可能是由纤维素的葡萄糖聚合结构中 β-1,4 糖苷键所引起的(Liu et al.,2007)。在波数为 669cm^{-1} 处吸收峰与醛基(—CHO)结构振动有关系。3433cm^{-1}、2917cm^{-1}、1379cm^{-1}、1640cm^{-1}、899cm^{-1} 和 669cm^{-1} 位置的吸收峰为天然纤维素红外谱图中常见吸收峰(Liu et al.,2006b)。在 RS-AE 的红外谱图中上述几个波数附近同样可观察到吸收峰,而且,改性前后稻草材料的红外谱图总体轮廓具有近似趋势,因此可以说 RS-AE 的主要组成依然是纤维素结构。

对比稻草改性前后的红外谱图还可以发现很多细节变化。首先最为明显的是改性后稻草吸附剂上有新吸收峰出现,即 1467cm^{-1} 处的尖锐吸收峰和 1062cm^{-1} 处的宽阔吸收带。根据文献报道(Anirudhan et al.,2006;Ren et al.,2007),1467cm^{-1} 和 1062cm^{-1} 处的吸收带就是由季铵基团的骨架和碳氮单键振动引起

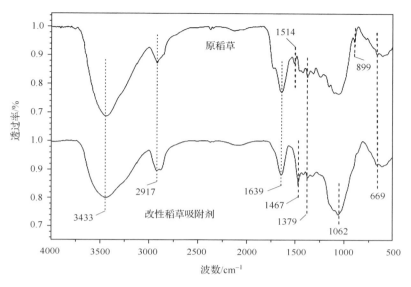

图 5-7　稻草及改性稻草吸附剂 FT-IR 光谱图

的。其次,从吸收强度看,改性后稻草吸附剂的羟基吸收带明显减弱,羟基含量有所减少。这可能是由于改性后秸秆中木质素含量减少,酚羟基消失,而纤维素上的醇羟基又被 ECH 醚化交联反应所消耗。吸收强度明显减弱的还有 889cm⁻¹ 处聚合葡萄糖糖苷键的吸收峰。这暗示了在改性过程中纤维素的碳氧醚键连接断裂,部分聚合结构被破坏。此外,改性稻草 RS-AE 的红外谱图中,2917cm⁻¹ 处甲基、亚甲基的伸缩振动出现肩峰现象,可以认为是甲基和亚甲基增多造成的。改性过程中稻草材料由于与 ECH 的醚化交联而得到亚甲基,与三甲胺季铵化增加了甲基数量。稻草及 RS-AE 的红外谱图对比分析说明改性向稻草纤维素结构上引入了季铵基结构;同时还保留了纤维素骨架携带的一些基团如羟基和甲基。

2）固态^{13}C-NMR 分析

根据稻草及改性稻草吸附剂即 RS-AE 的固态^{13}C-NMR 谱图(图 5-8),化学位移在 60～70ppm[①] 的吸收信号是稻草纤维素结构中 6 号位置碳原子(C6)。70～80ppm 的出峰信号由 2、3、5 位置的碳原子(C2、C3、C5)引起。通常 C2、C3、C5 产生的吸收信号,在谱图中不容易分开或容易形成并肩峰。80～90ppm 吸收带与 4 号位置碳原子(C4)有关,而 98～110ppm 的信号由 1 位碳原子产生(Liu et al.，2007；Liu et al.，2006b；Zheng et al.，2010；Zhao et al.，2007)。纵观原稻草与 RS-AE 的固态^{13}C-NMR 谱图轮廓,C1～C6 出峰位置基本一致,与文献中纤维素

① 1ppm＝10^{-6}。

的固态核磁共振碳谱相比较,可以判定改性后 RS-AE 的主要成分还是纤维素。

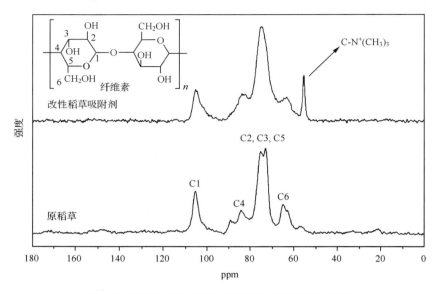

图 5-8　稻草及改性稻草吸附剂固态^{13}C-NMR 谱图

对比改性前后的图谱,区别最为明显的就是改性稻草吸附剂中 55.6ppm 处增加了尖锐的强信号峰,此 56ppm 附近的信号峰即为与季铵盐结构相连的碳($C-N^+(CH_3)_3$)所产生(Ren et al.,2007;Sun et al.,2006)。这一结果更加坚实地证明了通过化学改性季铵基被成功引入稻草纤维素结构中。由于 C4 和 C6 与纤维素的结晶结构有直接关系,而经过化学改性后纤维素的结晶结构应该是发生了很大变化才引起改性后 C4 和 C6 的出峰信号强度和出峰形状与原稻草相比都有明显的区别。

4. 纤维素结晶结构变化

从稻草及改性稻草吸附剂(RS-AE)的 XRD 图谱(图 5-9)可知,改性前原稻草图谱中在 2θ 角为 22°和 15°处可观察到明显的衍射峰,为天然纤维素的 X 射线特征衍射峰(Zhao et al.,2007;Segal et al.,1959)。其中,在 22°处为纤维素结晶结构中 002 晶面的衍射峰,衍射强度较大,代表纤维素的结晶区,说明在稻草原料中纤维素处于高度有序的聚集状态,羟基之间以强有力的氢键连接。此外,在 15°为101 晶面的衍射峰,该晶面间距较大,且常以并肩峰的形式出现。对比稻草与 RS-AE 的图谱,可发现改性后稻草纤维素在 101 晶面处的衍射峰几乎消失,初步说明化学改性对稻草中的纤维素结晶结构,特别是 101 晶面破坏严重。由于 101 晶面层间距较大,容易受到改性试剂的渗透侵蚀。在 RS-AE 图谱中 002 晶面处的特征衍射峰强度大大降低,也表明纤维素结晶聚集状态被改性试剂所破坏,结晶区所占的比例锐减;而且 002 晶面的出峰位置向小角度偏移,说明晶面间距在增加,这可能是改性试剂渗透到纤维素结晶结构内部,形成了柱撑作用。

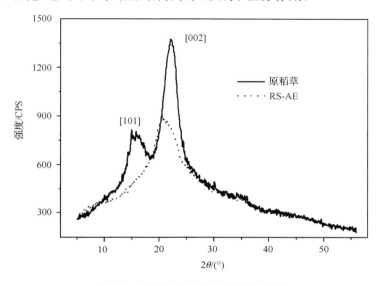

图 5-9　稻草及 RS-AE 的 XRD 谱图

稻草及 RS-AE 中纤维素的结晶度、结晶度指数及晶面相关数据总结在表 5-4 中。改性前后,纤维素的相对结晶度由 38.4% 降低到了 31.5%。从 FT-IR、^{13}C-NMR、XRD 图谱中分别计算得到的结晶度指数都具有降低趋势,也说明改性后纤维素结晶结构遭到破坏,结晶度降低。从三种不同的结晶度指数比较发现,由 XRD 谱图中 002 晶面衍射强度与 2θ 角 18°时散射强度计算的数据明显偏大,而从 FT-IR 和 ^{13}C-NMR 计算出的纤维素结晶度指数与纤维素的相对结晶度比较吻合。

表 5-4　稻草及 RS-AE 纤维素结晶结构分析结果

材料	X_c/%	CrI_{IR}/%	CrI_{NMR}/%	CrI_{XRD}/%	晶面 002		晶面 001	
					2θ/(°)	d/nm	2θ/(°)	d/nm
稻草	38.4	42.8	39.6	56.01	22.02	0.40	15.27	0.58
RS-AE	31.5	33.3	27.4	42.2	20.87	0.43	—	—

注:X_c 为纤维素相对结晶度;CrI_{IR}、CrI_{NMR}、CrI_{XRD}分别为从 FT-IR、^{13}C-NMR、XRD 谱图中计算得到纤维素结晶指数。

此外,经过拟合分峰计算得到的 002 晶面间距 d 在原稻草纤维素中为 0.40nm,而改性后 d 值增加了 0.03nm,间距为 0.43nm。101 晶面处的晶面间距为 0.54nm,改性后 101 晶面衍射峰消失。从空间尺寸上讲,化学改性试剂完全有可能从晶面层间进入稻草纤维素结晶结构内部,破坏其结晶结构。特别是在 101 晶面处,改性试剂使纤维素中的氢键解体、糖苷键断裂,引入新基团,晶面完全被破坏或晶面间距增大到无法出现衍射峰。这一结果暗示,在稻草材料上所进行的化学改性反应主要是从纤维素结晶结构的 101 晶面开始的或者说稻草秸秆纤维素 101 晶面的化学反应活性较高。

5. 孔结构分析

实验采用全自动压汞仪对稻草及 RS-AE 的孔结构和孔表面积进行测试,结果见表 5-5。与原稻草相比,改性后得到的 RS-AE 表观密度略微降低,为 1.34g/mL。密度减小的原因可能是改性过程中稻草表面黏附密度较大物质被去除造成的,表面元素组成的变化可以佐证这一点。此外,无论是原稻草还是 RS-AE,其表观密度值都小于文献报道(詹怀宇等,2005)的天然秸秆纤维素的密度,约为 1.5g/mL。在压汞法测试表观密度时,稻草中的闭孔体积是计算在内的,这可能是稻草材料表观密度值偏离文献值的原因。由表观密度和体积密度可计算得到空隙率数据,结果显示稻草空隙率为 81.1%,而改性稻草吸附剂 RS-AE 空隙率为 79.4%,略微下降。影响材料空隙率的因素很多,如随机堆积的密实程度、闭孔数量多少等。

表 5-5　稻草与 RS-AE 孔结构测试结果

材料	表观密度/(g/mL)	空隙率/%	孔表面积/(m²/g)	孔直径分布/%		
				<2nm	2~50nm	>50nm
稻草	1.42	81.1	4.51	—	60.1	39.9
RS-AE	1.34	79.4	1.19	—	6.3	93.7

从压汞测试得到的稻草及 RS-AE 孔表面积数据分别为 4.51m²/g 和 1.19m²/g。可见稻草在经过系列化学改性后,其孔面积减小,孔结构遭到一定程度的破坏。从孔直径分布来看,改性前原稻草材料中 2~50nm 的中孔所占比例较大,为 60.1%;而改性之后,大于 50nm 的大孔占到 93.7%。这种变化体现了化学改性对稻草秸秆孔结构的影响,改性试剂在进入稻草材料空隙之后,有些试剂如 NaOH 碱液能够直接侵蚀孔表面,造成空隙增大,或使孔与孔贯穿,也可增大孔容。大孔所占比例过大,也是造成改性稻草吸附剂孔表面积相对较低的原因。通常,在比表面积较大的吸附材料中,微孔数量居多,对材料总表面积贡献最大(Suzuki,1990)。压汞仪测试材料微孔有一定局限性,需要将压力升高,微孔在这个过程中会被压塌或破裂成为中孔或大孔。因此在对稻草材料测试中仅测到直径为 3nm 的孔。本研究也尝试采用氮吸附仪测试改性稻草的微孔结构,但可能由于材料特性问题,无法测得数据。此外,需要指出孔表面积与比表面积有所区别。顾名

思义,比表面积包括材料颗粒外表面积在内,应比孔表面积大。目前吸附剂的比表面积通常以 BET 吸附模型计算得到,即为 BET 比表面积。

5.2.2　Cr(Ⅵ)吸附研究

1. pH 影响

不同溶液 pH 条件下,RS-AE 吸附 Cr(Ⅵ)的平衡吸附量的变化如图 5-10 所示,在 pH 为 2~6 时,吸附量均可超过 0.3mmol/g,即 RS-AE 对 Cr(Ⅵ)的吸附去除效果较好。从 pH 大于 5 开始,随着 pH 增加 RS-AE 对 Cr(Ⅵ)的吸附量逐渐降低,当 pH 为 10 的时候,吸附量已经降低至 0.05mmol/g 左右。引起这种现象的主要原因,在前面 SO_4^{2-} 吸附研究中已经分析过,是由于 pH 增加削弱了 RS-AE 表面季铵基质子化作用,使其正电性变弱,从而降低了通过静电引力对 CrO_4^{2-} 阴离子的吸附。在调节溶液 pH 时引入了大量和 CrO_4^{2-} 形成竞争吸附的离子,在酸性时为 Cl^-,碱性时为 OH^-。也因此在 pH 为 3~5 时,Cr(Ⅵ)吸附效果最佳,而 pH 为 2 时吸附量已经有所下降。

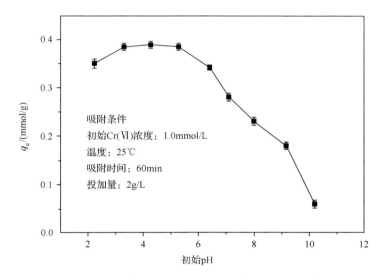

图 5-10　溶液 pH 对 RS-AE 吸附 Cr(Ⅵ)的影响

此外,如绪论中所述,溶液 pH 的变化可能引起 Cr(Ⅵ)存在形态的变化。例如,在酸性条件下,部分 CrO_4^{2-} 可结合一个 H^+ 而形成 $HCrO_4^-$。如果 RS-AE 吸附 Cr(Ⅵ)的机理和吸附硫酸根类似,也具有离子交换作用。那么 RS-AE 吸附一个 CrO_4^{2-} 需要消耗两个活性吸附位点,而固定一个 $HCrO_4^-$ 则仅需一个吸附位点。

因此,RS-AE 在吸附 $HCrO_4^-$ 可具有较高的 Cr(Ⅵ)吸附容量。这也可能是 RS-AE 在酸性条件下能较好地吸附去除 Cr(Ⅵ)的原因之一。

2. 接触时间和初始浓度对 Cr(Ⅵ)的影响

图 5-11 所示为不同初始浓度下 RS-AE 吸附 Cr(Ⅵ)的动力学曲线。首先,随着初始 Cr(Ⅵ)浓度升高,最终 RS-AE 所能达到的平衡吸附量逐渐增加。对于 0.15mmol/L 的 Cr(Ⅵ)溶液,20min 之后所能到的吸附量不足 5mg/g,当初始浓度增加到 1.0mmol/L 时,平衡吸附量显著增加到 17mg/g 左右;继续增加初始浓度到 1.5mmol/L 时,平衡吸附量只是略微增加。说明 1.5mmol/L 的 Cr(Ⅵ)已经足以使 RS-AE 达到或接近饱和吸附,而在稀溶液中由于 Cr(Ⅵ)较少,RS-AE 吸附容量过剩,Cr(Ⅵ)的浓度对 RS-AE 的吸附量起决定作用。其次,四个 Cr(Ⅵ)浓度水平下的吸附动力学曲线,轮廓近似,即在前 20min,曲线陡峭,RS-AE 对 Cr(Ⅵ)的吸附量增加迅速,可视为初始快速吸附阶段。20min 之后,曲线趋于平缓,随着时间持续推移,吸附量变化不显著或略微增加。这一阶段为 RS-AE 吸附 Cr(Ⅵ)近平衡阶段。因此,RS-AE 吸附 Cr(Ⅵ)的平衡时间较短,约为 20min,说明 RS-AE 对 Cr(Ⅵ)的吸附为快速吸附过程,吸附剂表面的活性吸附位点和六价铬离子亲和力较强。在后面将采用吸附动力学模型进一步分析 RS-AE 吸附 Cr(Ⅵ)的动力学特性。

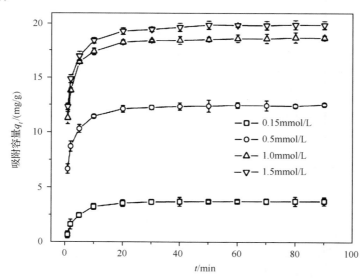

图 5-11　接触时间和初始浓度对 RS-AE 吸附 Cr(Ⅵ)的影响

3. 吸附等温线及吸附容量

1) RS-AE 吸附 Cr(Ⅵ)的等温线分析

不同温度下 RS-AE 吸附 Cr(Ⅵ)的等温线如图 5-12 所示。从图中可见，288K、298K、308K 和 318K 下吸附等温线曲线走势相同，均呈 L 形，即随着初始浓度的增加，RS-AE 对 Cr(Ⅵ)的平衡吸附量逐渐增大，而且曲线在 Cr(Ⅵ)低浓度范围内增加迅速，在高浓度阶段，增加幅度微小。L 形吸附等温线的这种变化特点，说明 RS-AE 对 Cr(Ⅵ)的吸附可能是单分子层吸附。采用 Langmuir 和 Freundlich 吸附等温模型进行分析同样可以证实这一点。图 5-13 和表 5-6 所示为不同温度下 RS-AE 吸附 Cr(Ⅵ)模型分析结果。可见，RS-AE 对 Cr(Ⅵ)的吸附比较符合 Langmuir 模型，不同温度下的模型曲线轮廓与实验得到的等温线吻合，拟合相关系数 R^2 接近 1，为 $0.96 \sim 0.98$。根据 Langmuir 吸附模型理论假设，可判断 RS-AE 吸附 Cr(Ⅵ)为单分子层吸附，即被吸附的 Cr(Ⅵ)独立地排布在 RS-AE 表面，形成一个单分子层。Freundlich 模型适用于非均匀表面上发生的多层吸附过程。在对 RS-AE 吸附 Cr(Ⅵ)过程进行拟合分析时，不同温度下得到的相关系数均低于 0.9，而且模型曲线走势与实验结果明显不符。因此，RS-AE 吸附 Cr(Ⅵ)的过程不能用 Freundlich 吸附模型进行解释。此外，随着温度从 288K 增加到 318K，RS-AE 吸附 Cr(Ⅵ)的等温线在图 5-12 中逐渐升高，平衡吸附量逐依次增加，即升温能够促进 RS-AE 对 Cr(Ⅵ)的吸附，暗示该吸附过程为吸热过程。后面将计算吸附过程的热力学参数，继续探讨 RS-AE 吸附 Cr(Ⅵ)的热力学特性。

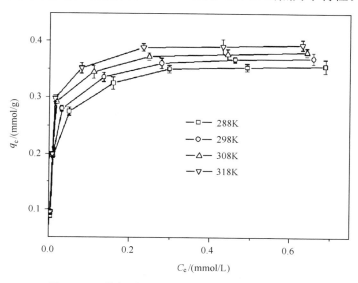

图 5-12　不同温度下 RS-AE 吸附 Cr(Ⅵ)的等温线

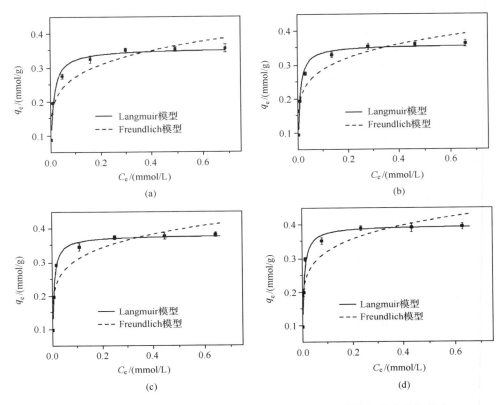

图 5-13　采用 Langmuir 和 Freundlich 模型对 Cr(Ⅵ)吸附等温线非线性拟合

(a) 288K；(b) 298K；(c) 308K；(d) 318K

表 5-6　不同温度下 Cr(Ⅵ)吸附等温线 Langmuir 和 Freundlich 模型分析参数

吸附模型		288K	298K	308K	318K
Langmuir	Q_{max}/(mmol/g)	0.35	0.36	0.38	0.40
	b/(L/mmol)	133.65	155.25	184.64	187.88
	R^2	0.97	0.98	0.96	0.97
Freundlich	K_f/(mmol/g)	0.41	0.43	0.44	0.46
	n	5.5	5.7	6.2	6.4
	R^2	0.87	0.87	0.83	0.80

2）RS-AE 对 Cr(Ⅵ)的吸附容量

RS-AE 吸附 Cr(Ⅵ)的过程符合 Langmuir 吸附模型,根据该模型方程中的常数可推算 RS-AE 对 Cr(Ⅵ)的最大吸附容量 Q_{max}。计算结果显示:在 288K、298K、308K 和 318K 的温度条件下,RS-AE 吸附 Cr(Ⅵ)的最大吸附容量 Q_{max} 分别为

0.35mmol/g、0.36mmol/g、0.38mmol/g、0.40mmol/g；根据 Cr(Ⅵ)的摩尔质量为 52g/mol，换算成吸附容量常用单位 mg/g，即分别为 18.2mg/g、18.7mg/g、19.8mg/g、20.8mg/g。

以常温 298K 即 25℃下的 RS-AE 对 Cr(Ⅵ)吸附情况与近几年文献中报道的其他木质纤维素吸附剂做对比(表 5-7)。在众多木质纤维素或其改性吸附剂中，RS-AE 表现出较高的六价铬吸附容量。而且非常重要的一点是，RS-AE 的吸附容量是在接近中性条件下取得的。目前大部分改性木质纤维素材料对 Cr(Ⅵ)的吸附仅能在酸性或强酸性条件下取得较好效果。在 pH 条件的适应性方面，RS-AE 表现出了优越性。此外，木质纤维素材料对 Cr(Ⅵ)的吸附去除绝大部分符合 Langmuir 吸附模型，但是吸附机理并不一致。据报道，如表 5-7 所示，Cr(Ⅵ)的吸附去除机理包括静电吸引、Cr(Ⅵ)还原为 Cr(Ⅲ)、化学络合吸附、离子交换及物理化学吸附。本研究发现，RS-AE 吸附去除 Cr(Ⅵ)的方式主要是离子交换，同时伴随有 Cr(Ⅵ)还原为 Cr(Ⅲ)的发生。后面将从离子交换和六价铬还原两方面研究分析 RS-AE 吸附去除 Cr(Ⅵ)的机理。

表 5-7　RS-AE 与其他木质纤维素材料吸附 Cr(Ⅵ)情况对比

材料	Q_{max} /(mg/g)	pH	T/℃	模型	吸附机理	参考文献
米糠	285.71	2.0	20	L	静电吸附	Singh et al.，2005
小麦麸皮	35.0	2.1	室温	L	还原为 Cr(Ⅲ)	Dupont and Guillon，2003
树皮	45.0	2.0	32	L	静电吸附	Sarin and Pant，2006
向日葵秆	5.47~4.81	2.0	26	L	络合	Jain et al.，2009
椰壳	6.3	2.0	25	L	还原为 Cr(Ⅲ)	Gonzalez et al.，2008
木屑	1.482	3.0	室温	F	静电吸附	Sumathi et al.，2005
红松木	15.2	3.0	25	L	螯合离子交换	Gode et al.，2008
木屑	9.55	3.5	30	L	静电吸附	Baral et al.，2006
落叶松树皮	31.25	3.0	30	L	物理化学吸附	Aoyama and Tsuda，2001
稻草秆	18.7	6.8	25	L	离子交换-还原	

注：L 为 Langmuir；F 为 Freundlich。

4. 吸附热力学

不同温度下 RS-AE 吸附 Cr(Ⅵ)的分配系数的自然对数 $\ln K_D$ 随温度的倒数 $1/T$ 的变化如图 5-14 所示。通过 van't Hoff 方程进行分析，相关系数 R^2 达到 0.986，说明相关性较好。分析计算结果，即 RS-AE 吸附 Cr(Ⅵ)的热力学参数包括自由能变化 ΔG、焓变 ΔH 和熵变 ΔS 呈现在表 5-8 中。在不同温度下 ΔG 的值均为负值,表明 RS-AE 吸附 Cr(Ⅵ)的过程为自发过程。而且 ΔG 的值随着温度的增加,逐渐减小,在 288K 时,该吸附过程 ΔG 为 7.54kJ/mol;在 318K 时,ΔG 数值减小到 -9.50kJ/mol。这说明升高温度可提高 RS-AE 吸附 Cr(Ⅵ)的自发特性,有助于吸附反应发生。该吸附过程的 ΔH 和 ΔS 经计算分别为 11.5kJ/mol 和 0.0664kJ/mol。吸附过程焓变 ΔH 为正值,印证了 RS-AE 吸附 Cr(Ⅵ)过程为吸热过程,温度增加可提高 Cr(Ⅵ)吸附去除效果。而 ΔS 为正值同样暗示了 Cr(Ⅵ)在 RS-AE 表面的吸附为自发过程,而且吸附后整个体系的无序程度增加。表 5-8 中同样给出了 RS-AE 吸附 Cr(Ⅵ)的活化能 E_a,该值由不同温度下的吸附动力学曲线分析得到,将在后面讨论。

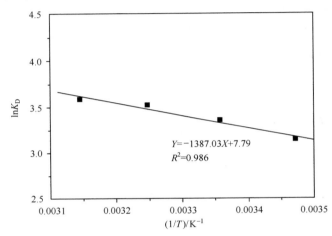

图 5-14　RS-AE 吸附 Cr(Ⅵ)的 $\ln K_D$ 对 $1/T$ 作图

表 5-8　RS-AE 吸附 Cr(Ⅵ)热力学参数计算结果

T/K	$\Delta G/(kJ/mol)$	$\Delta H/(kJ/mol)$	$\Delta S/[kJ/(mol \cdot K)]$	$E_a/(kJ/mol)$
288	-7.54			
298	-8.29			
308	-9.03	11.5	0.0664	24.5
318	-9.50			

5. 吸附动力学

1) RS-AE 吸附不同初始浓度 Cr(Ⅵ)动力学模型分析

不同初始 Cr(Ⅵ)浓度下,RS-AE 吸附 Cr(Ⅵ)的动力学曲线测试结果如图 5-15 所示。分别采用伪一级和伪二级吸附动力学模型,Elovich 吸附动力方程对实验结果进行拟合分析,如图 5-15 所示;相关分析结果及得到的模型参数总结

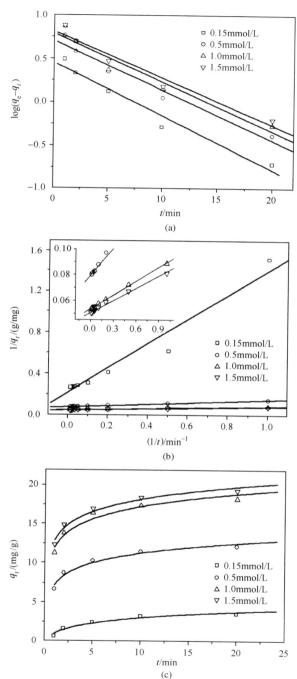

图 5-15　RS-AE 吸附不同初始浓度 Cr(Ⅵ)动力学模型分析

（a）伪一级动力学模型分析；（b）伪二级动力学模型分析；（c）Elovich 动力学模型分析

在表 5-9 中。首先,在整个 90min 吸附测试时间范围内,伪一级动力学方程不适用,仅在前 20min,即初始吸附阶段获得较好拟合结果,使拟合相关系数 R^2 大于 0.94。尽管如此,从伪一级动力学吸附模型计算得到的 Cr(Ⅵ)平衡吸附量 $q_{e,cal}$ 与实验结果 $q_{e,exp}$ 远小于实验结果。因此可判定 RS-AE 吸附 Cr(Ⅵ)的过程不符合伪一级吸附动力学模型,即吸附过程的速率与吸附驱动力($q_e - q_t$)不成正比关系。

表 5-9　RS-AE 吸附不同初始浓度 Cr(Ⅵ)动力学模型分析结果

C_0 /(mmol /L)	$q_{e,exp}$ /(mg /g)	伪一级动力学模型			伪二级动力学模型			Elovich 吸附动力学模型		
		$q_{e,cal}$ /(mg/g)	k_{p1} /(L/min)	R^2	$q_{e,cal}$ /(mg/g)	k_{p2}/[g/ (mg· min)]	R^2	a/[mg/ (g· min)]	b /(g/ mg)	R^2
0.15	3.76	2.87	0.143	0.967	4.52	0.0412	0.980	1.58	0.894	0.961
0.50	12.5	5.12	0.132	0.963	12.6	0.0826	0.999	93.2	0.556	0.968
1.0	18.8	6.23	0.130	0.940	18.8	0.0791	0.999	398	0.432	0.954
1.5	19.9	6.58	0.125	0.956	19.8	0.0827	0.995	610	0.433	0.972

其次,采用伪二级动力学分析 90min 吸附测试过程,可得到较好拟合结果。拟合分析相关系数 R^2 在不同初始浓度下均大于 0.98,甚至接近 1。而且从伪二级动力学方程计算得到的 $q_{e,cal}$ 随初始浓度增加分别为 4.52mg/g、12.6mg/g、18.8mg/g 和 19.8mg/g,与实验结果非常接近。这充分说明,RS-AE 吸附 Cr(Ⅵ)的过程可以用伪二级动力学模型解释,即吸附速率与吸附驱动力($q_e - q_t$)的平衡成正比。伪二级吸附速率常数 k_{p2} 随着初始浓度增加有所增加,特别是从较低 Cr(Ⅵ)初始浓度 0.15mmol/L 增加到 0.5mmol/L 时,k_{p2} 从 0.0412 增大为 0.0826 g/(mg·min),此后继续提高 Cr(Ⅵ)初始浓度,k_{p2} 变化并不明显。说明,在低浓度下初始 Cr(Ⅵ)浓度对吸附速率的影响在较高浓度水平时不显著,在较低浓度情况下初始浓度对吸附速率的影响力增大。另外,Elovich 动力学吸附模型也只能在吸附初始阶段获得较好拟合效果。不同初始 Cr(Ⅵ)浓度下,R^2 均大于 0.95,说明 RS-AE 吸附 Cr(Ⅵ)在初始阶段是符合 Elovich 方程的,这也暗示,化学吸附在吸附开始发生阶段可能起主要作用。

2) 不同温度下 RS-AE 吸附 Cr(Ⅵ)动力学模型分析及吸附活化能计算

在温度为 291K、298K、308K 和 318K 下,测试 RS-AE 吸附 Cr(Ⅵ)动力学曲线,结果如图 5-16(a)所示。可见,随着接触时间的增加,Cr(Ⅵ)的吸附量 q_t 逐渐增加,特别是在前 2min 内曲线陡峭,吸附量增加迅速。说明,大部分的六价铬是在前 2min 内被 RS-AE 吸附去除的。2min 之后,即在近平衡吸附阶段,RS-AE 对 Cr(Ⅵ)的吸附量随着温度的升高,逐渐增加。这表明,提高温度有助于 RS-AE 对 Cr(Ⅵ)的吸附去除,该吸附过程可能为吸热过程,与前面 Cr(Ⅵ)吸附热力学特性分析结果一致。

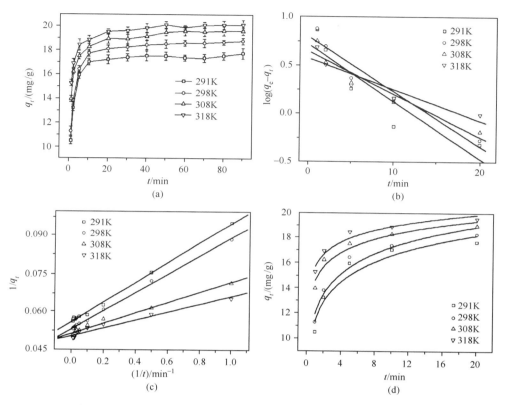

图 5-16　不同温度下 RS-AE 吸附 Cr(Ⅵ)动力学模型分析

（a）实验结果；（b）伪一级动力学模型；（c）伪二级动力学模型；（d）Elovich 动力学模型

采用伪一级、伪二级和 Elovich 吸附动力学模型对上述实验数据进行拟合分析，分别如图 5-16（b）、（c）和（d）所示，相关模型参数和分析结果呈现在表 5-10 中。伪一级吸附动力学仅可在前 2min 获得较好拟合效果，而且该模型计算的平衡吸附量 $q_{e,cal}$ 远小于实验结果 $q_{e,exp}$。因此，同在不同 Cr(Ⅵ)初始浓度下获得的吸附动力学曲线一样，不同温度下吸附动力学曲线也都不符合伪一级动力方程。采用伪二级吸附动力学分析时，在不同温度下获得拟合分析相关系数 R^2 均大于 0.97，说明相关性较好；由该模型计算得到 $q_{e,cal}$ 与实验值吻合。因此，伪二级吸附动力学模型可以用来解释说明不同温度下 RS-AE 吸附 Cr(Ⅵ)的过程，这也与在不同初始浓度下动力学模型分析结果一致。此外，在前 2min 吸附动力学数据，即吸附过程初始阶段依然可由 Elovich 方程说明，再一次印证 RS-AE 吸附 Cr(Ⅵ)在开始阶段可能由化学吸附作用主导。根据伪二级吸附动力学速率常数 k_{p2} 随温度的变化，采用式（4-20）所示的 Arrhenius 方程计算 RS-AE 吸附 Cr(Ⅵ)的吸附活化能 E_a。

图 5-17 所示为 RS-AE 吸附 Cr(Ⅵ)$\ln k_{p2}$ 对 $1/T$ 作图,并线性回归分析。线性回归分析相关性(R^2)为 0.958,相关性较好。由此回归直线斜率计算出的 RS-AE 吸附 Cr(Ⅵ)活化能 E_a 为 24.5kJ/mol。一方面,该 E_a 大于 8.2kJ/mol,因此可推断,RS-AE 吸附 Cr(Ⅵ)过程涉及化学键力的作用,为化学吸附。另一方面,RS-AE 吸附 Cr(Ⅵ)的 E_a 数值还没有超过 25kJ/mol,可初步推断整个吸附动力学过程可能由吸附质即 Cr(Ⅵ)的扩散过程控制。此外,RS-AE 吸附 Cr(Ⅵ)的吸附活化能 E_a 24.5kJ/mol 大于其吸附 SO_4^{2-} 的活化能 19.3kJ/mol。E_a 较大,说明吸附作用发生要克服的能垒较高,即吸附较难发生。因此,由吸附活化能的比较可以推测 RS-AE 吸附 SO_4^{2-} 容易,而吸附六价铬相对较难;在两者共存体系竞争吸附中,RS-AE 很可能会优先吸附 SO_4^{2-}。

表 5-10　不同温度下 RS-AE 吸附 Cr(Ⅵ)动力学模型分析结果

T/K	$q_{e,exp}$ /(mg /g)	伪一级动力学模型			伪二级动力学模型			Elovich 吸附动力学模型		
		$q_{e,cal}$ /(mg/g)	k_{p1} /(L/min)	R^2	$q_{e,cal}$ /(mg/g)	k_{p2}/[g/ (mg · min)]	R^2	a/[mg/ (g · min)]	b /(g/ mg)	R^2
291	17.8	5.20	0.136	0.842	18.1	0.0747	0.998	319	0.437	0.926
298	18.8	6.23	0.130	0.940	18.8	0.0791	0.999	398	0.432	0.938
308	19.6	4.43	0.102	0.912	19.4	0.130	0.991	1.64×10^4	0.634	0.954
318	20.2	3.76	0.0739	0.846	19.8	0.164	0.978	1.16×10^5	0.722	0.948

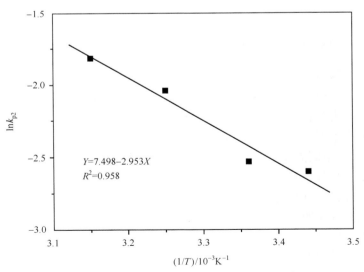

图 5-17　RS-AE 吸附 Cr(Ⅵ)的 $\ln k_{p2}$ 对 $1/T$ 作图

吸附条件:pH=6.8;初始 Cr(Ⅵ)浓度为 1.0mmol/L;吸附剂量为 2g/L

3) RS-AE 吸附 Cr(Ⅵ)过程扩散模型分析

在液相中,吸附质在吸附剂表面的吸附过程通常可划分为三个步骤(Suzuki, 1990; Mohan et al., 2006)。第一步,吸附质由本体溶液中穿过吸附剂颗粒表面的液膜,达到吸附剂表面,即液膜扩散过程;第二步,吸附质从吸附剂外表面扩散到活性吸附位点或吸附剂孔内的活性吸附位点,即颗粒内扩散过程;第三步,吸附质与吸附剂活性位点发生吸附反应。吸附反应一般较快,扩散过程常常是吸附过程速率控制步骤。针对具体吸附过程,到底是颗粒内扩散,还是膜扩散过程决定吸附过程总速率,可采用前人提出的模型分析方法进行界定。19 世纪五六十年代,Boyed 等(1947)和 Reichberg(1953)等对吸附扩散过程进行了系统研究,形成吸附扩散基本方程[式(5-1)～式(5-3)],至今仍被广泛采用(Sarker et al., 2003; Mohan et al., 2006; Qu et al., 2011)。

$$F = 1 - \frac{6}{\pi^2} \sum_{n=1}^{\infty} \frac{\exp(-n^2 B_t)}{n^2} \tag{5-1}$$

$$F = \frac{q_t}{q_e} \tag{5-2}$$

$$B = \frac{\pi^2 D_i}{r^2} \tag{5-3}$$

式中,F 为 t 时刻的吸附量 q_t 与实验观测到平衡吸附量 q_e 的比值;B 为时间常数,与吸附质的有效扩散系数 D_i 及吸附剂颗粒直径 r 有关;n 取整数,定义式(5-1)所示的无穷级数方程。B_t 对 t 作图进行线性检验,根据所得拟合直线是否穿过坐标原点可判断吸附过程是由膜扩散还是颗粒内扩散控制,如果通过原点,则吸附过程为颗粒内扩散控制,否则为液膜扩散控制。B_t 的数值可根据 F 的取值从 Reichenberg 数表中查询。

采用式(5-1)、式(5-2)、式(5-3)所示的吸附扩散模型分析 RS-AE 吸附 Cr(Ⅵ)过程中动力学扩散步骤。不同 Cr(Ⅵ)初始浓度及不同温度下的 B_t 对 t 作图呈现在图 5-18 中。可见,在 0.15mmol/L 的初始浓度时,B_t 对 t 作图所得直线近似通过原点,说明在此浓度下 RS-AE 吸附 Cr(Ⅵ)过程中,CrO_4^{2-} 在吸附剂 RS-AE 上的扩散过程即颗粒内扩散,为整个吸附动力学过程的控制步骤。

而在 0.5mmol/L、1.0mmol/L、1.5mmol/L 的初始 Cr(Ⅵ)浓度情况下,B_t 对 t 作图所得拟合直线均未通过坐标原点。这暗示,在较高 Cr(Ⅵ)初始浓度下,该吸附动力学过程是由膜扩散过程控制,即 CrO_4^{2-} 由本体溶液扩散透过吸附剂边界膜的过程是总吸附速率的决定步骤。在 291K、298K、308K、318K 的温度下,RS-AE 吸附 Cr(Ⅵ)的 B_t 对 t 作图,线性检验也都没有通过坐标原点,说明温度条件下 RS-AE 吸附硫酸根都是由液膜扩散过程控制。综合以上分析,可以推测在大部分实验条件下 RS-AE 吸附 Cr(Ⅵ)的动力学过程由膜扩散步骤控制,而在较低 Cr(Ⅵ)初始浓度下颗粒内扩散过程也有可能是总吸附速率的决定步骤。

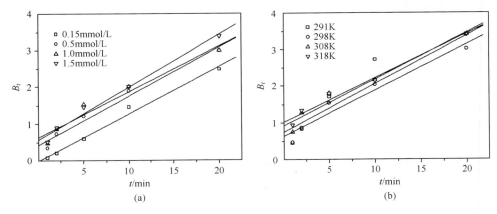

图 5-18　不同初始浓度(a)和不同温度下(b)RS-AE 吸附 Cr(Ⅵ)的 B_t 对 t 作图

(a) 吸附条件:pH=6.8;温度为 298K;投加量为 2.0g/L;(b) 吸附条件:pH=6.8;
初始 Cr(Ⅵ)为 1.0mmol/L;投加量为 2.0g/L

6. 离子交换去除机理

在 Cr(Ⅵ)初始浓度为 0.2mmol/L、0.4mmol/L、0.6mmol/L、0.8mmol/L、1.0mmol/L、1.2mmol/L 和 1.4mmol/L 条件下,分别进行 RS-AE 去除 Cr(Ⅵ)的吸附实验,并同时测定吸附溶液中 Cr(Ⅵ)和 Cl⁻ 的浓度。Cr(Ⅵ)的吸附量及 Cl⁻ 的解吸量随初始浓度的变化如图 5-19(a)所示。随着 Cr(Ⅵ)初始浓度的增加其吸附去除量和氯离子的解吸量同步增加,表现出明显的正相关性。对 Cr(Ⅵ)吸附量和 Cl⁻ 解吸量进行线性回归分析,如图 5-19(b)所示,进一步证实了两者的正相关性。线性回归分析相关系数 R^2 达到 0.997,说明拟合分析得到的直线可信度较高,该直线的斜率为 2.008,而理论上 Cr(Ⅵ)与 Cl⁻ 发生离子交换反应遵守电荷守

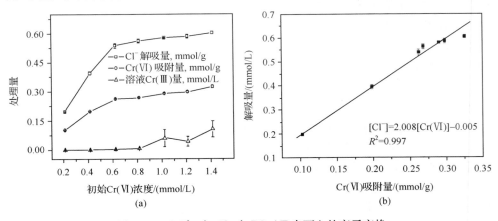

图 5-19　CrO_4^{2-} 与 Cl⁻ 在 RS-AE 表面上的离子交换

恒,交换系数为它们的荷电数之比 2,这与实验结果十分接近。由上述分析基本可以判断,RS-AE 吸附去除 Cr(Ⅵ)主要是通过 Cl⁻ 与 CrO₄²⁻ 之间的离子交换实现的,这与 RS-AE 去除 SO₄²⁻ 的机理类似。根据 RS-AE 表面基团分析,在离子交换过程中 RS-AE 表面季铵基与 CrO₄²⁻ 之间形成了离子键,是典型的化学吸附作用,与从吸附活化能 $E_a = 24.5$ kJ/mol 推出的结论一致,相应地可写出 RS-AE 吸附去除 CrO₄²⁻ 的离子交换方程,如下所示:

$$2RSAE - Cl^- + CrO_4^{2-} \longrightarrow [RSAE]_2 CrO_4^{2-} + 2Cl^-$$

7. 还原机理分析

文献曾报道 Cr(Ⅵ)具有较高的氧化还原电位,在生物质或木质纤维素材料表面有可能发生还原反应,转化为 Cr(Ⅲ)(Dupont and Guillon, 2003; Miretzky and Cirelli, 2010)。研究中发现,将吸附过 Cr(Ⅵ)的 RS-AE 材料收集后,第二天这些吸附剂会变成淡绿色。众所周知,六价铬和三价铬在颜色上是有区别的,Cr(Ⅵ)为淡黄色,而三价铬显淡绿色。由此初步推断,Cr(Ⅵ)在吸附后,在 RS-AE 表面渐渐还原为 Cr(Ⅲ)。理论上这一还原反应可表示为

$$CrO_4^{2-} + 8H^+ + 3e^- \longrightarrow Cr^{3+} + 4H_2O$$

为了深入了解 RS-AE 吸附 Cr(Ⅵ)过程中 CrO₄²⁻ 的还原特性,下面从两个方面进行分析。其一,直接测试 RS-AE 吸附 Cr(Ⅵ)后吸附溶液中 Cr(Ⅲ)的浓度。不同 Cr(Ⅵ)初始浓度条件下,吸附后溶液中 Cr(Ⅲ)浓度测试结果同样呈现在图 5-19(a)。由图可见,在 Cr(Ⅵ)初始浓度为 0.2~0.6mmol/L 的低浓度范围内,基本检测不到三价铬。Cr(Ⅵ)初始浓度为 0.8~1.4mmol/L,RS-AE 吸附后溶液中明显有 Cr(Ⅲ)的存在,而且 Cr(Ⅲ)浓度随 Cr(Ⅵ)初始浓度增加而逐渐增加。出现这种实验结果的可能原因是 RS-AE 有吸附 Cr(Ⅲ)的潜力。RS-AE 表面有大量羟基存在,羟基携带有孤对电子,据报道其具有结合金属阳离子的能力(Bailey et al. , 1999; Krishnani et al. , 2008)。从而,在低六价铬初始浓度下还原生成的 Cr(Ⅲ)数量很少,被 RS-AE 所吸附,因此无法检测到明显的 Cr(Ⅲ)浓度;而随着 Cr(Ⅵ)初始浓度增加,还原产生的 Cr(Ⅲ)数量增加,RS-AE 只能捕捉部分 Cr(Ⅲ),剩余部分 Cr(Ⅲ)被检测到。

其二,将吸附过 Cr(Ⅵ)的 RS-AE 烘干后,进行 XPS 表征,半定量分析 RS-AE 表面的铬价态分布。在不同 pH 条件下 RS-AE 吸附 Cr(Ⅵ)后的表征结果如图 5-20 所示。由于 Cr 是负载在 RS-AE 基体上,得到的 XPS 谱图中信号噪声较大,采用 XPSPeak4.0 进行分峰处理。在结合能为 576.5eV 和 581.0eV 处的吸收带分别是由三价铬和六价铬引起的(Park et al. , 2008; 2004)。样品中三价铬和六价铬的相对含量可根据分峰面积进行估算。结果显示,pH 为 3.1、6.8 和 10.0 的条件下,Cr(Ⅲ)/Cr(Ⅵ)的取值分别为 10.8、4.1 和 3.3。这表明,此时大部分被 RS-

AE 吸附去除的 Cr(Ⅵ)都被还原为 Cr(Ⅲ);而且很明显酸性吸附条件更有利于 Cr(Ⅵ)的还原。

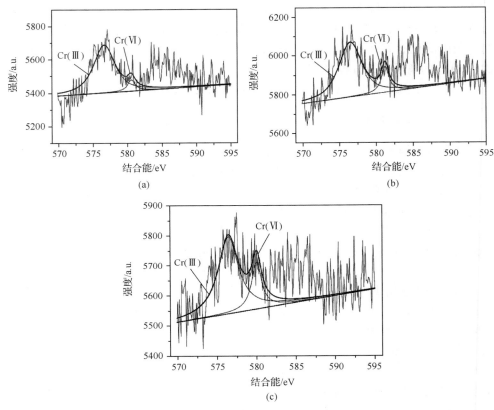

图 5-20 不同 pH 时吸附 Cr(Ⅵ)后 RS-AE 的 XPS 表征(即 Cr2p3/2 XPS 谱图)
(a) Cr(Ⅲ)/Cr(Ⅵ)=10.8,pH=3.1;(b) Cr(Ⅲ)/Cr(Ⅵ)=4.1,pH=6.8;
(c) Cr(Ⅲ)/Cr(Ⅵ)=3.3,pH=10.0

5.2.3　SO_4^{2-} 吸附研究

1. pH 影响

溶液 pH 是影响离子吸附过程的重要参数之一。图 5-21 所示为在特定条件下,SO_4^{2-} 吸附量随溶液 pH 的变化情况。显而易见,在 pH 为 3~8 时,SO_4^{2-} 吸附量可维持在较高水平,约为 65mg/g;在 pH 为 2 的强酸性条件下,SO_4^{2-} 吸附效果急剧降低;在 pH 大于 9 时,吸附量同样开始下降;当 pH 为 11 时吸附量降低至 40mg/g 左右。出现这种现象与改性稻草吸附剂(RS-AE)上季铵基官能团的质子化特性和调节 pH 引入阴离子形成竞争吸附有关。首先,季铵基团在不同 pH 溶液中发生质子化程度不同,即带正电荷的强弱不同。通常在酸性条件下,季铵基呈现强的正电性,对阴离子静电吸引力较大大;随着 pH 的增大,其质子化作用被削弱,正电性降低,吸附结合阴离子能力随之下降(Anirudhan et al.,2006;Qu et al.,2011)。这就说明了在碱性条件下,硫酸根吸附量逐渐减低的原因。其次,在极端酸性或碱性条件下调节 pH 引入了大量 Cl^- 或 OH^-,与 SO_4^{2-} 形成了竞争吸附作用。这些共存阴离子浓度的提高,势必占据一定的活性吸附位点,而减少 RS-AE 对 SO_4^{2-} 的吸附。实际上,竞争吸附现象在不同 pH 下普遍存在,只是当共存阴离子 Cl^- 或 OH^- 浓度低时不明显。此外,调节溶液 pH,增加竞争性共存离子的浓度,也是吸附剂再生方法之一,如商业化的阴/阳离子吸附树脂再生就是采用稀酸和稀碱溶液。

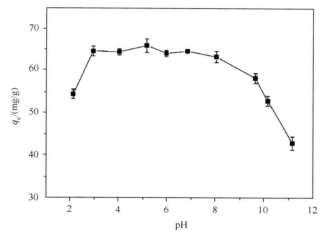

图 5-21 SO_4^{2-} 吸附量随溶液 pH 的变化

C_0:154.27mg/L;T:25℃;接触时间:120min;投加量:2g/L

2. 接触时间和初始浓度的影响

图 5-22 所示为接触时间和初始浓度对 RS-AE 吸附 SO_4^{2-} 的影响,即 SO_4^{2-} 吸附量的变化。一方面,在不同 SO_4^{2-} 初始浓度情况下,SO_4^{2-} 吸附量随接触时间的变化曲线轮廓一致。可将曲线分为两段,即前 2min 左右,曲线急剧上升,SO_4^{2-} 吸附量增加较快,为初始快速吸附阶段;此后,曲线趋于平缓,吸附量变化不明显或略有增加,为近平衡阶段。需要指出的是吸附过程要达到完全平衡状态需要很长时间,可能要数天(Yoon,2006)。SO_4^{2-} 吸附量随时间的变化特点与 RS-AE 表面活性吸附位点的数量有关。在初始阶段,RS-AE 表面有大量的活性吸附位点,通过静电引力,很容易将 SO_4^{2-} 吸附捕捉。随着时间推移,大量的 SO_4^{2-} 被吸附,占据了吸附剂表面的活性吸附位点,剩余吸附点位大量减少,吸附 SO_4^{2-} 能力减弱,

SO_4^{2-} 扩散到剩余活性吸附位点的概率也减小,且受到已吸附的 SO_4^{2-} 静电斥力的影响。结果导致在 2min 之后 SO_4^{2-} 吸附量增加缓慢,已接近吸附平衡状态。

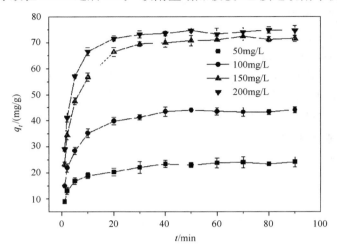

图 5-22 接触时间和初始浓度对 RS-AE 吸附硫酸根的影响

另一方面,由图 5-22 可知,不同初始浓度下 SO_4^{2-} 吸附所能达到的平衡吸附量差距显著。初始浓度从 50mg/L 增加到 150mg/L,在近平衡吸附阶段所能达到的平衡吸附量显著提高,从约 20mg/g 增加到约 70mg/g。而继续提高 SO_4^{2-} 初始浓度到 200mg/L,平衡吸附量仅仅略微增加。出现这种现象的原因,可以从溶液中 SO_4^{2-} 数量与总活性吸附位点数量的对应关系分析。总活性吸附位点由吸附剂投加量决定,与 SO_4^{2-} 初始浓度无关。那么在 SO_4^{2-} 浓度较低时,SO_4^{2-} 离子数量少,不能达到饱和吸附,单位吸附剂的平衡吸附量不高,而且这时与充足活性吸附位点相比,吸附质数量太少,是吸附过程的关键因子,因此增加吸附质的数量能显著提高吸附量。当吸附质 SO_4^{2-} 的初始浓度增加到一定程度时,即吸附质能够消耗绝大部分的活性吸附位点,使吸附剂接近饱和吸附时,再继续增加吸附质初始浓度,平衡吸附量并不会明显提高,因为吸附点位数量相对不足已成为吸附过程的限制性因子。接触时间对 RS-AE 吸附 SO_4^{2-} 的影响将采用吸附动力学模型进行更深入的探讨和分析。

3. 吸附等温线及吸附容量

1) RS-AE 吸附 SO_4^{2-} 的等温线及其模拟分析

研究吸附等温线有助于了解吸附剂的表面属性,而且通过吸附等温模型的分析可以推算最大吸附容量。在不同温度条件下,RS-AE 去除 SO_4^{2-} 的吸附等温线如图 5-23 所示。在四个实验温度下 RS-AE 吸附 SO_4^{2-} 的等温线曲线形状类似,根据前人对溶质吸附等温线的分类,都属于 L 形吸附等温线(Giles et al.,1974)。由 L 形吸附等温线的理论假设,可以推测吸附剂 RS-AE 表面的活性吸附位点相互等价独立,且在吸附过程中,硫酸根可能在吸附剂表面形成单分子层。采用 Langmuir 和 Freundlich 吸附模型的非线性拟合 RS-AE 吸附硫酸根的等温线如图 5-24所示。拟合结果(表 5-11)发现,采用 Langmuir 模型拟合分析时,相关系数 R^2 均大于 0.98,曲线形状与实验点符合较好;而 Freundlich 模型的 R^2 值较小,且拟合曲线的轮廓与实验点明显不符。这就说明,Langmuir 模型比较适合描述 RS-AE 对 SO_4^{2-} 的吸附,暗示发生的吸附现象为单分子层吸附。Freundlich 常常用于解释发生非均质表面上的多分子层吸附过程,从拟合结果看,在 Langmuir 模型适用于 RS-AE 对硫酸根的吸附,也因此可以确认硫酸根的吸附为符合单分子层吸附理论。

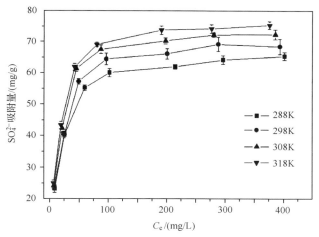

图 5-23　不同温度下 RS-AE 吸附硫酸根的等温线

表 5-11　不同温度下硫酸根吸附等温线 Langmuir 和 Freundlich 模型分析参数

材料	T/K	Langmuir 模型			Freundlich 模型		
		$Q_{max}/(mg/g)$	$b/(L/mg)$	R^2	$K_f/(mg/g)$	n	R^2
RS-AE	288	68.01	0.047	0.994	19.38	4.07	0.856
RS-AE	298	74.76	0.051	0.988	20.45	4.53	0.823
RS-AE	308	76.28	0.061	0.985	23.43	5.11	0.827
RS-AE	318	79.28	0.069	0.991	24.89	5.01	0.835
原稻草	298	11.68	0.037	0.653	3.70	5.38	0.741

　　从 Langmuir 模型的拟合结果中,可得到关于最大吸附容量和吸附平衡常数的信息。如表 5-15 所示,随着温度的增加,Langmuir 方程常数,即最大吸附容量

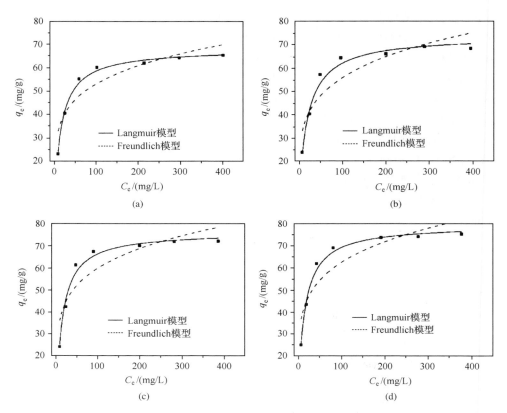

图 5-24　采用 Langmuir 和 Freundlich 模型对硫酸根吸附等温线非线性拟合
(a) 288K；(b) 298K；(c) 308K；(d) 318K

Q_{max}随着温度升高而增加。在 288K 时 RS-AE 对 SO_4^{2-} 的吸附量为 68.01mg/g，而当温度升高到 318K 时，最大吸附容量增加至接近 80mg/g。从表中也可看出，随温度增加，曲线轮廓逐渐抬高，所能达到的平衡吸附量逐渐增加。上述实验结果说明，溶液温度升高有助于或能够加强 RS-AE 对 SO_4^{2-} 的吸附作用，即吸附过程很可能是吸热过程。Langmuir 常数 b 具有平衡常数的意义，其变化也是随温度升高而增加，符合温度对吸热反应过程的影响规律。RS-AE 对 SO_4^{2-} 吸附的热力学特性将在后面详细探讨。

2）原稻草与 RS-AE 吸附 SO_4^{2-} 的等温线对比分析

在 298K 时，采用原稻草测试其吸附 SO_4^{2-} 的吸附等温线，与 RS-AE 吸附硫酸根的效果作对比，如图 5-25 所示。显然，原稻草秸秆对硫酸根的吸附去除效果较差，与 RS-AE 相比，其吸附等温线在图中位置较低。通过 Langmuir 和 Freundlich 模型进行拟合分析，发现两模型相关系数均较小，分别为 0.653 和 0.841，说明 Langmuir 和 Freundlich 均不适于这一吸附过程。原稻草吸附 SO_4^{2-} 的吸附等温线接近直线,可能符合线性吸附模型。从吸附等温线上可直观地看出,在实验范围内原稻草对 SO_4^{2-} 的最大吸附量为 10mg/g 左右,而从 Langmuir 吸附模型系数中得到最大吸附容量为 11.68mg/g。可见,稻草对 SO_4^{2-} 的吸附容量远小于同条件下改性后的 RS-AE。在 298K 时 RS-AE 对 SO_4^{2-} 的最大吸附容量可达 74.76mg/g,说明改性效果显著。改性后,吸附容量大幅提高的内在原因是改性过程中向稻草纤维结构上引入大量的季铵基团,构成了对 SO_4^{2-} 具有结合力的活性吸附位点,提高了稻草材料的吸附性能。

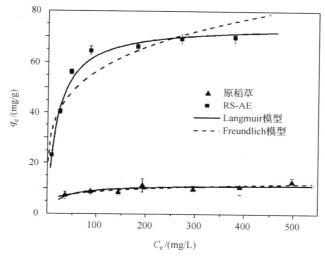

图 5-25 原稻草和 RS-AE 对 SO_4^{2-} 吸附等温线(298K)的对比

4. 吸附热力学

根据吸附平衡常数(这里为分配系数 K_D)随温度的变化,采用 van't Hoff 方程进行线性回归分析可以计算相应的热力学参数,了解吸附过程的热力学特性。图 5-26 所示为采用 van't Hoff 方程计算 RS-AE 吸附 SO_4^{2-} 的线性回归分析图,即 $\ln K_D$ 对 $1/T$ 作图。拟合结果中相关系数 R^2 达到 0.997,相关性较好,说明该计算方法适用于 RS-AE 对 SO_4^{2-} 的吸附过程。SO_4^{2-} 吸附过程中自由能变化、焓变和熵变计算结果呈现在表 5-12 中。在四个实验温度下,ΔG 均为负值,说明 RS-AE 吸附 SO_4^{2-} 的过程为自发过程。而且随温度增加,ΔG 的值持续减小,在 288K 时为 -2.35kJ/mol;318K 时,ΔG 减小至 -3.46kJ/mol,这表明增加温度可提高 RS-AE 吸附 SO_4^{2-} 的自发程度。RS-AE 吸附 SO_4^{2-} 过程的焓变 ΔH 为 8.49kJ/mol,直接证实了该吸附过程为吸热过程,增加温度可促进 SO_4^{2-} 的吸附。SO_4^{2-} 吸附过程的 ΔS 为 0.0376kJ/(mol·K),同样是正值,说明 RS-AE 吸附 SO_4^{2-} 是一个

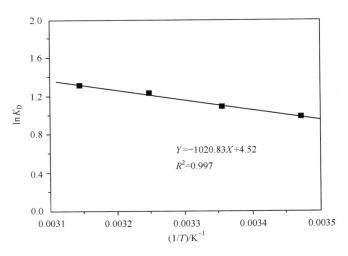

图 5-26　RS-AE 吸附硫酸根 $\ln K_D$ 对 $1/T$ 作图

熵增加过程,即 RS-AE 吸附 SO_4^{2-} 后,吸附体系的无序程度增加;这同时也印证了 RS-AE 吸附 SO_4^{2-} 具有自然发生的特性。

表 5-12　RS-AE 吸附硫酸根热力学参数计算结果

T/K	$\Delta G/(kJ/mol)$	$\Delta H/(kJ/mol)$	$\Delta S/[kJ/(mol \cdot K)]$	$E_a/(kJ/mol)$
288	−2.35			
298	−2.70	8.49	0.0376	19.3
308	−3.13			
318	−3.46			

5. 吸附动力学

1) RS-AE 吸附不同初始浓度 SO_4^{2-} 的伪一级和伪二级动力学模型分析

采用伪一级吸附动力学模型和伪二级吸附动力学模型进行拟合分析,结果如图 5-27 和表 5-13 所示。从分析结果中可以发现,首先,伪一级动力学方程不适合进行整个吸附过程的分析。采用吸附前 3min 的数据进行拟合,才可得到相对较好的相关系数,其 R^2 值为 0.927~0.986。但是通过伪一级方程计算得到的平衡吸附量 $q_{e,cal}$ 明显与实验数值 $q_{e,exp}$ 不符。例如,在初始 SO_4^{2-} 浓度为 50mg/L 时, $q_{e,cal}$ 计算值为 12.1mg/g,远小于实验观察到的平衡吸附量 24.2mg/g;在设定 SO_4^{2-} 初始浓度为 100mg/L、150mg/L、200mg/L 时,情况类似。因此 RS-AE 对 SO_4^{2-} 的吸附过程不符合伪一级动力学模型。其次,采用伪二级动力学模型分析在不同初始浓度下 RS-AE 吸附 SO_4^{2-} 过程,可得到较高的相关系数,R^2 均大于

0.99。由伪二级动力学方程计算得到的 $q_{e,cal}$ 与实验数值吻合较好。随初始 SO_4^{2-} 浓度增加，实验得到 $q_{e,exp}$ 分别为 24.2mg/g、46.8mg/g、72.4mg/g 和 74.8mg/g，拟合得到 $q_{e,cal}$ 的数值分别为 24.9mg/g、44.4mg/g、73.6mg/g 和 74.6mg/g。这些结果表明，RS-AE 吸附 SO_4^{2-} 的过程符合伪二级动力学方程，即吸附率与吸附过程驱动力(q_e-q_t)的平方成正比。从表 5-13 中还可以发现，随初始浓度的增加，伪二级吸附速率系数 k_{p2} 略有增加，但变化幅度不大，在初始 SO_4^{2-} 浓度为 150mg/L 时还出现降低，这种现象暗示 SO_4^{2-} 初始浓度并不是决定 k_{p2} 的主要因素。

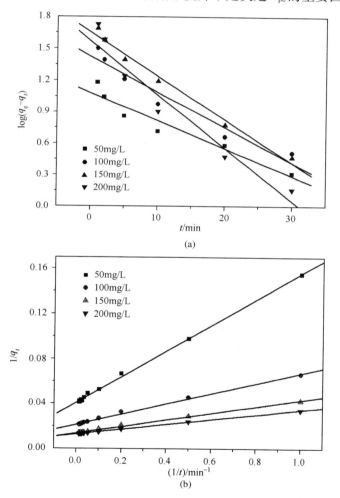

图 5-27 不同 SO_4^{2-} 初始浓度下 RS-AE 吸附 SO_4^{2-} 的伪一级和伪二级动力学分析
(a)伪一级动力学模型分析；(b)伪二级动力学模型分析

表 5-13　不同 SO_4^{2-} 初始浓度下 RS-AE 吸附 SO_4^{2-} 的伪一级和伪二级动力学参数

C_0 /(mg/L)	$q_{e,exp}$ /(mg/g)	伪一级动力学模型			伪二级动力学模型		
		$q_{e,cal}$ /(mg/g)	k_{p1} /(L/min)	R^2	$q_{e,cal}$ /(mg/g)	k_{p2} /[g/(mg·min)]	R^2
50	24.2	12.1	0.0610	0.927	26.9	0.0111	0.998
100	46.8	26.6	0.0829	0.943	44.4	0.0113	0.996
150	72.4	44.8	0.0949	0.986	73.6	0.0106	0.995
200	74.8	46.9	0.117	0.960	74.6	0.0124	0.996

2）不同温度下 RS-AE 吸附 SO_4^{2-} 的伪一级和伪二级动力学模型分析

图 5-28 所示为在不同温度下 RS-AE 吸附去除 SO_4^{2-} 的吸附量-时间关系曲线。从图中可知,随温度增加 RS-AE 最终所能达到的平衡吸附量有所提高,这与不同温度下吸附等温线和热力学特性分析得到的结果一致,即升温能促进 RS-AE 对 SO_4^{2-} 的吸附。整个吸附过程与在不同初始浓度下得到的动力学曲线一样,可分为初始快速吸附阶段和近平衡吸附阶段。前 2min 左右吸附量随时间延长迅速增加,为初始快速吸附阶段;2min 之后,吸附接近于平衡,吸附量随时间增加变化不明显或略有增加,为近平衡阶段。采用伪一级和伪二级吸附动力学模型进一步分析(图 5-29 和表 5-14),结果发现不同温度下 RS-AE 吸附 SO_4^{2-} 的动力学过程符合伪二级动力学方程。伪一级动力学方程不能用于整个吸附过程的拟合分析,仅可在吸附过程前 3min 取得较高拟合分析相关系数。从伪一级动力学方程得到的平衡吸附量 $q_{e,cal}$ 同实验观测结果 $q_{e,exp}$ 相差甚远。而应用伪二级动力方程对整个吸附过程进行拟合分析,相关性较好,在 291K、298K、308K 和 318K 时,R^2 分别

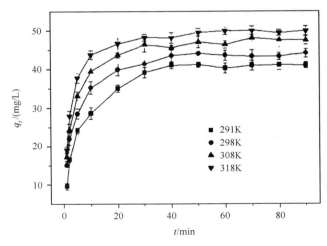

图 5-28　不同温度下 RS-AE 吸附 SO_4^{2-} 的动力学曲线

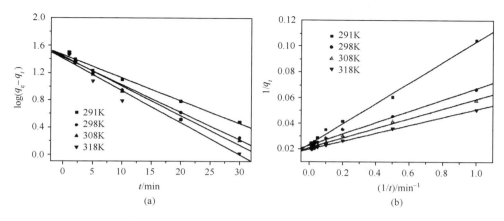

图 5-29 不同温度下 RS-AE 吸附硫酸根的伪一级和伪二级动力学分析

(a) 伪一级动力学模型分析；(b) 伪二级动力学模型分析

为 0.979、0.996、0.999 和 0.995。从伪二级动力学方程计算得到的平衡吸附量 $q_{e,cal}$ 与实验值符合较好，并且随温度增加平衡吸附量略有增加。从表中还可发现，伪二级动力学速率系数 k_{p2} 随温度的增加逐渐增加，对比不同 SO_4^{2-} 初始浓度下 k_{p2} 的变化可知，溶液温度是影响 RS-AE 吸附 SO_4^{2-} 速率系数的关键因素。

表 5-14 不同温度下 RS-AE 吸附硫酸根的伪一级和伪二级动力学参数

T/K	$q_{e,exp}$ /(mg/g)	伪一级动力学模型			伪二级动力学模型		
		$q_{e,cal}$ /(mg/g)	k_{p1} /(L/min)	R^2	$q_{e,cal}$ /(mg/g)	k_{p2} /[g/(mg·min)]	R^2
291	41.2	28.8	0.0759	0.986	42.4	0.00856	0.979
298	46.8	26.6	0.0829	0.943	44.4	0.0113	0.996
308	48.1	27.4	0.0997	0.978	47.8	0.0142	0.999
318	48.8	25.4	0.108	0.959	48.5	0.0169	0.995

3) RS-AE 吸附 SO_4^{2-} 的活化能计算

采用式(4-20)所示的 Arrhenius 方程计算可以进行 RS-AE 吸附 SO_4^{2-} 的吸附活化能的计算。以 $\ln k_{p2}$ 对 $1/T$ 作图，并进行线性回归分析，如图 5-30 所示。回归分析相关系数为 0.974，说明计算方法适用性较好，所计算的 RS-AE 吸附 SO_4^{2-} 的活化能 E_a 为 19.3kJ/mol，数据呈现在表 5-12 中。吸附活化能为正值直接说明 RS-AE 吸附 SO_4^{2-} 是吸热过程，这与从吸附热力学参数 ΔH 判断的结果一致。根据文献报道，吸附活化能的数值大小可以传递吸附机理的相关信息，如界定物理吸附和化学吸附（Aksu and Karabbayir，2008；Aksu，2002；Al-Ghouti et al.，2005）。物理性吸附能量需求较低，吸附质与吸附剂结合力较弱，吸附活化能的数

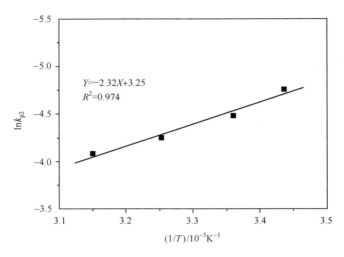

图 5-30　RS-AE 吸附硫酸根 $\ln k_{p2}$ 对 $1/T$ 作图

值通常小于 4.2kJ/mol；而化学吸附涉及化学键的形成，结合力强，能量需求高，一般化学吸附活化能为 8.4～83.7kJ/mol（Aksu and Karabbayir，2008；Aksu，2002；Al-Ghouti et al.，2005）。由此可以判定，RS-AE 吸附水中 SO_4^{2-} 极可能是涉及化学键的化学吸附过程。进一步推测，该化学键可能是 RS-AE 上季铵基团与 SO_4^{2-} 之间由库仑引力而形成的离子键。

此外，也有文献认为吸附反应活化能的数值大小可以判断该吸附的动力学过程是由吸附反应还是由扩散过程控制（Ho et al.，2000；Li et al.，2009；Al-Ghouti et al.，2005）。由吸附质扩散控制的吸附动力学过程，活化能一般小于 25kJ/mol；而吸附反应控制的吸附动力学过程 E_a 通常大于 30kJ/mol（Ho et al.，2000；Li et al.，2009；Al-Ghouti et al.，2005）。因此，RS-AE 吸附硫酸根的动力学过程可能是由 SO_4^{2-} 的扩散过程控制，而至于是液膜扩散还是颗粒内扩散过程控制吸附速率，还需要结合吸附动力学扩散模型进行进一步探讨。

4）RS-AE 吸附 SO_4^{2-} 动力学过程的扩散模型分析

不同 SO_4^{2-} 初始浓度及不同温度下 RS-AE 吸附 SO_4^{2-} 的 B_t 对 t 作图呈现在图 5-31 中。可见，在 50mg/L、100mg/L、150mg/L、200mg/L SO_4^{2-} 初始浓度条件下，B_t 对 t 作图所得拟合直线均未通过坐标原点。这就暗示在上述情况下，RS-AE 吸附 SO_4^{2-} 的过程是由膜扩散过程控制，即 SO_4^{2-} 由本体溶液扩散穿过 RS-AE 外围液膜边界层的过程是总吸附速率的决定步骤。在 291K、298K、308K、318K 温度下，B_t 对 t 作图，线性检验也没有通过坐标原点，同样说明在实验温度范围内，RS-AE 吸附 SO_4^{2-} 都是由液膜扩散过程控制。此外，虽然在实验的浓度和温度条

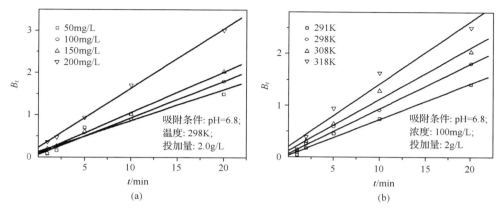

图 5-31　RS-AE 吸附 SO_4^{2-} 时 B_t 对 t 作图

(a) 不同初始浓度；(b) 不同温度

件下所有 B_t 对 t 作图都不通过原点，但是随着 SO_4^{2-} 初始浓度的减小和温度的降低，所得直线越来越接近坐标原点，可以推测在极稀溶液和低温条件下，颗粒内扩散过程可能会成为吸附速率控制步骤。

6. 去除机理

1）SO_4^{2-} 与 Cl^- 的离子交换作用

在 RS-AE 吸附 SO_4^{2-} 实验中发现，吸附溶液中出现大量的 Cl^-，因此推测 SO_4^{2-} 的吸附去除机理中可能有离子交换作用。据此设计实验求证：在初始硫酸根浓度分别为 0.2mmol/L、0.4mmol/L、0.6mmol/L、0.8mmol/L、1.0mmol/L、1.4mmol/L、1.6mmol/L 时，进行 RS-AE 吸附去除 SO_4^{2-} 的实验，同时检测 SO_4^{2-} 吸附量和溶液中 Cl^- 的增加量即解吸量，相关数据呈现在图 5-32 中。由图可见随 SO_4^{2-} 初始浓度增加，硫酸根的吸附量和氯离子的解吸量都逐渐增加，表现出相关性。进一步对实验数据进行线性回归分析，发现 SO_4^{2-} 的吸附去除量和 Cl^- 的解吸量具有很好的线性相关性，拟合得到的线性方程为 $[Cl^-] = 1.8[SO_4^{2-}] + 0.054$，相关系数 R^2 达到 0.998。SO_4^{2-} 与 Cl^- 的比例系数为 1.8，该数值与理论上 SO_4^{2-} 和 Cl^- 的离子交换系数，即它们的荷电数之比 2 很接近，基本可以证实 RS-AE 吸附去除硫酸根的机理主要是 SO_4^{2-} 与 Cl^- 的离子交换作用。按照电荷数守恒，SO_4^{2-} 和 Cl^- 在 RS-AE 上的离子交换方程可表达为

$$2RSAE\text{-}Cl^- + SO_4^{2-} \longrightarrow [RSAE]_2SO_4^{2-} + 2Cl^-$$

值得注意的是，实际计算得到的离子交换系数为 1.8，略小于硫酸根离子的荷电数 2。这一点偏差也可以从图中看到，图中最后两点即 SO_4^{2-} 浓度非常高的时候，明显低于线性回归直线，暗示在高浓度情况下，吸附一个 SO_4^{2-} 平均不需要 2

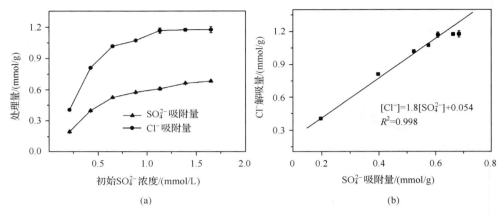

图 5-32　SO_4^{2-} 与 Cl^- 在 RS-AE 表面上的离子交换

个 Cl^-。造成这一现象的原因,可能是发生了离子交换以外的其他吸附机理,如微孔吸附和通过静电作用形成的多层吸附。特别是在较高 SO_4^{2-} 初始浓度情况下非常有可能发生 SO_4^{2-} 多层吸附,即 RS-AE 吸附大量 SO_4^{2-} 后表面形成负电层,尽管这层负电层不牢固,具有扩散流动性,但仍然可以通过库仑引力吸引周围的正电性离子如 Na^+,在 Na^+ 聚集的地方就有可能再形成正电中心吸引 SO_4^{2-}。当然,在 SO_4^{2-} 吸附去除机理中,这种多层吸附作用与离子交换相比显然是次要的。

2) SO_4^{2-} 与 RS-AE 表面季铵基之间的离子键

根据 5.1 节中对稻草化学改性机理的分析,以及 5.2.1 节中 RS-AE 化学结构表征研究结果可推测 RS-AE 吸附去除 SO_4^{2-} 的机理模型,如图 5-33 所示。RS-AE 以稻草纤维素为基体,表面有正电性的季铵基团;季铵基结构上负载有 Cl^-。SO_4^{2-} 与 Cl^- 在 RS-AE 上的离子交换可表述为溶液中 1 个 SO_4^{2-} 扩散通过 RS-AE 周围液膜后,与 2 个 Cl^- 发生交换,结果是 SO_4^{2-} 被吸附固定,而 Cl^- 释放扩散到本体溶液中。

这种离子交换现象的驱动力一方面受到本体溶液中 SO_4^{2-} 与 Cl^- 浓度的影响,另一方面更重要的是由它们与 RS-AE 表面季铵基团之间的化学作用力所决定,即作用力强的在离子交换平衡中被固定下来的概率较大。在这里,实验结果是 SO_4^{2-} 将 Cl^- 从 RS-AE 吸附剂表面交换下来,SO_4^{2-} 与季铵基之间的化学作用力可能比 Cl^- 要强。有研究指出,胺基包括季铵基对水中阴离子的化学作用力或结合力强弱首先取决于阴离子的荷电数,其次受水合离子半径的影响,荷电数越多,离子半径越大,则结合力越强(Kunin, 1990; Boyd et al., 1947a, 1947b)。SO_4^{2-} 荷电数为 2,比 Cl^- 多,离子半径也比 Cl^- 大,因此 SO_4^{2-} 与季铵基之间作用力要强。

季铵基与 SO_4^{2-} 之间主要是通过库仑引力作用而结合在一起。从化学键角度

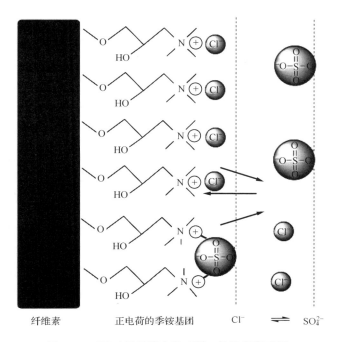

图 5-33　RS-AE 吸附去除 SO_4^{2-} 的机理模型图

分析，库仑引力应该属于离子键范畴，因此可以推测在 RS-AE 吸附 SO_4^{2-} 过程中，吸附剂表面季铵基与 SO_4^{2-} 之间形成了离子键作用。这一点与由吸附热力学参数 $E_a=19.3kJ/mol$ 推出的 RS-AE 吸附 SO_4^{2-} 为化学吸附的结论相吻合。

7. 选择吸附性能

表 5-15 给出了 RS-AE 单独吸附 SO_4^{2-}，以及水中同时存在 Cl^-、NO_3^-、PO_4^{3-}、CrO_4^{2-} 和 SO_4^{2-} 时的竞争吸附情况。RS-AE 单独吸附水中 SO_4^{2-} 时，吸附去除率达到 71.8%，而当水中存在其他阴离子时，SO_4^{2-} 的去除率降低到 34.5%。SO_4^{2-} 去除率的降低可以归结为其他阴离子的竞争吸附，即同样带负电荷的 NO_3^-、PO_4^{3-}、CrO_4^{2-} 会与 SO_4^{2-} 竞争 RS-AE 表面的活性吸附位点，影响 SO_4^{2-} 的吸附量。溶液中同时存在多种阴离子时，由于 RS-AE 对不同阴离子的选择吸附力不同，导致它们最终的吸附去除率不同，如表 5-15 所示，NO_3^-、PO_4^{3-}、SO_4^{2-} 和 CrO_4^{2-} 的吸附去除率分别为 25.5%、19.8%、34.5% 和 28.7%。由此结果可以初步判断 RS-AE 对水体常见阴离子的选择吸附顺序为 $SO_4^{2-}>CrO_4^{2-}> NO_3^- > PO_4^{3-}$。RS-AE 之所以对硫酸根和六价铬表现出较高的吸附力，可能是由于两者负二价离子的特性，在与 RS-AE 表面上季铵基结合时表现出较大的库仑引力，更容易被吸附固定。

表 5-15 RS-AE 竞争吸附水中阴离子

阴离子	C_0/(mmol/L)	C_e/(mmol/L)	去除率/%
Cl^-	0.87	2.05 ± 0.04	增加
NO_3^-	1.02	0.76 ± 0.02	25.5 ± 2.0
PO_4^{3-}	0.86	0.69 ± 0.01	19.8 ± 1.2
SO_4^{2-}	1.07	0.70 ± 0.03	34.5 ± 2.8
CrO_4^{2-}	1.08	0.77 ± 0.02	28.7 ± 1.9
SO_4^{2-} *	1.10	0.31 ± 0.04	71.8 ± 3.6

* 为 RS-AE 单独吸附硫酸根。

注：C_0 和 C_e 为初始和吸附后溶液阴离子浓度。

从表中也可看出,Cl^- 的浓度在竞争吸附实验中是升高的。这是由于 RS-AE 吸附阴离子的作用机理主要是离子交换。Cl^- 是在 RS-AE 吸附剂制备过程中预先负载在其表面的,其他阴离子通过与 Cl^- 的交换被 RS-AE 吸附,而相应的 Cl^- 进入溶液中,增加了溶液的 Cl^- 浓度。这也说明,RS-AE 对 Cl^- 的选择吸附力较差,因此阴离子交换吸附材料常常做成 Cl^- 型(也有 OH^- 型的),在吸附其他阴离子时,可保证负载离子 Cl^- 由于吸附结合力弱而很容易被交换下来。

8. 再生性能

图 5-34 所示为 RS-AE 再生循环中 SO_4^{2-} 吸附性能的变化。显然,再生后 RS-AE 吸附 SO_4^{2-} 的效率有所降低。原因可能是 RS-AE 表面某些吸附点位与 SO_4^{2-}

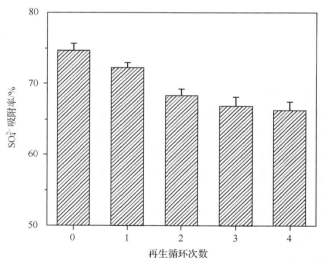

图 5-34 再生循环中 RS-AE 吸附 SO_4^{2-} 效率的变化

结合牢固,使 SO_4^{2-} 在 0.1mol/L NaOH 再生溶液中不能完全解吸,导致这些吸附位点在后续的吸附实验中丧失效力,SO_4^{2-} 吸附效率随之下降。尽管如此,经历四次再生后 RS-AE 吸附硫酸根的效率仅下降 10% 左右,即从 74.7% 下降到66.2%,表现出了重复利用的潜力。此外,RS-AE 每次再生后,吸附剂质量损失在2% 左右。这说明,RS-AE 作为吸附剂能够在 0.1mol/L NaOH 碱液中保持形态稳定,这也是吸附剂重复利用必不可少的条件。

5.2.4　改性稻草固定床与膨胀床分离 SO_4^{2-} 的特性

在生产实践中,通常是采用动态吸附形式来实现吸附工艺,因此有必要研究改性稻草 RS-AE 的动态吸附性能。将 RS-AE 吸附剂制作成吸附柱,分别在固定床和膨胀床操作条件下,研究其吸附分离 SO_4^{2-} 的性能,并采用 Thomas 动态吸附模型分析 SO_4^{2-} 通过 RS-AE 吸附柱的流出曲线。

1. 固定床吸附柱分离特性分析

1) 高径比对 SO_4^{2-} 流出曲线的影响

通常在吸附柱内,吸附剂量的多少对吸附质的去除效果即流出曲线起决定作用。但是,在相同吸附质量下,采取不同的高径比填充吸附柱同样会对流出曲线造成影响。图 5-35 所示为不同高径比的改性稻草固定床吸附柱去除 SO_4^{2-} 的流出曲线。在吸附剂质量及进水流量和硫酸根浓度一致的情况下,流出曲线穿透时间 t_b 随高径比的增加显著减小,在低高径比下发生过早穿透现象。如表 5-16 所示在高

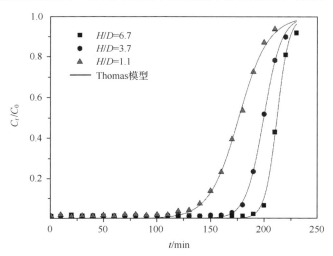

图 5-35　不同高径比的改性稻草固定床吸附 SO_4^{2-} 流出曲线

投加量为 3.0g;流速为 1.9mL/min;SO_4^{2-} 初始浓度为 106.98mg/L

径比为 1.1 时，t_b 为 13min，在高径比值为 3.7 和 8.9 时，t_b 分别为 175min 和 20min。对流出曲线的耗竭时间而言，t_e 随高径比值的增加略有减小，导致低高径比下，流出曲线相对平缓，而高径比下则比较陡峭。从表中的拟合相关系数（R^2）和图中曲线轮廓可以看出 Thomas 模型可以很好地说明和预测改性稻草固定床分离 SO_4^{2-} 的流出曲线。从模型参数中得到的柱吸附量 q_0 随高径比的减少逐渐降低，这说明同样质量的吸附剂填充吸附柱直径越大越不利于吸附剂吸附能力的发挥。

高径比对流出曲线的影响可以从吸附质与吸附剂接触程度的角度理解。相同吸附剂质量，低高径比下填充高度较小，吸附柱横截面较大，当进水通过吸附柱时，容易发生短流，实际通过吸附柱的时间缩短，不利于改性稻草吸附剂与 SO_4^{2-} 的充分接触，从而导致吸附柱床层的过早穿透。相反大的高径比使吸附柱高度增加，吸附柱界面变小，布水相对均匀，使吸附柱与吸附质之间接触充分，延迟了穿透时间，提高了柱吸附量。

表 5-16　不同条件下 RS-AE 固定床和膨胀床吸附分离 SO_4^{2-} 的 Thomas 参数

柱参数				t_b	t_e	k_t	q_0	R^2
H/D	C_0 /(mg/L)	θ /(mL/min)	E /%	/min	/min	/[L/(min·mg)]	/(mg/g)	
8.9	100	1.9	—a	200	230	1.1	14.27	0.995
3.7	100	1.9	—a	175	220	1.2	12.64	0.998
1.1	100	1.9	—a	130	200	0.72	11.16	0.997
8.9	50	1.9	—a	350	440	1.54	12.21	0.992
8.9	100	1.9	—a	200	260	1.1	14.27	0.984
8.9	200	1.9	—a	140	180	0.75	20.17	0.997
8.9	300	1.9	—a	100	140	0.53	22.43	0.995
3.7	100	1.9	—a	175	220	1.2	12.64	0.994
3.7	100	6.4	—a	60	100	1.6	16.97	0.992
3.7	100	13.6	—a	15	50	1.5	13.40	0.997
3.7	100	13.6	0	28	40	3.6	15.99	0.999
3.7	170	8	7	26	48	1.2	16.69	0.998
3.7	100	13.6	16	22	54	1.6	15.54	0.989
3.7	52.7	25.8	25	16	45	2.7	13.13	0.975

a 表示下向流固定床吸附柱，无膨胀率数据

2）初始浓度对 SO_4^{2-} 流出曲线的影响

稻草固定床吸附不同初始浓度硫酸根的流出曲线如图 5-36 所示。结合

表 5-16 可知,随着金属 SO_4^{2-} 初始浓度的增加,改性稻草固定床层穿透时间 t_b 和耗竭时间 t_e 都显著降低。在初始浓度为 50mg/L 时,t_b 和 t_e 分别为 350min 和 44min;而当初始浓度增加到 300mg/L 时,t_b 和 t_e 已经分别降低到了 100min 和 14min。由于改性稻草固定床吸附的耗竭时间 t_e 与穿透时间 t_b 随初始浓度变化基本一致,所以流出曲线轮廓随初始浓度提高而逐渐滞后,而在形状上却近似一致。

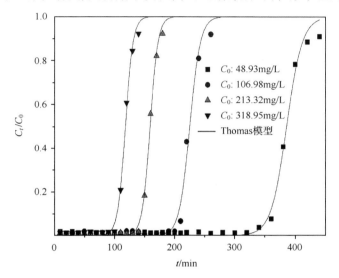

图 5-36　改性稻草固定床吸附不同初始浓度的 SO_4^{2-} 的流出曲线

投加量为 3.0g;流速为 1.9mL/min;H/D 为 8.9

初始浓度对 SO_4^{2-} 流出曲线的影响可以从吸附柱所承载的 SO_4^{2-} 负荷方面解释。在相同的吸附柱和恒定的进水流速情况下,SO_4^{2-} 初始浓度的增加直接加大了吸附柱承载的吸附质负荷。对于实际进水 SO_4^{2-} 浓度为 48.93mg/L、106.98mg/L、213.32mg/L 和 318.95mg/L 而言,RS-AE 固定床吸附柱的 SO_4^{2-} 负荷分别为 5.57mg/h、12.2mg/h、24.3mg/h 和 36.4mg/h。SO_4^{2-} 负荷较低的吸附柱就需要较长时间接近或达到平衡吸附;而在高浓度进水时,吸附柱内的吸附点位很快被水中大量的 SO_4^{2-} 占据,达到饱和吸附,使吸附柱被穿透。高浓度的硫酸根溶液通过吸附柱还可能使吸附柱最终达到较高的固相浓度。由 Thomas 模型参数计算得到的柱吸附量 q_0 也随 SO_4^{2-} 初始浓度的不同变化明显,随着初始浓度增加,q_0 依次为 12.21mg/g、14.27mg/g、20.17mg/g 和 22.43mg/g。

3) 进水流量对 SO_4^{2-} 流出曲线的影响

图 5-37 所示是不同进水流量(θ)下改性稻草固定床吸附柱分离 SO_4^{2-} 的流出曲线。具体数据由表 5-16 可知,当 θ 为 1.9mL/min,H/D 为 3.7 时,穿透时间 t_b 为 175min;增加 θ 到 6.4mL/min,则 t_b 迅速减小到 6min;继续增加流量,t_b 缩短至

15min 左右。显然,随着流量 θ 增大,穿透时间 t_b 显著降低。同样,改性稻草固定床层的耗竭时间 t_e 也是随流量的增加而降低,趋势与 t_b 基本一致,分别为 50min、100min 和 22min。

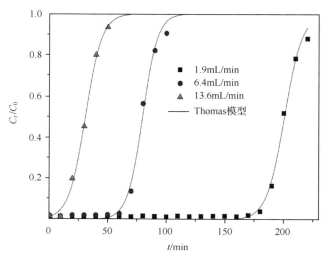

图 5-37　改性稻草固定床吸附 SO_4^{2-} 不同流量下的流出曲线

投加量为 3.0g;初始 SO_4^{2-} 浓度为 106.98mg/L;H/D 为 3.7

进水流量对流出曲线的影响可从进水 SO_4^{2-} 负荷和水力负荷两方面分析。首先,在吸附剂质量(3g)、吸附柱高径比(3.7)及进水 SO_4^{2-} 浓度(106.98mg/L)稳定不变情况下,进水流量增大直接增加吸附柱所承载的 SO_4^{2-} 负荷。经计算,θ 为 1.9mL/min、6.4mL/min 和 13.6mL/min 时,SO_4^{2-} 的负荷分别为 12.20mg/h、41.08mg/h 和 87.30mg/h。可见,大流量进水每小时进入吸附柱的 SO_4^{2-} 量远大于小流量的情况。因此在有限的动态吸附容量下大流量进水时在较短时间内就可达到动态饱和吸附。其次,进水流量的增加直接改变了进水的水力负荷,当流量从 1.9mL/min 增加到 13.6mL/min 时,水力负荷相应地从 $0.36m^3/(m^2 \cdot h)$ 增加到 $2.6m^3/(m^2 \cdot h)$。水力负荷较大时,进水通过床层的时间较短,吸附质与吸附剂接触相对不够充分,导致改性稻草固定床层过早被穿透。

从 Thomas 模型得到柱吸附量 q_0 随进水流量的增加变化不明显。流量较小时,q_0 为 12.64mg/g;当流量增加到 6.4mL/min 时,q_0 增加到 15.97mg/g;而继续增加流量到 13.6mL/min 时,q_0 略有减少,为 13.40mg/g。

2. 膨胀床的膨胀特性

如图 5-38 所示,当流量小于 5mL/min 时,水力负荷较小,水流抬升作用力不大,两支改性稻草吸附柱均未出现明显的膨胀现象。当流量约为 7mL/min 时,吸附柱开始出现膨胀,而且两个不同高径比的吸附柱,其膨胀率都是随流量的增加而增加。所不同的是,两个吸附柱膨胀率变化趋势快慢不一样。高径比较大的膨胀率开始上升较慢,而随着流量增加,上升速率逐渐加快。而高径比小的吸附柱,开始上升较快,随后变化趋缓。当流量约大于 20mL/min 时,高径比大的膨胀率逐渐开始大于高径比小的膨胀率。

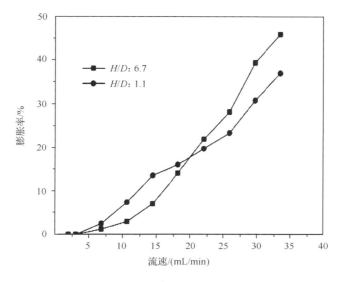

图 5-38　改性稻草膨胀床吸附柱膨胀率随流量的变化

3. 膨胀床吸附柱分离特性

如图 5-39 所示,尽管进水 SO_4^{2-} 的负荷几乎一致,但随着改性稻草膨胀床的膨胀率 E 的增加,吸附柱穿透时间 t_b 逐渐缩短。结合具体数据(表 5-16)可知,当 E 为 0,即进行上流式固定床操作时,穿透时间约为 28min;当 E 为 25% 时,穿透时间 t_b 已减少至 16min。可以发现,随膨胀率 E 增加,穿透时间一直在减小。在吸附柱耗竭时间 t_e 方面,膨胀率为 0 时,t_e 约为 40min,而膨胀率为 7% 和 16% 时,t_e 分别为 48min 和 54min。说明在低膨胀率范围内耗竭时间 t_e 随着膨胀增加略有延长。

在膨胀率 E 为 25% 时,其流出曲线的轮廓变形严重,与 Thomas 模型所拟合出的曲线不一致,尽管此时的相关系数依然有 0.975。这一点暗示,在高膨胀率下膨胀床吸附柱水力条件与低膨胀率情况相差较远,流出曲线不适合用 Thomas 模型解释。此时的柱吸附量 q_0 也相对较小,仅有 13.13mg/g。因此,改性稻草吸附柱膨胀床操作时应该控制膨胀率在 25% 以下较为合适。

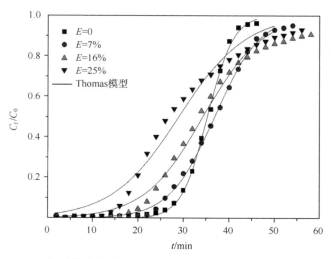

图 5-39　改性稻草膨胀床吸附柱不同膨胀率下分离硫酸根的流出曲线

4. 膨胀床与固定床吸附柱分离 SO_4^{2-} 的比较

改性稻草固定床吸附柱上向流和下向流操作去除 SO_4^{2-} 时的流出曲线如图 5-40 所示。对比上向流和下向流固定床流出曲线可以发现:在相同条件下,吸附柱下向流操作时床层穿透时间 t_b 约为 15min,而上向流操作时 t_b 为 25min,相对较长。同床层穿透时间变化相反,耗竭时间 t_e 下向流操作时约为 50min,而上向流操作时 t_e

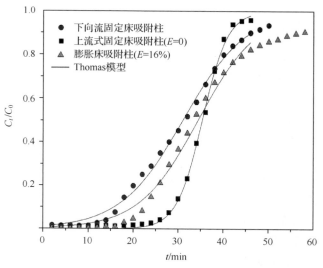

图 5-40　改性稻草膨胀床与上向流和下向流固定床吸附柱去除 SO_4^{2-} 的流出曲线
投加量为 3.0g;流速为 13.6mL/min;C0 为 106.98mg/L;H/D 为 3.7

约为 40min,相对较短。也就是说,固定床上向流操作时的流出曲线在 t_b 到 t_e 之间更加陡峭,下向流操作时则相对平缓。出现这种现象的原因可能与上向流和下向流操作时水力流动特性有关。水流自上而下通过床层时,由于床体填充密度无法均匀一致,水流容易从阻力较小的地方通过,出现短流或边壁效应,即在靠近改性稻草吸附材料与玻璃柱壁面地方水流滞缓。在此情况下,部分吸附材料无法充分接触吸附质,吸附速率较慢,需要较长时间达到吸附平衡,因此导致床层较快穿透,而耗竭时间又有所延长。而上向流操作时,水流以整体漫过吸附床层的方式逐渐抬升液面,直至上部出水口。这种情况,改性稻草与硫酸根接触相对充分,使吸附剂在短时间内发挥较高效率,床层自下而上逐渐达到饱和吸附,从穿透到耗竭时间较短,使流出曲线出现急剧变化。

对比膨胀床吸附柱和固定床吸附柱的 t_b 可以发现,在近似相同条件下,改性稻草上流式固定床吸附柱分离 SO_4^{2-} 的穿透时间 t_b 最长,其次是膨胀床($E = 16\%$),而下流式的固定床的 t_b 较短。对比膨胀床和固定床的柱吸附量 q_0 发现,膨胀床吸附量较大,而上流式固定床吸附量次之,最小的是下流式固定床吸附柱。还需要指出,上流式固定床操作,床层密实,顶端设置有固定层,因此水头损失严重,动力消耗大。综合考量,低膨胀率下膨胀床操作比较适合改性稻草吸附柱分离去除水中 SO_4^{2-}。

5. 应用 Thomas 模型分析流出曲线

由表 5-16 可知,与静态吸附容量相比,由 Thomas 计算的最大固相浓度或柱吸附容量明显较低。由 Langmuir 吸附等温模型计算得到的改性稻草与硫酸根的吸附容量为 74mg/g;在这里其固定床和膨胀床柱吸附量分别为 $11.16 \sim 22.43$mg/g 和 $13.13 \sim 16.69$mg/g。柱吸附容量比静态吸附量大大降低的原因有很多,如吸附体系的水力条件的差别,柱吸附中吸附材料堆积在一起,溶液通过吸附柱时,SO_4^{2-} 可能与吸附材料上的活性吸附点位接触不充分。

6. SO_4^{2-} 在固定床吸附柱上的解吸

为考察 RS-AE 吸附柱的再生性能,进行了不同再生溶液下 SO_4^{2-} 解吸曲线的测试,结果显示在图 5-41 中。在四种再生溶液中,采用 0.1mol/L NaOH 和 0.1mol/L HCl 再生效果最好,SO_4^{2-} 解吸曲线尖锐,在短时间内解吸出大量 SO_4^{2-}。这可能得益于两者的解吸机理中不仅包括 OH^- 和 Cl^- 同 SO_4^{2-} 的竞争吸附,而且更重要的是再生溶液强碱和强酸的性质削弱了对 RS-AE 的吸附性能。这一点在研究 RS-AE 吸附 SO_4^{2-} 受 pH 影响时已经得到证实。图中还直观地显示,0.1mol/L NaCl 溶液也可以用于 RS-AE 的再生,其再生机制可能主要是大量氯离子同 SO_4^{2-} 的竞争吸附,导致部分 SO_4^{2-} 被解吸下来。去离子水不适宜用于

RS-AE 的再生,从其 SO_4^{2-} 解吸曲线可知,仅在最初几分钟时间内有 SO_4^{2-} 被解吸下来,而后来流出溶液中 SO_4^{2-} 浓度一直维持在比较低的范围内,因此去离子水的作用归结为冲洗更为合适。

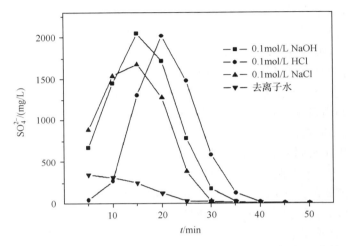

图 5-41　不同再生溶液条件下 RS-AE 吸附柱上 SO_4^{2-} 解吸曲线

第6章　改性花生壳吸附剂

花生是我国主要油料作物和主要经济作物之一,种植面积超过 8000 万亩[①],年总产量达 1500 万 t 左右,约占世界花生总产量的 40%,居世界首位。花生在加工过程中产生的副产品——花生壳,每年约 4.5×10^4 t,约占花生总质量的 1/3。同样,作为农业废弃物,花生壳大部分用作燃料或废渣丢弃,造成资源的极大浪费。但作为典型的植物纤维材料,它具有较高的孔隙度和比表面积。根据玉米秸秆和稻草的化学改性思路,花生壳也可以改性制备成去除水体重金属离子的吸附材料。

6.1　花生壳的组成

花生壳中主要成分仍是木质素、半纤维素和纤维素,三者约占花生壳质量的 75%～80%(俞力家等,2009);还含有丰富的多酚类物质、矿物质和脂肪类等,经过适当改性处理后,能很好地吸附废水中的金属离子(杨国栋,2009;唐志华和刘军海,2009)。

6.2　高锰酸钾改性花生壳吸附剂与吸附研究

花生壳采购自广东省内花生油压榨厂。取回原料后,先把花生壳放在自来水中浸泡几个小时,去除其黏附的污泥和杂质。再用去离子水冲洗 2～3 遍,在 60℃恒温下烘干至恒量,剪成约 1cm² 的小块,密封保存备用。

6.2.1　改性方法

将预处理后的花生壳浸入浓度为 15g/L 的高锰酸钾溶液,比例为每升溶液中投入 10g 花生壳材料,在常温下以磁力搅拌器搅拌改性反应 24h。反应结束后,取出用去离子水清洗 3～4 次,放入烘箱中以 60℃恒温烘 1～2 天至恒量,取出后密封保存。

对改性花生壳的锰残留的研究结果,表明改性花生壳的锰残留浓度为 0.026mg/L,残留水平为 0.015mg/g。《国家标准地表水环境质量标准》中规定地

---

① 1 亩≈666.67m²。

表水中锰的浓度应在 0.1mg/L 以下。按照该吸附剂的 Mn 残留水平,该吸附剂的应用量须小于 6.7g/L,但自然水体中的重金属污染浓度往往远小于实验中采用的 100mg/L,因此若在自然水体治理中应用该吸附剂,则投加量也远小于实验中的 2g/L,锰残留量极其微小。若在工业中应用时,可增加酸洗或与其他处理工艺结合应用。

6.2.2　表征分析

1. 等电点和比表面积变化

采用批量平衡实验法测定花生壳原样和改性花生壳的等电点,终点 pH 开始趋于平衡时的点即材料等电点(Babić et al., 1999;Lopez-Ramon et al., 1999)。块状花生壳原样的等电点约为 6,而改性后等电点约为 4(表 6-1),表明花生壳经高锰酸钾改性后等电点变小,表面负电荷增多,而 Cd^{2+} 和 Pb^{2+} 带正电荷,这就更有利于改性花生壳吸附带正电荷的重金属离子。由改性前后花生壳的 BET 比表面积可知,花生壳原样的比表面积低于仪器检出限因此无法检出,而经高锰酸钾改性后,花生壳的比表面积明显增大,为重金属离子的吸附提供了更多的吸附位点,更有利于重金属离子吸附到材料表面。

表 6-1　改性前后花生壳等电点和比表面积

样品	等电点	BET 比表面积/(m^2/g)
花生壳	6	—
改性花生壳	4	4.3683

2. XPS 分析

高锰酸钾改性对花生壳表面活性官能团等特征的影响,可通过光电子能谱仪进行分析。电子结合能用污染碳的 C 1s 峰(284.6eV)校正,XPS 结果经 XPS Peak 4.1 分峰软件分峰后得到改性前后花生壳的 XPS 图谱(图 6-1)。

由图 6-1(a)花生壳原样 XPS 全谱图可看出花生壳原样主要含有 C、N、O 三种元素。由图 6-1(b)C 1s 的局部扫描分峰图可看出,C 元素可通过曲线拟合出 4 个分峰,其中 284.3eV 为碳的特征峰;285.4eV 为 C—O 键的特征峰(Gardner et al., 1995;Yang et al., 2002;Swiatkowski et al., 2004),即表示 C 与羟基基团连接。而相关研究表明,羟基上的 O 有孤对电子,可与 Cd^{2+} 和 Pb^{2+} 重金属离子等低价电子的化学实体发生配位络合(Aydin et al., 2008;Taty-Costodes et al., 2003);287.9eV 为—CH(CH₃)OCH(CH₃)OCH(CH₃)O—的特征峰(Naumkin et al., 2012)。如图 6-1(c)所以 N 1s 谱可通过曲线拟合出 2 个分峰,

399.5eV 和 400eV 均为 N 的特征峰。如图 6-1（d）O 1s 谱可通过曲线拟合出 3
个分峰,其中 533.4eV 对应 C—O 键的特征峰(Deng and Ting,2005),也可能为
C—O—C 键的特征峰(Aydin et al.,2008),结合 C 1s 谱曲线拟合分峰结果可表
明块状花生壳表面可能存在的主要的含氧官能团为羟基等(Wang H et al.,
2007)。

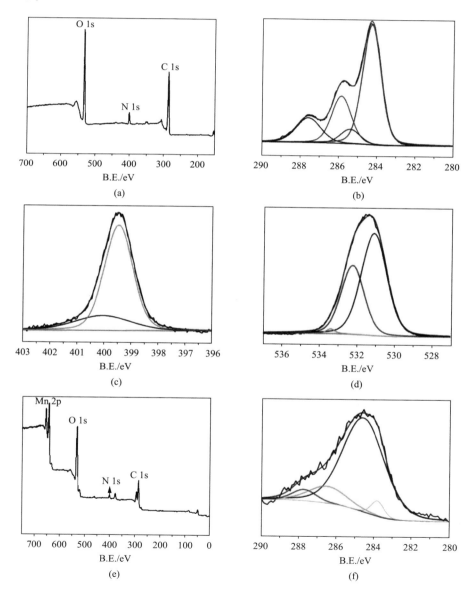

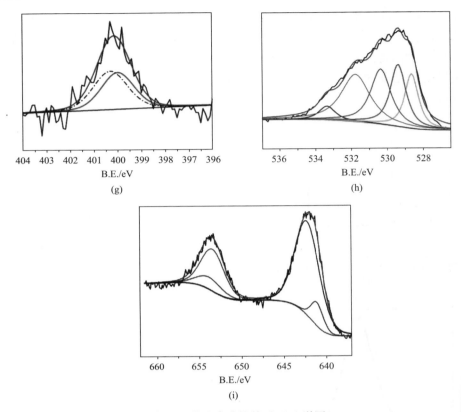

图 6-1　花生壳改性前后 XPS 谱图

(a) 花生壳原样 XPS 全谱；(b) C 1s 局部扫描图；(c) N 1s 局部扫描图；(d) O 1s 局部扫描图改性
花生壳：(e) 花生壳原样 XPS 全谱；(f) C 1s 局部扫描图；(g) N 1s 局部扫描图；(h) O 1s 局部扫
描图；(i) Mn 2p 局部扫描图

　　由图 6-1(e)改性花生壳 XPS 全谱图可发现经高锰酸钾改性后,花生壳表面多
了 Mn 元素的特征峰。图 6-1 (f) C 1s 谱可通过曲线拟合出 4 个分峰,其中
284.6eV 为碳的特征峰;286.5eV 为 C—O 键的特征峰,表示碳原子与 1 个非羧基
类的氧原子连接,主要为醇、醚等(Yang et al., 2002);288eV 为 O—C—O 键或
C＝O 键的特征峰,表示碳原子与 2 个非羧基类的氧原子连接,或与一个羧基类氧
原子连接,主要为醛、酮、缩醛等(Swiatkowski et al., 2004)。如图 6-1 (g) N 1s
谱可通过曲线拟合出 2 个分峰,400eV 和 400.3eV 均为 N 的特征峰。如图 6-1
(h) O 1s 谱可通过曲线拟合出 5 个分峰,其中 531.8eV 为 C＝O 键,533.4eV 为
C—O 键(Aydin et al., 2008),也可能为 C—O—C 键(Taty-Costodes et al.,
2003),结合 C 1s 谱曲线拟合分峰结果可表明改性花生壳表面主要的活性官能团
为羟基、羧基和羰基等(Naumkin et al., 2012),说明与花生壳原样相比,改性花生

壳表面的含氧官能团更加丰富,更有利于和重金属离子间通过表面络合作用相结合。529.4eV 和 530.4eV 为 MnO_2 中 O 的特征峰(Deng and Ting,2005)。如图 6-1 (i) Mn 2p 谱可通过曲线拟合出 4 个分峰,其中 641.1eV 和 642.2eV 为 MnO_2 2p 3/2 中 Mn 的特征峰,653.4eV 为 Mn_2O_3 2p 1/2 和 MnO 2p 1/2 中 Mn 的特征峰,653.8eV 为 MnO_2 2p 1/2 中 Mn 特征峰(Deng and Ting,2005),说明锰元素在高锰酸钾改性花生壳表面多以氧化物的形式存在,主要是以 MnO_2 的形态,Wang H 等(2007)研究也发现经高锰酸钾改性后的活性炭表面也生成了二氧化锰。

3. 能量散射 X 射线光谱分析

为了解改性前后花生壳表面元素种类和含量,用扫描电镜仪结合能量色谱仪对花生壳原样表面进行了 X 射线能谱分析,其表面微区扫描电镜图和成分能谱图如图 6-2 所示,成分能谱分析结果见表 6-2。在花生壳表面只存在 C 和 O 两种元素,其质量分数分别为 10.35％ 和 89.65％,原子分数分别为 13.33％ 和 86.67％。这是因为花生壳的主要成分是纤维素、半纤维素和木质素,三种成分共占花生壳质量的 75％～80％,而这三种主要成分又主要由 C 和 O 两种元素组成。经高锰酸钾改性后,花生壳表面多了 K 和 Mn 两种元素,且其表面只有这两种金属元素,其质量分

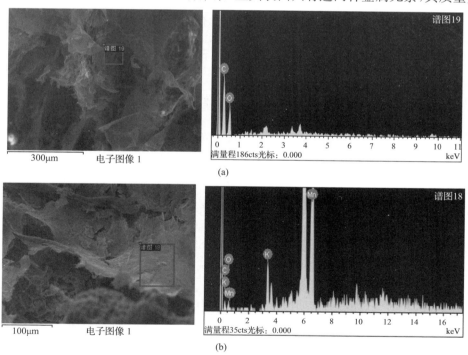

图 6-2　花生壳改性前后表面微区扫描电镜图和成分能谱图
(a)花生壳原样表面;(b)改性花生壳

数分别达到了 2.0% 和 97.16%，原子分数分别为 2.73% 和 94.44%，而 C 和 O 的含量则相对下降。结合之前对改性花生壳的 XPS 分析可知，Mn 在改性样表面多以氧化物的形态存在，而 K^+ 在改性过程中可能一直以离子状态存在，所以推测改性花生壳在吸附重金属离子过程中可能会与吸附剂表面的 K^+ 发生离子交换。

表 6-2　花生壳改性前后表面成分能谱分析结果

样品	元素	质量分数/%	原子分数/%
花生壳	C	10.35	13.33
	O	89.65	86.67
	总量	100.00	
改性花生壳	C	0.04	0.17
	O	0.80	2.66
	K	2.00	2.73
	Mn	97.16	94.44
	总量	100.00	

4. 红外光谱分析

改性花生壳的红外反射谱图（图 6-3）有以下变化：699cm^{-1} 处为平面外

$-\overset{|}{\underset{|}{C}}-OH$ 的振动峰，在改性后该峰增大，表明改性后花生壳中的羟基增多；

823cm^{-1} 和 1186cm^{-1} 处为 $-\overset{|}{\underset{|}{C}}-O-\overset{|}{\underset{|}{C}}-$ 的伸缩振动峰，即 β-1,4-糖苷键的特征

峰，在改性后该峰大大减小至几乎消失，表明改性后花生壳纤维素中葡萄糖分子间的化学键连接大部分被打断；1026cm^{-1} 处为纤维素和半纤维素中的 C—O 的伸缩振动峰，在改性后减小，表明改性后花生壳纤维素中的葡萄糖的分子环很多被打断

和破坏；1266cm^{-1} 处为纤维素上 $-\overset{|}{\underset{|}{C}}-OH$ 的平面弯曲振动峰，在改性后增大，表

明改性后花生壳纤维素上的羟基增多；1585cm^{-1} 处为 H_2O 的弯曲振动峰；1718cm^{-1} 处为羧基的伸缩振动峰，在改性后减小至几乎消失，表明改性后花生壳中的羧基很多被转化为其他的形态；2916cm^{-1} 处为 C—H 键即甲基、亚甲基的伸缩振动峰，在改性后减小，表明改性后花生壳中纤维素上的质子很多被取代，可能连接上了更多的官能团；3422cm^{-1} 处为—OH 即酚羟基的伸缩振动峰，在改性后减小，表明改性后花生壳中的酚羟基也很多被转化为其他物质。这是因为化学改性使得花生壳的纤维素中连接葡萄糖分子的化学键 β-1,4-糖苷键发生断裂，破坏了部分纤维素上的葡萄糖基中的分子环，并在断开的化学键上连接了更多的羟基，

这大大提高了花生壳对金属离子的吸附性能,增加了改性花生壳的吸附容量。经高锰酸钾改性后花生壳的红外光谱图上出现了 $528cm^{-1}$ 处 Mn—O 键弯曲振动引起的强吸收峰,相关研究也表明该特征峰即 MnO_2 的特征峰(杨磊三,2010),进一步证明了改性后在花生壳表面确实生成了二氧化锰等锰的氧化物。

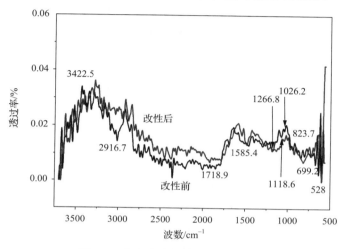

图 6-3　花生壳改性前后的红外谱图

5. X 射线衍射分析

从 XRD 谱图可知,$2\theta=16°$为结晶度较低的聚多糖结构的弱峰,$2\theta=22°$为纤维素高度结晶度化的尖峰。改性后,$2\theta=16°$和 $22°$这两个纤维素的特征峰明显变得更加平缓甚至消失,可判断纤维素的结晶结构在改性后基本被全部破坏,纤维素间的连接断裂,纤维素上的化学键更加便于对金属离子的吸附和新官能团的接入(图 6-4)。

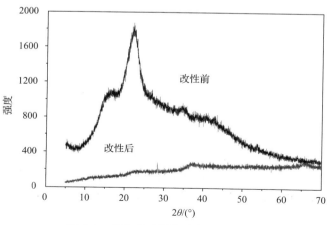

图 6-4　花生壳改性前后的 XRD 谱图

6. 热重分析

热重分析(TG)可用来研究材料的热稳定性和组分。从改性前后花生壳的热分解过程中质量随温度的变化曲线(图 6-5)中可以看出,花生壳原样主要的热分解温度为 230~370℃,该过程为花生壳主要的热分解过程,失重较大,为 55.6%;温度为 370~800℃时,主要是一些残留有机物的分解过程,该过程较为缓慢,失重约为 17.6%。改性花生壳主要的热分解温度为 250~340℃时,该过程失重约为 23.8%,在 340~800℃时,失重约为 19.5%。分解温度和质量损失的对应关系表明,改性花生壳的热稳定性要好于花生壳原样,可能是因为高锰酸钾改性花生壳表面生成了二氧化锰等锰的氧化物,使得改性花生壳在整个热分解过程中的热重损失明显小于花生壳原样。

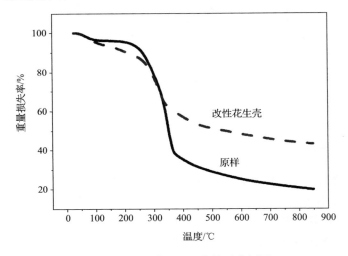

图 6-5　改性前后花生壳热重分析图

6.2.3　静态吸附研究

1. pH 影响

溶液初始 pH 由 2~7 逐渐升高的过程中,花生壳对 Cd^{2+} 吸附量不断升高,pH 为 2~5 逐渐升高的过程中吸附量增加很快,在 pH 为 5~7 的条件下吸附量略有增加,但变化不是十分明显,最佳反应条件约为 pH=5;在 pH 为 2~3 升高的过程中,花生壳对 Pb^{2+} 吸附量明显升高,之后随着 pH 由 3 升到 6,吸附量的增加趋势变缓,在 pH 为 6~7 的条件下,吸附量略有下降,最佳反应条件约为 pH=6[图 6-6(a)]。

对于改性花生壳,溶液初始 pH 由 2.5 到 6.5 渐渐增加,Cd^{2+} 的吸附量也逐渐增大,最佳 pH 为 6.5。在溶液初始 pH 为 3.5~5.5 时,Cd^{2+} 的吸附量几乎没有波动,但在溶液初始 pH 小于 3.5 时吸附量突然减小,在溶液初始 pH 大于 5.5 时有一个突然的增大。溶液初始 pH 对 Pb^{2+} 吸附的影响很小,随着 pH 从 2.5 到 6.5 的变化,吸附剂对 Pb^{2+} 的吸附量几乎没有变化,可以看出最佳 pH 为 4.5。在溶液初始 pH 为 3.5 时对 Pb^{2+} 的吸附量最小,这可能与该 pH 体系中 Pb^{2+} 的存在状态有关;当溶液初始 pH 从 4.5 增大到 6.5 时,吸附剂对 Pb^{2+} 的吸附量有减小的趋势,这可能是因为 pH 的升高使得溶液中 OH^- 浓度增大,Pb^{2+} 在溶液中的溶度积减小所致[图 6-6(b)]。有研究认为,pH 会影响材料表面有机基团的状态,当 pH 较低时,大量 H^+ 会占据材料表面的有限结合点位,从而抑制重金属离子的吸附,增加了植物材料表面的静电斥力;而 pH 升高时会增加植物吸附材料表面的负电荷,促进 Cd^{2+} 的吸附。因此推测吸附剂对 Cd^{2+} 的吸附可能主要为静电吸附作用,且吸附剂对 Pb^{2+} 的吸附作用比 Cd^{2+} 更强(李国新等,2010)。另有研究也指出了 Pb^{2+} 以络合作用为主,而重金属离子吸附能力的大小与吸附剂表面的吸附点位有关,吸附过程中易于与吸附点位形成共价键的离子,较其他离子会优先被吸附。因

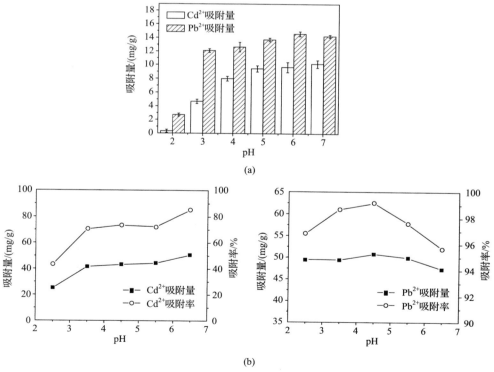

图 6-6 溶液初始 pH 对 Cd^{2+} 和 Pb^{2+} 吸附的影响

(a)花生壳;(b)改性花生壳

此,对 Pb^{2+} 吸附更易形成络合吸附,且络合吸附的作用强于静电吸附(鲁栋梁和夏璐,2008)。

2. 吸附剂投加量影响

在一定范围内,随着吸附剂投加量的增加,花生壳对 Cd^{2+} 和 Pb^{2+} 的去除率逐渐升高,而单位吸附剂对 Cd^{2+} 和 Pb^{2+} 的吸附量却随着吸附剂投加量的增加明显降低。综合考虑吸附效果和吸附剂的利用率,选取对 Cd^{2+} 和 Pb^{2+} 的未改性花生壳的投加量为 2g/L[图 6-7(a)]。改性花生壳投加量达到 4g/L 以上时,对于 Cd^{2+} 和 Pb^{2+} 的吸附率就能达到 98% 以上[图 6-7(b)]。从达到吸附效果和吸附剂利用率方面综合考虑,最佳吸附剂投加量均为 2g/L,并且这个用量远小于可致污染的改性花生壳用量,并可满足实际的需求。

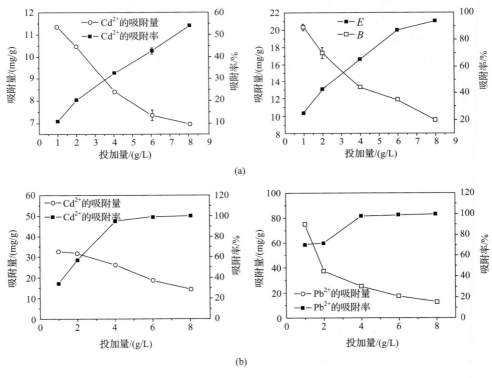

图 6-7　吸附剂投加量对 Cd^{2+} 和 Pb^{2+} 吸附的影响
(a)花生壳;(b)改性花生壳

3. 吸附动力学

改性花生壳吸附剂对 Cd^{2+} 的吸附过程大约分为三个阶段:快速吸附、慢速吸附和吸附平衡阶段。第一阶段为快速吸附阶段,吸附时间为 0~3h 时,改性花生壳对 Cd^{2+} 的吸附速率与 3~18h 的吸附速率相比明显更为快速,吸附量快速地达到 15.72mg/g、16.09mg/g 和 26.84mg/g,这可能是因为在刚开始进行吸附反应时,吸附剂表面的活性位点较多,溶液中的 Cd^{2+} 浓度相对较高,吸附传质动力较大,因而吸附进行的速度较快(刘桂芳等,2008)。第二阶段为慢速吸附阶段,吸附时间为 3~18h 时,吸附量的增长速率有所减缓,但增长趋势仍然较大且近乎匀速增长,这是因为此时吸附剂表面的吸附位点还没有达到完全饱和,吸附量仍然在缓慢增加,吸附量分别达到 39.19mg/g、43.63mg/g 和 45.27mg/g。第三阶段为吸附平衡阶段,吸附时间为 18h 以后,此时吸附量的增长趋势不甚明显,吸附剂对 Cd^{2+} 的吸附基本达到饱和(图 6-8)。分别用颗粒内扩散模型、准一级动力学模型和准二级动力学模型对改性花生壳吸附 Cd^{2+} 的吸附动力学曲线数据进行拟合,各模型拟合得到的参数见表 6-3。改性花生壳吸附剂对 Cd^{2+} 的吸附动力学模型用颗粒内扩散模型拟合,所得到的相关系数高于准一级动力学模型和准二级动力学模型的拟合相关系数,因此该改性花生壳吸附剂对 Cd^{2+} 的吸附数据使用颗粒内扩散模型拟合更为适宜。也可以认为,该吸附剂对 Cd^{2+} 的吸附过程主要受颗粒内扩散控制,这与颗粒内控制吸附步骤的条件如良好的混合效果、吸附质浓度高、颗粒粒径大等比较符合,也可以推断得到改性花生壳吸附剂对 Cd^{2+} 的吸附亲和力较差,该吸附过程主要为物理吸附。但是由拟合得到的结果可知颗粒内吸附拟合的方程均不通过原点,因此可以推断在吸附反应的前部分存在膜扩散控制步骤,这也可能是吸附剂对 Cd^{2+} 的吸附在 0~3h 时的吸附速率比 3~18h 时的吸附速率更快的原因。

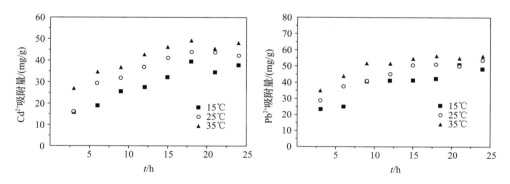

图 6-8　改性花生壳对 Cd^{2+} 和 Pb^{2+} 的吸附动力学曲线

改性花生壳吸附剂对 Pb^{2+} 的吸附动力学过程基本可以分为两个阶段:快速吸附阶段和吸附平衡阶段。第一阶段为快速吸附阶段,吸附时间为 0~10h,改性花生壳对 Pb^{2+} 的吸附量增长趋势近乎对数性增长,快速达到 41.03mg/g、42.54mg/g 和 51.23mg/g,这可能同样是因为在刚开始进行吸附反应时,吸附剂表面的活性位点较多,溶液中的 Pb^{2+} 浓度相对较高,吸附传质动力较大,因而吸附进行的速率较快。第二阶段为吸附平衡阶段,吸附时间为 10h 以后,此时吸附已经达到几乎饱和,吸附量的增长不明显,并渐趋平稳,吸附剂对 Pb^{2+} 的吸附基本达到饱和(图 6-8)。与改性花生壳对 Cd^{2+} 的吸附动力学过程呈现出较强的线性增长趋势不同,改性花生壳对 Pb^{2+} 的吸附动力学过程更加快速,在开始吸附的阶段一直保持快速增长,也说明该吸附剂对 Pb^{2+} 的吸附性更强。分别用颗粒内扩散模型、准一级动力学模型和准二级动力学模型对改性花生壳吸附 Pb^{2+} 的吸附动力学曲线数据进行拟合,各模型拟合得到的参数见表 6-3。改性花生壳吸附剂对 Pb^{2+} 的吸附动力学模型用准二级动力学模型拟合,所得到的相关系数高于准一级动力学模型和颗粒内扩散模型的拟合相关系数,且均接近于 1,因此高锰酸钾改性花生壳吸附剂对 Pb^{2+} 的吸附动力学过程更符合准二级动力学模型。由不同温度的准二级动力学模型拟合参数比较可知,速率常数 K_2 随着温度的升高而增大,说明该吸附反应伴随着吸热,且吸附过程受温度的影响较大;准二级动力学模型中的参数 K_2 代表吸附剂对离子的吸附速率,该值越大则吸附剂对离子的吸附速率越大,拟合结果显示在温度升高时 K_2 的值也随之增长,可见温度的升高能促进高锰酸钾改性花生壳对 Pb^{2+} 的吸附速率增长。

表 6-3　改性花生壳吸附 Cd^{2+} 和 Pb^{2+} 的动力学模型拟合参数

吸附质	温度/K	颗粒内扩散模型		准一级动力学模型		准二级动力学模型		
		$k_{id}/$ [mg/(g·min$^{0.5}$)]	R^2	k_1/h^{-1}	R^2	q_e /(mg/g)	k_2 /(g/mg·h)	R^2
Cd^{2+}	288	7.867	0.8648	0.054	0.7339	60.6061	−0.0032	0.4816
	298	10.370	0.9328	0.085	0.9104	22.1730	−0.0079	0.5648
	308	8.692	0.9864	0.080	0.8857	22.5733	−0.0078	0.5402
Pb^{2+}	288	8.3401	0.8475	0.0381	0.8644	56.6572	39.89	0.9647
	298	7.5313	0.9313	0.0519	0.9019	60.7165	43.82	0.9932
	308	6.4273	0.8285	0.0614	0.8967	61.4251	72.87	0.9980

4. 吸附等温线

花生壳对 Cd^{2+} 和 Pb^{2+} 的吸附量在一定范围内随着吸附质溶液初始离子浓度的增大而增大,当 Cd^{2+} 和 Pb^{2+} 的初始浓度分别达到 100mg/L 和 75mg/L 后,吸附量随重金属离子初始浓度的增加出现下降趋势,Pb^{2+} 的吸附量下降趋势更为明显(图 6-9)。由两种吸附等温线模型拟合参数见表 6-4,与 Freundlich 吸附等温线模型拟合结果相比,Langmuir 方程对花生壳吸附 Cd^{2+} 和 Pb^{2+} 过程的拟合效果更好。

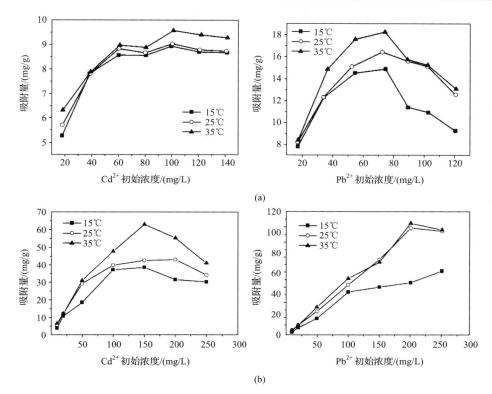

图 6-9　改性前后花生壳对 Cd^{2+} 和 Pb^{2+} 的吸附等温曲线

(a)花生壳；(b)改性后花生壳

表 6-4　改性前后花生壳吸附 Cd^{2+} 和 Pb^{2+} 的吸附等温方程拟合参数

样品	吸附质	温度/K	Langmuir 模型			Freundlich 模型		
			q_m/(mg/g)	b/(L/mg)	R^2	k_F/(mg/g)	$1/n$	R^2
改性花生壳	Cd^{2+}	288	31.95	0.9485	0.9637	5.01	2.5720	0.5775
		298	36.76	−0.4518	0.9755	31.4	20.491	0.4701
		308	43.86	−0.2227	0.9617	21.4	5.0839	0.6880
	Pb^{2+}	288	79.37	0.0209	0.9454	2.05	1.3996	0.9345
		298	114.9	0.1638	0.9522	15.1	1.6258	0.8260
		308	119.0	0.1871	0.9469	17.1	1.9608	0.7107
花生壳	Cd^{2+}	288	9.04	0.2774	0.9987	4.14	0.1705	0.8205
		298	9.06	0.3601	0.9986	4.64	0.1467	0.8411
		308	9.69	0.2567	0.9984	5.12	0.1342	0.9392
	Pb^{2+}	288	9.59	−0.1659	0.9660	9.23	0.0609	0.1451
		298	13.30	−0.3697	0.9750	9.12	0.1213	0.7098
		308	13.61	−0.2778	0.9798	10.40	0.1068	0.5251

　　改性花生壳的吸附量与 Cd^{2+} 初始浓度的相对关系曲线如图 6-9 所示。吸附剂对 Cd^{2+} 的吸附仍然存在初始离子浓度达到某一值后,随初始离子浓度的增加出现下降趋势,这与前面初始离子浓度的影响出现的现象一致;吸附剂对 Cd^{2+} 的吸附量随着温度的不同具有明显的梯度差,随着温度的升高吸附量也出现升高趋势,但静电吸附是物理吸附,受温度的影响较小,因此推测吸附剂对 Cd^{2+} 的吸附类型也包括一部分的非静电吸附。分别用 Langmuir 等温方程式、Freundlich 等温方程式对改性花生壳吸附 Cd^{2+} 的吸附等温数据进行拟合,各模型拟合得到的参数见表 6-4。由各拟合方程的相关系数可以看出,改性花生壳对 Cd^{2+} 的吸附过程对于 Langmuir 模型的符合程度比 Freundlich 模型更高,且相关系数均接近于 1,这说明高锰酸钾改性花生壳对 Cd^{2+} 的吸附过程能很好地符合 Langmuir 方程所描述的规律,该吸附反应以单分子层吸附为主。这表明高锰酸钾改性花生壳吸附剂对 Cd^{2+} 的吸附是均匀的表面吸附过程,即每个吸附位点仅与一个金属离子反应,被吸附的金属离子之间没有相互影响(王家强,2010)。但在 25℃和 35℃下,拟合得到的方程参数 b 均为负值,这说明拟合得到的理论饱和吸附量要小于实际中测得的吸附量的数值。从图 6-9 中也可以看出,高锰酸钾改性花生壳对 Cd^{2+} 的吸附量在初始浓度大于 200mg/L 时开始出现下降,这很可能是因为高锰酸钾改性花生壳对 Cd^{2+} 的吸附类型主要是静电吸附,在 Cd^{2+} 的浓度较大时,会增大溶液体系中的空间阻力或静电斥力,导致在 Cd^{2+} 的初始浓度增大时,吸附量没有继续增长或保持在最大吸附量的水平,反而出现下降的趋势,导致该吸附过程对 Langmuir 模型的符合出现偏差。改性花生壳对 Cd^{2+} 的饱和吸附量在 15℃、25℃和 35℃下分别为 31.95mg/g、36.76mg/g 和 43.86mg/g,说明高锰酸钾改性花生壳对 Cd^{2+} 具有较好的吸附能力。

　　吸附剂对 Pb^{2+} 的吸附在 25℃和 35℃温度时呈现的吸附量梯度差异并不明显,但是络合吸附为化学反应且为吸热反应,因此推测吸附剂对 Pb^{2+} 的吸附也包括一部分的非络合吸附。分别用 Langmuir 等温方程式、Freundlich 等温方程式对改性花生壳吸附 Pb^{2+} 的吸附等温数据进行拟合,各模型拟合得到的参数见表 6-4。改性花生壳对 Pb^{2+} 的吸附过程对于 Langmuir 模型的符合程度比 Freundlich 模型更高,且相关系数均大于 0.94,这说明高锰酸钾改性花生壳对 Pb^{2+} 的吸附过程能很好地符合 Langmuir 方程所描述的规律,该吸附反应以单分子层吸附为主。这表明高锰酸钾改性花生壳吸附剂对 Pb^{2+} 的吸附是均匀的表面吸附过程,即每个吸附位点仅与一个金属离子反应,被吸附的金属离子之间没有相互影响(王家强,2010)。高锰酸钾改性花生壳吸附剂对 Pb^{2+} 的饱和吸附量 q_m 随着温度的升高而增大,这说明该吸附剂对 Pb^{2+} 的吸附过程是吸热的;Langmuir 模型中的参数 b 与吸附强度有关,该参数越大,则趋近 q_m 对应的 q_e 越低,说明该吸附剂对 Pb^{2+} 溶液的吸附性能越好。从吸附的拟合结果可以看出,随着温度的升高吸附过程的 b 值在增大,说明温度的升高有利于该吸附剂的吸附性能的增强,温度升高对该吸附剂对 Pb^{2+} 的吸附起到促进作用。改性花生壳对 Pb^{2+} 的饱和吸附量在 15℃、25℃ 和 35℃ 下分别为 79.37mg/g、114.94mg/g 和 119.05mg/g,可以看出高锰酸钾改性花生壳对 Pb^{2+} 具有较好的吸附能力,有较大的应用潜力。

5. 吸附机理研究

改性花生壳吸附剂对 Cd^{2+} 和 Pb^{2+} 的混合溶液的吸附效果如图 6-10 所示。在单独吸附时,高锰酸钾改性花生壳吸附剂对 Pb^{2+} 的吸附量远大于对 Cd^{2+} 的吸附量,这说明吸附剂对于 Pb^{2+} 的吸附亲和性比 Cd^{2+} 更强。而将双组分溶液中的吸附效果与单独吸附效果相比较可看出,Cd^{2+} 和 Pb^{2+} 的吸附量均有所下降,其中 Cd^{2+} 的吸附量降低了 88.47%,Pb^{2+} 的吸附量降低了 20.80%,且竞争吸附存在时该吸附剂对 Pb^{2+} 的吸附量为 Cd^{2+} 的 5~6 倍。这说明竞争吸附对两种离子的吸附都存在干扰作用,且 Pb^{2+} 与吸附剂的吸附反应能力比 Cd^{2+} 更强,可以得知:吸附剂对 Pb^{2+} 的吸附选择性优于 Cd^{2+},吸附剂对金属离子的吸附选择顺序为 Pb^{2+} > Cd^{2+}。从竞争吸附对二者吸附作用的干扰可以推测两种离子的吸附类型有所重合,结合吸附等温线的分析,也可以得知二者均不止存在一种吸附类型,因此推断改性花生壳对 Pb^{2+} 的吸附主要为络合吸附,也包括一部分的静电吸附;吸附剂对 Cd^{2+} 的吸附主要为静电吸附,也包括一部分的络合吸附。

造成改性吸附剂吸附 Cd^{2+} 和 Pb^{2+} 差异的原因有以下三方面。

1) 与吸附剂表面作用的类型不同

实验结果表明,吸附剂对 Pb^{2+} 的吸附能力比 Cd^{2+} 更强。在混合溶液中吸附剂对两种离子的摩尔吸附量总和均大大低于各离子单独存在时的摩尔吸附量之和,且竞争吸附中吸附剂对 Pb^{2+} 的吸附量会随着共存 Cd^{2+} 浓度的升高渐增,最后接近于单独吸附时 Pb^{2+} 的吸附量,但该吸附剂对 Cd^{2+} 的吸附量则一直大大低于单独存在时的吸附量。推断吸附剂对 Cd^{2+} 和 Pb^{2+} 的吸附可能有一部分相同的吸附作用,当 Pb^{2+} 存在时,竞争作用使得 Cd^{2+} 的吸附量大大下降;也存在一部分不同的吸附作用,致使 Cd^{2+} 对 Pb^{2+} 的竞争作用在 Cd^{2+} 浓度渐增时逐渐减小。有研究认为,硝酸改性花生壳对 Cd^{2+} 的吸附作用主要为静电吸附,也包含一部分的络合吸附(柏松,2014)。另有研究指出,改性花生壳吸附剂对 Pb^{2+} 的吸附可能为络合吸附和静电吸附,以络合吸附为主;对 Cd^{2+} 的吸附主要为非络合吸附,可能为静电吸附并包含一部分的络合吸附(李晓森等,2012)。在竞争吸附中,在不同浓度 Pb^{2+} 存在下,当 Cd^{2+} 达到 200mg/L 时吸附量均出现突然下降,这可能是因为静电吸附在高离子浓度时受到空间位阻及静电斥力,因此推断吸附剂对 Cd^{2+} 主要为静电吸附,可能还包括一部分的络合吸附,从而造成吸附剂对两种离子的主要吸附差异。

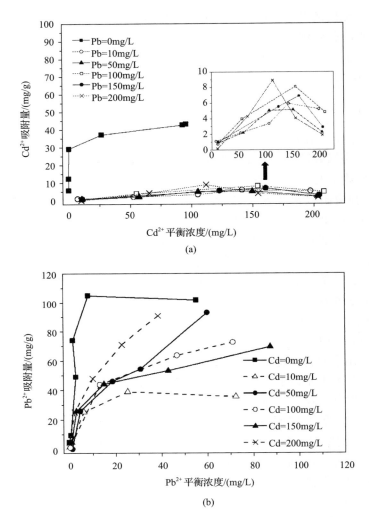

图 6-10　改性花生壳吸附剂在不同浓度的 Pb-Cd 体系下的吸附量

（a）不同 Pb^{2+} 浓度时,吸附剂对 Cd^{2+} 的吸附量；（b）不同 Cd^{2+} 浓度时,吸附剂对 Pb^{2+} 的吸附量

2) 体系 pH 的影响

吸附 Cd^{2+} 后溶液 pH 几乎不变。而吸附 Pb^{2+} 后溶液 pH 略有下降(图 6-11),这可能是因为吸附过程中 Pb^{2+} 与花生壳表面的 H^+ 发生离子交换,使溶液中的 H^+ 浓度升高,pH 降低。且随着吸附质浓度升高,pH 变化逐渐变大,这可能是因为随着 Pb^{2+} 浓度的增大,更多的 Pb^{2+} 与花生壳表面的 H^+ 发生离子交换,从而使溶液中存在更多的 H^+。吸附 Pb^{2+} 后 pH 变化比吸附 Cd^{2+} 后变化大,说明吸附 Pb^{2+} 过程中,Pb^{2+} 与花生壳表面的 H^+ 发生离子交换的程度更大,且花生壳对 Cd^{2+} 的静电吸附

作用可能要大于 Pb^{2+}，因为 Cd^{2+} 原子轨道是闭合轨道，即最外层轨道是满的，比较容易与吸附剂表面产生库仑力(Guo et al.，2006)。

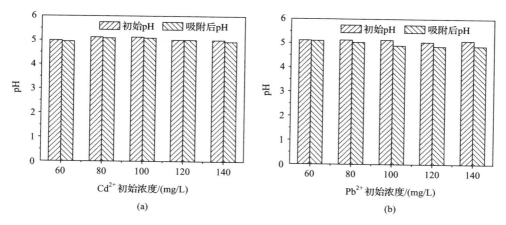

图 6-11　吸附前后溶液 pH 变化

(a) Cd^{2+}；(b) Pb^{2+}

3）离子强度对吸附的影响

随着离子强度的增加，块状花生壳对 Cd^{2+} 和 Pb^{2+} 的吸附量均明显下降(图 6-12)，说明 Cd^{2+} 和 Pb^{2+} 的吸附均受离子强度影响，其主要的吸附机理可能是离子交换或外层络合(Xu et al.，2011)。外层络合即重金属离子与花生壳表面的负电荷基团通过静电键合作用形成外层络合物(唐志华和刘军海，2009；张树芹，2007；Fan et al.，2009)。而吸附 Pb^{2+} 后，吸附质溶液 pH 略有下降，说明 Pb^{2+} 在吸附过程中可能与材料表面的 H^+ 发生离子交换。此外，离子强度增大，可屏蔽重

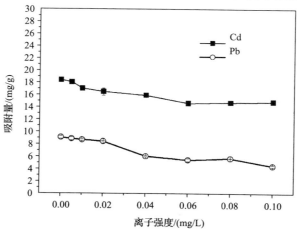

图 6-12　离子强度对吸附的影响

金属离子与吸附剂之间的静电引力作用,故可降低静电键合吸附量,离子强度增大使得 Cd^{2+} 和 Pb^{2+} 在花生壳上的吸附量明显下降,说明花生壳原样对 Cd^{2+} 和 Pb^{2+} 都存在静电引力吸附作用。

6.2.4 动态吸附研究

将花生壳洗净烘干、捣碎,分别过 6 目、10 目和 20 目筛网,分别取 6 目筛下、10 目筛上和 10 目筛下、20 目筛上花生壳颗粒,然后按照 6.2.1 节的改性方法制备出改性花生壳吸附剂。

1. 实验装置和过程

1) 实验装置

固定床吸附实验采用自制固定床装置(图 6-13)。吸附柱材料为玻璃材质,规格为 $\phi 20\text{mm} \times 1000\text{mm}$。吸附柱底部加一层 60 目塑料网布以防止吸附柱运行过程中吸附剂的流失。为保证实验的可重复性,在吸附剂填装的过程中反复在吸附柱外敲击,直至床层高度不再发生变化,从而使床层压实,在吸附柱运行前加入 2L 去离子水浸润使吸附剂填充更均匀,再将特定浓度的镉溶液通过蠕动泵自上而下恒速加入吸附柱中,定时检测流出液浓度。

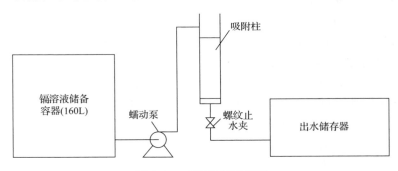

图 6-13 实验装置示意图

在实验浓度范围内,改性花生壳吸附柱对水中 Cd^{2+} 具有较好的吸附效果,在吸附操作初期,吸附柱出水 Cd^{2+} 浓度几乎为零($<0.001\text{mg/L}$),吸附操作时间根据不同的操作条件可达 $1 \sim 62\text{h}$,Cd^{2+} 总去除率均大于 54%。

2) 实验过程

(1) 穿透曲线的绘制。通常吸附柱的穿透曲线是以出口浓度与入口浓度的比值 c_e/c_0 为纵坐标,以时间 t 为横坐标作图得到的曲线。在吸附柱操作初期,吸附剂具有足够多的吸附位点,因此出水浓度较低,随着时间的推移,吸附剂吸附位点逐渐减少,出水 Cd^{2+} 浓度不断增加,在实际操作中,为了操作安全,在传质前沿尚未达到床层出口端的一定距离内就要停止操作,即到达穿透点时停止操作。本实验中取 c_e/c_0 为 0.5%(即出水 Cd^{2+} 浓度为 0.001mg/L,参照国家地表水质标准中镉的一类水标准)时为穿透点 t_b,此时的时间称为穿透时间 t_b,取 c_e/c_0 为 95% 时为穿透终点 t_e。为了考察不同操作条件下改性花生壳吸附剂在吸附柱中的吸附特性,实验分别在不同的操作条件下进行吸附柱实验并绘制穿透曲线。吸附柱的各操作条件见表 6-5。

表 6-5　吸附柱操作条件

c_0/(mg/L)	v/(cm/min)	z/cm	目数	pH
2	8.39	30	10~20	4.7
2	8.39	40	10~20	4.7
2	8.39	50	10~20	4.7
0.55	8.39	40	10~20	4.7
11	8.39	40	10~20	4.7
2	4.81	40	10~20	4.7
2	11.82	40	10~20	4.7
2	8.39	40	6~10	4.7
2	8.39	40	10~20	3.2

(2)固定床压降实验。在固定床中,压降是非常重要的参数,影响的因素很多,如流体特性、固液两相流动情况、吸附剂特征和大小、床层高度等对床层压降均有一定影响,其中最主要的因素是流体的表观流速。本实验主要考察固定床表观流速和床层高度对吸附柱压降的影响。压降可采用两种方法测量,一种是压力传感器,它利用测量压力的脉动情况,直接用记录仪记录,也可根据脉动值求时均值;另一种是用 U 形管压力计直接测定,本实验采用倒 U 形管压差法(图 6-14)。

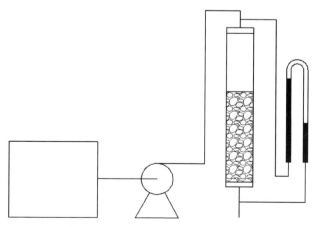

图 6-14　床层压降实验装置

2. 分析方法

1) 吸附柱操作参数的计算

空床停留时间（EBRT）是衡量吸附柱操作成本的参数之一，空床停留时间减少，吸附传质区缩短，床层得以更充分利用，但吸附柱的处理率减小。空床停留时间计算公式为

$$EBRT = \frac{V_b}{Q} \tag{6-1}$$

从吸附柱开始操作到穿透终点吸附柱吸附镉的总量 M_{ad} 可由穿透曲线与初始浓度的直线所围成的积分面积进行计算，计算式为

$$M_{ad} = \frac{Q}{1000} \int_0^{t_e} (c_0 - c_e) \, dt \tag{6-2}$$

改性花生壳吸附剂的动态吸附量 q 为

$$q = \frac{M_{ad}}{m} = \frac{M_{ad}}{\rho_0 V_b} \tag{6-3}$$

从吸附柱开始操作到穿透终点流过的镉的总量 $M_{total} = \dfrac{c_0 Q t}{1000}$，则吸附柱对镉的总去除率 R 为

$$R = \frac{M_{ad}}{M_{total}} \tag{6-4}$$

吸附区内剩余吸附容量分率为

$$f = \frac{\int_{t_b}^{t_e} (c_0 - c_e) \, dt}{c_0 (t_e - t_b)} \tag{6-5}$$

吸附床层的传质区长度（Rao et al.，2011）为

$$H_{MTZ} = \frac{c_0 Q}{q \rho_0 A} (t_e - t_b) \tag{6-6}$$

上述式中，Q 为进水流量（L/h）；m 为吸附柱填充吸附剂质量（g）；c_0 为初始镉离子浓度（mg/L）；c_e 为出水中镉离子浓度（mg/L）；V_b 为吸附柱床层体积（cm^3）；t_b 为穿透时间（h）；t_e 为穿透终点时间（h）；ρ_0 为床料密度（g/cm^3）；A 为吸附柱横截面积（cm^2）；t 为吸附柱开始操作到穿透终点的时间（h）。

2) 穿透曲线的模型拟合

为了实现生物吸附过程的工业化，有必要建立一个过程模型来模拟固定床连续操作，以更好地完成由实验室到工业化的放大过程。好的过程模型不仅有助于分析和解释实验数据，而且能正确估计系统条件变化所带来的结果，有助于获得最佳的吸附条件，并进行正确的工业过程设计。

固定床吸附分离过程数学模型较为复杂，对其求解具有较大的难度。为此，许

多研究者对固定床吸附数学模型做了各种各样的近似处理,如对固定床吸附连续性方程忽略轴向弥散、拟稳态近似,对吸附剂粒内传质速率方程作线性推动力或平方推动力假设等。目前,在一些研究中已建立了计算结果与实验结果吻合良好的数学模型,主要有以下三种(Gupta and Babu,2009a;Kaewsarn and Yu,2001;刘恩峰等,2010)。

(1) BDST 模型。BDST 模型是最普遍应用于固定床吸附的简化模型之一。应用该模型可以预测在不同的进料流速、床层高度、进料流速等操作条件下的吸附操作时间。

$$\ln\left(\frac{c_0}{c}-1\right)=\ln(e^{KN_0(z/v)}-1)-Kc_0t \tag{6-7}$$

假设 $e^{KN_0(z/v)}\gg1$,则式(6-7)可变形为

$$t=\frac{N_0}{c_0v}z-\frac{1}{Kc_0}\ln\left(\frac{c_0}{c}-1\right) \tag{6-8}$$

式中,c_0 为进水初始浓度(mg/L);c 为出水浓度(mg/L);K 为吸附速率常数[L/(mg·h)];N_0 为最大吸附容量(mg/L);z 为吸附柱高度(cm);v 为进水线速度(cm/h);t 为吸附时间(h)。

(2) Yoon and Nelson 模型。Yoon and Nelson 模型是一个半经验模型,该模型拟合时不需要考虑吸附流速和床层高度等固定床特性,所需已知参数较少,形式简单,得到的 $t_{0.5}$ 值可以用于比较吸附速率。模型方程为

$$\ln\left(\frac{c}{c_0-c}\right)=K_{YN}t-t_{0.5}K_{YN} \tag{6-9}$$

式中,c_0 为进水初始浓度(mg/L);c 为出水浓度(mg/L);K_{YN} 为吸附速率常数(h^{-1});$t_{0.5}$ 为出水镉离子浓度为进水浓度的 50% 时所需要的时间(h);t 为吸附时间(h)。

(3) Wolborska 模型。Wolborska 模型是以液相扩散机制为传质动力或速率控制步骤的模型,适用于低浓度范围吸附柱流出曲线的动力学行为,其方程为

$$\ln\frac{c}{c_0}=\frac{\beta c_0}{N_0}t-\frac{\beta z}{v} \tag{6-10}$$

式中,c_0 为进水初始浓度(mg/L);c 为出水浓度(mg/L);N_0 为最大吸附容量(mg/L);β 为扩散传质动力学系数(h^{-1});z 为吸附柱高度(cm);v 为进水线速度(cm/h);t 为吸附时间(h)。

3. 固定床压降

固定床操作中,床层内大量细小而密集的固体颗粒对流体的运动形成了很大的阻力,因而流体流过吸附床层时不可避免地要产生能量的损失,这种能量的损失即表现为床层的压降。流体通过固定床的床层压降是决定吸附操作成本的一个重

要因素,也是固定床吸附器设计的一个依据。床层压降一方面可使流体沿床层截面的速度分布得相当均匀,另一方面也会影响固定床的吸附性能。首先,床层压降增大将使操作难度加大;其次,吸附柱床层内压降加大会造成吸附柱下游的压力不均匀地下降,引起横向甚至是逆向的流动,从而增加返混,会显著影响吸附效率。固定床中颗粒间存在着网络状的空隙,形成许多可供流体通过的细小通道,这些通道都是曲折而互相交联的,其截面积和形状又很不规则,因此,流体通过如此复杂的通道时的阻力(床层压降)自然难以进行理论计算,必须依靠实验来解决问题。

1)柱高对压降的影响

在固定床表观流速 $v=33.44\mathrm{cm/min}$ 时,单位床层高度的压降随床层高度的变化规律如图 6-15 所示。从图中可以看到,单位床层高度的压降随着床层高度的增大而增加,并且单位床层高度的压降与床层高度呈线性关系,回归到如下式子:

$$\Delta p=1.3522z+2.0273$$

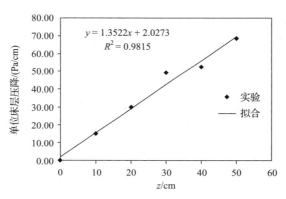

图 6-15　不同高度下单位床层压降

2)进料流速对固定床压降的影响

在床层高度为 40cm 时,固定床单位床层高度的压降随表观流速的变化规律如图 6-16 所示。实验结果显示。当床层高度相同时,单位床层高度的压降随着表观流速的增大而增加,且单位床层高度的压降与表观流速呈非线性关系,回归到如下式子:

$$\Delta p=0.6505+0.0183v+0.0501v^2$$

这与欧根(Ergun)提出的固定床压降关联式 $\Delta p=4.17\dfrac{(1-\varepsilon)^2a^2}{\varepsilon^2}\mu v+0.29\dfrac{(1-\varepsilon)}{\varepsilon^2}\rho v^2$ 具有相似的形式。Ergum 方程是提出得比较早并且被广泛使用的固定床的床层压降简化模型,该模型是基于以下假设:将床层中的不规则通道简化成长度为 l 的一组平行细管(图 6-17),并规定细管的内表面积等于床层颗粒的全部表面;细管的全部流动空间等于颗粒床层的空隙容积。由实验回归得到的关联式与 Ergum

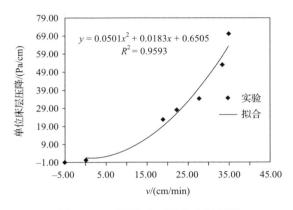

图 6-16　不同流速下单位床层压降

方程虽然在形式上相似,但是相差一个常数项,这说明实际单位床层压降比 Ergum 方程计算得出的理论单位床层压降要大,分析原因主要为:一方面吸附材料填充不均匀导致吸附柱中吸附剂的分布呈下细上粗的分层结构;另一方面,改性花生壳与普通的吸附材料不同,它具有一定的吸水性。

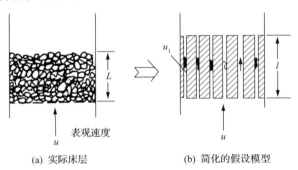

(a) 实际床层　　　　　　　(b) 简化的假设模型

图 6-17　吸附柱中实际床层与简化模型的对比

3) 吸附柱运行效果

在实验浓度范围内,改性花生壳吸附柱对水中 Cd^{2+} 具有较好的吸附效果,在吸附操作初期,吸附柱出水 Cd^{2+} 浓度几乎为零($<0.001mg/L$),吸附操作时间根据不同的操作条件可达 $1\sim62h$,Cd^{2+} 总去除率均大于 54%。

4. pH 的影响

作初始浓度为 2mg/L,进料流速为 8.39cm/min,在填料高度分别为 30cm 和 50cm,pH 为 3.2 和 4.7 条件下的穿透曲线(图 6-18)。在吸附操作初期,pH 为 3.2 和 4.7 两种条件下的穿透曲线基本重合,即在穿透点之前,pH 为 3.2 和 4.7 时吸附柱的出水浓度基本相等,且在一段时间内其出水浓度基本为一定值,在此阶段,吸附剂的吸附位点较多。在穿透时间点之后,pH 为 3.2 条件下的吸附柱出水 Cd^{2+} 浓度高于 pH 为 4.7 时出水 Cd^{2+} 浓度,这是由于在低 pH 条件下,溶液中 H^+ 浓度较高,这些 H^+ 可与被吸附的 Cd^{2+} 竞争吸附位使得一部分已吸附的 Cd^{2+} 被 H^+ 置换重新回到溶液中,因此在低 pH 操作条件下出现了出水浓度高于进料初始浓度的情况,即表现为穿透曲线出现顶出峰。

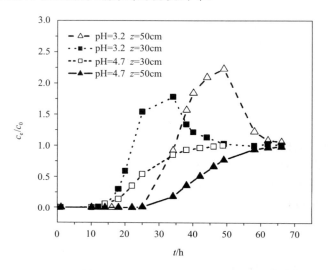

图 6-18 pH 对穿透曲线的影响

5. 吸附柱高度的影响

初始浓度为 2mg/L,进料流速为 8.39cm/min,在不同填料高度下测定高锰酸钾改性花生壳吸附柱对 Cd^{2+} 的吸附性能,绘制的穿透曲线如图 6-19 所示。由表 6-6 得出吸附柱高度分别为 30cm、40cm、50cm 时,吸附柱穿透时间分别为 2.17h、12.40h 和 16.86h,随着吸附柱高度的增加,吸附质与吸附材料的接触时间增加,提高了吸附材料对 Cd^{2+} 的吸附量,穿透时间推迟,但传质区长度和穿透曲线形状几乎无变化,这是因为吸附平衡和传质扩散速率不随吸附柱高度的变化而变化。

表 6-6 不同床层高度下吸附柱的参数计算结果

c_0/(mg/L)	v/(cm/min)	d/目	z/cm	EBRT/min	t_b/h	t_e/h	R/%	f/%	H_{MTZ}/cm
			30	3.57	2.17	40.67	62.69	39.42	28.29
2.00	8.39	10~20	40	4.77	12.40	52.00	72.33	36.33	27.49
			50	5.96	16.86	60.00	70.03	40.50	29.96

注:表中 t_b、t_e 由线性插值法求得。

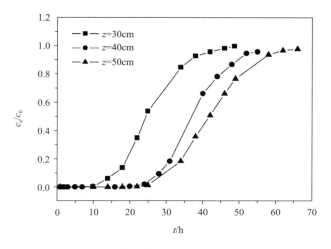

图 6-19　床层高度对穿透曲线的影响

6. 不同进料流速的影响

进料流速是吸附柱操作中的重要参数,它直接影响吸附剂与吸附质接触时间,从而影响吸附的传质速率。实验选取 4.81cm/min、8.39cm/min 和 11.82cm/min 三个流速,在初始浓度为 2mg/L,吸附柱高度为 30cm 条件下测绘穿透曲线(图 6-20)。由表 6-7 得到当进料流速由 4.81cm/min 增加到 8.39cm/min 和 11.82cm/min 时,吸附柱的穿透时间分别由 62.00h 减少至 12.40h 和 2.06h,这是由于随着进料流速的增加吸附剂与吸附质之间的接触时间减少,传质区长度增加,穿透时间缩短。进料流速降低,吸附剂与吸附质之间的接触时间增加,固定床层的利用率增

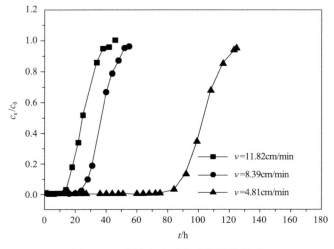

图 6-20　进料流速对穿透曲线的影响

加,因而固定床的剩余吸附容量分率呈下降的趋势。

表6-7 不同进料流速下吸附柱的参数计算结果

c_0/(mg/L)	z/cm	d/目	v/(cm/min)	EBRT/min	t_b/h	t_e/h	R/%	f/%	H_{MTZ}/cm
			4.81	8.31	62.00	124.69	83.16	34.09	13.55
2.00	40	10~20	8.39	4.77	12.40	52.00	72.33	36.33	27.49
			11.82	3.39	2.06	40.00	63.95	38.00	38.34

注:表中 t_b、t_e 由线性插值法求得。

7. 初始浓度的影响

吸附柱高度为40cm,进料流速为8.39cm/min,不同初始浓度时吸附柱的穿透曲线为图6-21。由表6-8得到当初始浓度为0.55mg/L、2.00mg/L和11.00mg/L时吸附柱穿透时间分别为49.09h、12.40h和5.38h,初始浓度增加,吸附剂单位时间吸附的 Cd^{2+} 量增加,因而吸附柱达到穿透点的速度更快。随着初始浓度的增加,传质区长度增加,穿透曲线形状变陡,床层利用率降低,固定床剩余吸附容量分率增加。

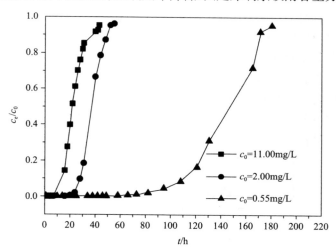

图6-21 初始浓度对穿透曲线的影响

表6-8 不同初始浓度下吸附柱的参数计算结果

v/(cm/min)	z/cm	d/目	c_0/(mg/L)	EBRT/min	t_b/h	t_e/h	R/%	f/%	H_{MTZ}/cm
			0.55	4.77	49.09	180.27	79.68	30.71	22.71
8.39	40	10~20	2.00	4.77	12.40	52.00	72.33	36.33	27.49
			11.00	4.77	5.38	43.00	54.26	57.45	39.40

8. 不同粒度的影响

绘制初始浓度为 2mg/L,进料流速为 8.39cm/min,填料高度为 40cm,改性花生壳吸附剂粒径为 6～10 目和 10～20 目条件下的穿透曲线(图 6-22),粒径较大条件下吸附传质区的长度增加,表现为穿透曲线出现变缓的趋势。吸附柱各操作参数见表 6-9,与粒径为 10～20 目吸附柱相比,粒径为 6～10 目条件下吸附穿透时间点大大缩短,由 12.4h 缩短至 1.00h,穿透终点时间由 52.00h 延长至 99.33h。分析原因主要是:Cd^{2+} 在改性花生壳上的吸附不仅仅是单纯的物理吸附,可能与吸附剂的表面官能团进行反应形成沉淀或进行离子交换,不像有机物分子一样在吸附剂表面以吸附态形式自由地迁移。Cd^{2+} 的液固吸附过程主要分三个步骤,首先是液膜扩散,即 Cd^{2+} 扩散至吸附剂表面;其次是孔扩散,Cd^{2+} 由吸附剂孔内液相扩散至吸附剂中心;最后再进行表面吸附反应。随着改性花生壳颗粒粒径的增加,Cd^{2+} 在吸附剂颗粒内的传质路径增加,同时增加了液膜外传质阻力,液膜扩散系数增大,使得总的传质速率降低,故吸附传质区域长度增加,吸附穿透曲线变缓,此时吸附控制步骤为内扩散控制。

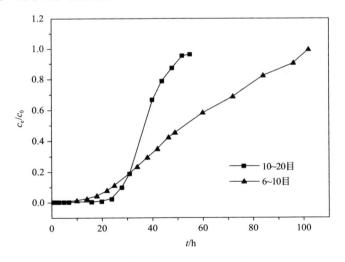

图 6-22　吸附剂粒径对穿透曲线的影响

表 6-9　不同吸附剂粒径下吸附柱的参数计算结果

c_0/(mg/L)	v/(cm/min)	z/cm	d/目	EBRT/min	t_b/h	t_e/h	R/%	f/%	H_{MTZ}/cm
2.00	8.39	40	10～20	4.77	12.40	52.00	72.33	36.33	27.49
			6～10	4.77	1.00	99.33	56.65	56.21	40.71

注:表中 t_b、t_e 由线性插值法求得。

9. 各操作因素对固定床传质区长度的影响比较

为了考察床层高度、初始离子浓度、吸附剂粒径和进料流速等四个因素对吸附穿透特性影响程度的大小，采用传质区长度随各操作因素变化的相应平均变化率即 $| \Delta y / \Delta x |$ 来衡量，计算得出传质区长度对床层高度、初始离子浓度、进料流速、吸附剂粒径的平均变化率分别为 0.08、2.07、3.53 和 7.27，可以看出床层高度的变化对传质区长度的影响较小，初始离子浓度、进料流速和吸附剂粒径对传质区长度影响较大，其中吸附剂粒径对传质区长度的影响最大。

10. 穿透曲线的模型拟合

1）BDST 模型拟合结果

在不同操作条件下 BDST 模型拟合的穿透曲线如图 6-23 所示，拟合参数见表 6-10。从中可知，除了在吸附剂粒径为 6～10 目条件下，在实验进行的其他操作条件下 BDST 模型得出的穿透曲线与实验数据所得穿透曲线相关性较好，实验所得穿透时间与模型计算出的理论穿透时间相差不大，这说明 BDST 模型能够较好地

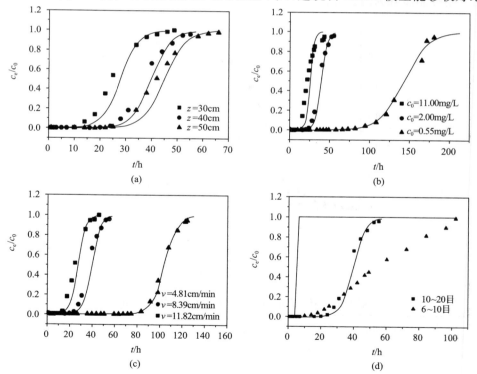

图 6-23　不同操作条件下 BDST 模型拟合穿透曲线

（a）不同床层高度；（b）不同初始浓度；（c）不同进料流速；（d）不同吸附剂粒径

预测 Cd^{2+} 在高锰酸钾改性花生壳吸附剂上的穿透特性。溶液初始浓度为 0.55mg/L 时,模型拟合得出的可决系数 R^2 更高,理论穿透时间与实际穿透时间的误差更小,即 BDST 模型更适用于低浓度 Cd^{2+} 的固定床吸附过程模拟,这是由于 BDST 模型是基于表面吸附而建立的,未考虑吸附剂的内扩散作用,而在低浓度情况下,吸附剂的内扩散作用可忽略不计。图 6-23 中粒径为 6～10 目条件下的模拟穿透曲线与实验数据点相差甚远,这是由于在此条件下吸附的控制步骤为内扩散,而 BDST 模型不适用于内扩散情况下的吸附过程的描述。此外,图 6-18 显示拟合穿透曲线与实际穿透曲线相比,吸附中间段实际出水浓度比理论出水浓度偏高,这说明吸附过程内扩散缓慢。

表 6-10　不同操作条件下 BDST 模型拟合参数

c_0 /(mg/L)	v /(cm/min)	z/cm	d/目	R^2	N_0/ (mg/L)	K /[L/(mg·h)]	理论 t_b /h	实际 t_b /h
2.00	8.39	30	10～20	0.9497	933.14	0.14	1.19	2.17
2.00	8.39	40	10～20	0.9659	1000.72	0.13	11.50	12.40
2.00	8.39	50	10～20	0.9639	905.81	0.12	14.08	16.86
0.55	8.39	40	10～20	0.9945	898.88	0.13	49.85	49.09
11.00	8.39	40	10～20	0.8861	3262.27	0.04	2.81	5.38
2.00	4.81	40	10～20	0.9956	1500.62	0.09	63.14	62.00
2.00	11.82	40	10～20	0.9534	965.95	0.15	1.82	2.06
2.00	8.39	40	6～10	0.8918	128.40	5.59	4.42	1.00

2) Yoon-Nelson 模型拟合结果

Yoon-Nelson 模型对不同操作条件下的穿透曲线拟合结果见图 6-24 和表 6-11。实验结果显示,Yoon-Nelson 模型对各操作条件下的穿透曲线拟合具有较好的效果。相对于 BDST 模型,在粒径为 6～10 目实验条件下,Yoon-Nelson 模型得出的穿透曲线与实验所得数据的相差较小,与 BDST 拟合结果相似的是 Yoon-

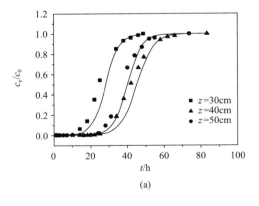

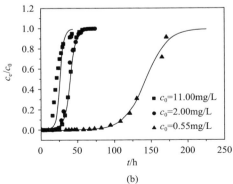

(a)　　　　　　　　　　　　(b)

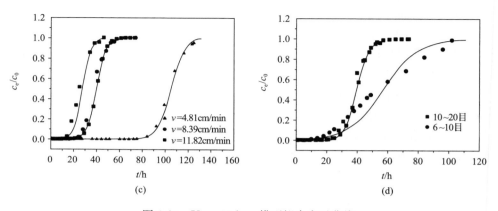

图 6-24　Yoon-Nelson 模型拟合穿透曲线
(a)不同床层高度；(b)不同初始浓度；(c)不同进料流速；(d)不同吸附剂粒径

Nelson 模型也是更适用于低浓度条件下穿透曲线的模拟，只是由 BDST 模型计算出的理论穿透时间与实际穿透时间相差更小。综上所述，与半经验 Yoon-Nelson模型相比，BDST 模型更适合描述镉离子在改性花生壳吸附剂的吸附过程，由Yoon-Nelson 模型预测的理论穿透时间可作为吸附操作时间的参考。

表 6-11　不同操作条件下 Yoon-Nelson 模型拟合参数

c_0/(g/L)	v/(cm/min)	z/cm	d/目	R^2	K_{YN}/(mg/L)	$t_{0.5}$/[L/(mg·h)]	理论 t_b/h	实际 t_b/h
2	8.39	30	10~20	0.9507	0.27	27.90	−0.21	2.17
2	8.39	40	10~20	0.9659	0.26	39.85	10.6	12.4
2	8.39	50	10~20	0.9634	0.22	45.09	11.24	16.86
0.55	8.39	40	10~20	0.9945	0.07	143.00	48.29	49.09
11	8.39	40	10~20	0.8861	0.35	26.69	0.37	5.38
2	4.81	40	10~20	0.9924	0.18	105.19	62.76	62
2	11.82	40	10~20	0.9534	0.28	27.56	0.74	2.06
2	8.39	40	6~10	0.8918	0.09	57.06	−27.95	1.00

3）Wolborska 模型拟合结果

在不同操作条件下 Wolborska 模型拟合的穿透曲线如图 6-25 所示，拟合的参数见表 6-12。从图 6-25 中可以看出模型拟合穿透曲线与实验所得数据相差较大，拟合得出的可决系数 R^2 均较低，这说明 Wolborska 模型不适用于描述 Cd^{2+} 在高锰酸钾改性花生壳吸附剂上的穿透特性，原因是 Wolborska 模型是以液相扩散机制为传质动力或速率控制步骤的模型，适用于低浓度范围吸附柱流出曲线的动力学行为，这也再次说明 Cd^{2+} 在改性花生壳吸附剂上的吸附过程属于内扩散控制步骤。

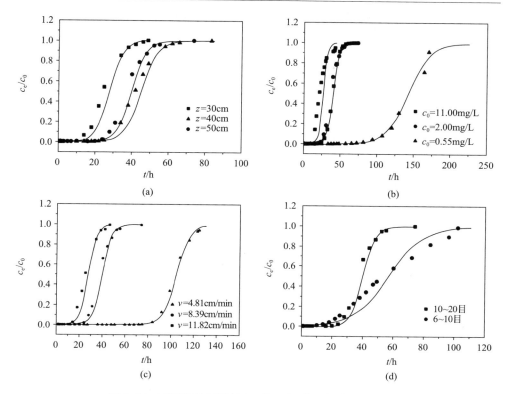

图 6-25　不同条件下操作 Wolborska 模型拟合穿透曲线

（a）不同床层高度；（b）不同初始浓度；（c）不同进料流速；（d）不同吸附剂粒径

表 6-12　不同操作条件下 Wolborska 模型拟合参数

$c_0/(mg/L)$	$v/(cm/min)$	z/cm	$d/目$	R^2	$\beta/(mg/L)$	$N_0/[L/(mg \cdot h)]$	理论 t_b/h	实际 t_b/h
2	8.39	30	10～20	0.7621	1.81	1250.64	−6.38	2.17
2	8.39	40	10～20	0.8372	1.75	1217.15	4.42	12.40
2	8.39	50	10～20	0.8156	1.50	1109.85	7.97	16.86
0.55	8.39	40	10～20	0.9803	1.92	1590.20	49.25	49.09
11	8.39	40	10～20	0.7746	1.83	4563.80	−2.23	5.38
2	4.81	40	10～20	0.9353	1.82	1589.30	59.07	62.00
2	11.82	40	10～20	0.8171	2.04	1237.62	−3.51	2.06
2	8.39	40	10～20	0.6941	0.97	1858.30	−47.80	1.00

11. 双组分下改性花生壳吸附剂固定床吸附

在实际的水处理过程中，往往涉及多组分体系，竞争吸附是多组分体系特有的现象，因为吸附剂表面的吸附空位是有限的，故各吸附物种的吸附都会受到限制，与溶剂作用弱而与吸附剂作用强的为强吸附物种,与溶剂作用强而与吸附剂表面作用弱的为弱吸附物种,强吸附物种比弱吸附物种有更大的占领吸附空位的趋势,因而具有大的吸附容量,其吸附容量减少的程度远低于弱吸附物种。

本实验研究镉、铅双组分体系在改性花生壳吸附剂上的吸附,并考察不同进料流速和初始浓度等条件对固定床吸附穿透曲线的影响。

在 Pb^{2+} 存在条件下,Cd^{2+} 的穿透曲线如图 6-26 和图 6-27 所示。在吸附初始阶段,由于吸附剂的活性点较多,Cd^{2+} 和 Pb^{2+} 自由占据吸附剂活性点。随着吸附的进行,Cd^{2+} 的吸附区域向前移动,首先占据床层前方吸附剂内的活性点。相对于 Cd^{2+},Pb^{2+} 具有更大的占据吸附活性点的趋势,所以后到达吸附区域的 Pb^{2+} 将替换出一部分已被吸附剂吸附的 Cd^{2+},从而导致 Cd^{2+} 在吸附柱内局部浓度超过其入口浓度形成顶出峰。该顶出峰不断增高且随着时间向前移动,最后达到填充床的出口。由穿透曲线及式(6-2)算出双组分体系中,当 Cd^{2+} 与 Pb^{2+} 浓度均为 2mg/L 时,吸附剂对 Cd^{2+} 的饱和吸附量为 2.91mg/g;当 Cd^{2+} 与 Pb^{2+} 分别为 2mg/L 和 4mg/L 时,吸附剂对 Cd^{2+} 的饱和吸附量为 1.98mg/L,与 Cd^{2+} 单组分情况下吸附剂对 Cd^{2+} 的饱和吸附量 3.14mg/g 相比,双组分情况下 Cd^{2+} 吸附量均有所降低,且随着 Pb^{2+} 浓度的提高,Cd^{2+} 吸附量减少得越多,说明在 Pb^{2+} 存在的情况下,改性花生壳对 Cd^{2+} 的吸附性能将大受影响。由穿透曲线分析可知,铅、镉离子双组分吸附柱吸附体系中,Pb^{2+} 为强吸附组分,Cd^{2+} 为弱吸附组分,吸附剂对铅离子的吸附量大于 Cd^{2+}。

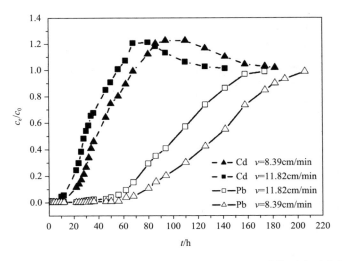

图 6-26 不同进料流速下改性花生壳对 Pb-Cd 双组分体系穿透曲线

1) 进料流速对穿透曲线的影响

在 Pb^{2+} 和 Cd^{2+} 浓度均为 2mg/L、吸附柱高度为 40cm、进料流速分别为 8.39mL/min 和 11.82mL/min 时 Pb^{2+} 和 Cd^{2+} 的穿透曲线见图 6-26。实验结果显

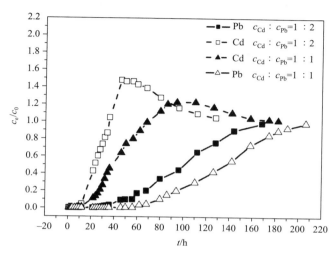

图 6-27 不同初始浓度下改性花生壳对 Pb-Cd 双组分体系穿透曲线

示,随着进料流速的增加,Cd^{2+} 的顶出峰变小,这是因为流速的变大,使得 Cd^{2+} 和 Pb^{2+} 的吸附传质区域增加,因而 Cd^{2+} 和 Pb^{2+} 的传质区重叠加大,Cd^{2+} 顶出峰因而变小;流速变小时,情况相反,由于流速慢时,吸附质和吸附剂具有更多的接触时间,吸附剂的吸附量增加,同时使得吸附传质区域变小,Cd^{2+} 与 Pb^{2+} 的传质区重叠减小,故顶出峰变大。

2)初始浓度对穿透的影响

在吸附柱高度为 40cm,进料流速分别为 8.39mL/min,Cd^{2+} 浓度为 2mg/L,Cd^{2+} 和 Pb^{2+} 浓度比分别为 1∶1 和 1∶2 时,Cd^{2+} 和 Pb^{2+} 的穿透曲线如图 6-27 所示。Cd^{2+} 的穿透曲线出现明显的顶出峰,其顶出峰的高低受 Pb^{2+} 进料浓度的影响,随着 Pb^{2+} 进料浓度的减小,Cd^{2+} 的穿透曲线都变缓,其顶出峰变小,这是因为 Pb^{2+} 浓度减小。一方面,Cd^{2+} 的吸附量相对增加了,先被吸附的 Cd^{2+} 只能被后至的低浓度铅离子所替换;另一方面,Pb^{2+} 浓度的减小使得其对 Cd^{2+} 的竞争吸附作用变弱,因而顶出峰变小。

3)双组分竞争吸附的数值分析

建立数学理论模型:对于恒温、单波带的单痕量组分体系,为了简化固定床的吸附分离过程,可假设如下理想状态。

(1)恒温下流动相和固定相相互密切接触,并在流动方向连续。每单位容积床层内吸附剂颗粒外的表面积为 A,流动相在床层内占有恒定的容积分率。固定相和流动相的密度维持恒定不变。

(2)流动相的线速度在床层的任一截面上均是一定的,溶质的溶度分布曲线不因床层装填吸附颗粒而影响其连续性。

依照固定床吸附器的物料衡算关系,对床层的某一截面(图 6-28),取吸附质输入的速率减去其输出的速率等于吸附值在床层微元区段间歇中流体和固体颗粒内积累的速率,则吸附质输入床层某截面的速率为

$$\varepsilon A\left[vc-D\left(\frac{\partial c}{\partial z}\right)\right]_{z,t} \tag{6-11}$$

吸附质输出床层某截面的速率为

$$\varepsilon A\left[vc-D\left(\frac{\partial c}{\partial z}\right)\right]_{z+\Delta z,t} \tag{6-12}$$

床层微元体积 $A\Delta z$ 内,吸附质的积累速率为

$$A\Delta z\left[\varepsilon\frac{\partial c}{\partial t}+(1-\varepsilon)\frac{\partial q}{\partial t}\right]_{Z\Delta v,t} \tag{6-13}$$

由物料衡算关系得

$$\frac{D}{\Delta z}\left[\frac{\partial c}{\partial z}\bigg|_{z+\Delta z,t}-\frac{\partial c}{\partial z}\bigg|_{z,t}\right]=\frac{v}{\Delta z}[c|_{z+\Delta z,t}-c|_{z,t}]+\left[\frac{\partial c}{\partial t}+\frac{1-\varepsilon}{\varepsilon}\frac{\partial q}{\partial t}\right]_{z_{\Delta v,t}} \tag{6-14}$$

则吸附质的物料衡算式为

$$D\frac{\partial^2 c}{\partial z^2}=v\frac{\partial c}{\partial z}+\frac{\partial c}{\partial t}+\frac{1-\varepsilon}{\varepsilon}\frac{\partial q}{\partial t} \tag{6-15}$$

式中,ε 为床层间隙率;D 为吸附质在流动相流动方向的轴向扩散系数;z 为床层高度;c 为流动相吸附质浓度;v 为流动相流速;q 为在 Δz、Δv 及 t 时吸附质的体积流量。

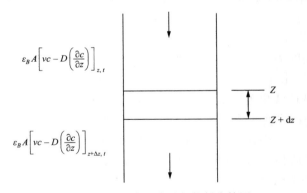

图 6-28　固定床吸附器的物料衡算图

根据单组分物料衡算式,混合组分体系中吸附质的物料衡算式可表示为

$$D\frac{\partial^2 c}{\partial z^2}=v\frac{\partial c}{\partial z}+\frac{\partial c}{\partial t}+\frac{1-\varepsilon}{\varepsilon}\frac{\partial q_i}{\partial t} \tag{6-16}$$

$$\frac{\partial q_i}{\partial t}=\frac{3k_f}{R_p}(c_i-c_{p_i,R_p}) \tag{6-17}$$

$$D\frac{\partial^2 c}{\partial z^2}=v\frac{\partial c}{\partial z}+\frac{\partial c}{\partial t}+\frac{3k_f(1-\varepsilon)}{\varepsilon R_p}(c_i-c_{p_i,R_p}) \tag{6-18}$$

$$(1-\varepsilon)\frac{\partial c_{p_i}^*}{\partial t}+\varepsilon\frac{\partial c_{p_i}}{\partial t}+\varepsilon D_{p_i}\left[\frac{1}{R^2}\frac{\partial}{\partial R}\left(R^2\frac{\partial c_{p_i}}{\partial R}\right)\right]=0 \qquad (6\text{-}19)$$

式中,k_f 为分子扩散系数;R_p 为轴向扩散系数。

边界和初始条件

$$c_i=c_i(0,z)=0 \qquad (6\text{-}20)$$

$$c_{p_i}=c_{p_i}(0,R,z)=0 \qquad (6\text{-}21)$$

$z=0$:

$$\frac{\partial c_{p_i}}{\partial z}=\frac{v}{D_i}(c_i-c_{0i}) \qquad (6\text{-}22)$$

$z=L$:

$$\frac{\partial c_{p_i}}{\partial z}=0 \qquad (6\text{-}23)$$

$R=0$:

$$\frac{\partial c_{p_i}}{\partial R}=0 \qquad (6\text{-}24)$$

$R=R_p$:

$$\frac{\partial c_{p_i}}{\partial R}=\frac{k_f}{\varepsilon D_{p_i}}(c_i-c_{p_i,R_p}) \qquad (6\text{-}25)$$

数学模型的求解,取如下无因次化变量:$C_i=c_i/c_{0i}$, $C_{p_i}=c_{p_i}/c_{0i}$

$C_{p_i}^*=c_{p_i}^*/c_{0i}$;$\tau=vt/L$;$r=R/R_p$;$Z=z/L$;$P_e=vL/D_i$

$B_i=k_fR_p/\varepsilon D_{p_i}$　　$\eta_i=\varepsilon D_{p_i}L/R_p^2v$　　$\xi=3B_i\eta_i(1-\varepsilon)/\varepsilon$

则式(6-11)～式(6-25)可化为如下无因次化方程:

$$\frac{1}{p_e}\frac{\partial^2 c_i}{\partial z^2}=v\frac{\partial c_i}{\partial z}+\frac{\partial c_i}{\partial \tau}+\eta_i(C_i-C_{p_i,1}) \qquad (6\text{-}26)$$

$$\frac{\partial}{\partial \tau}\left[(1-\varepsilon)C_{p_i}^*+\varepsilon C_{p_i}\right]-\eta_i\left[\frac{1}{r^2}\frac{\partial}{\partial r}\left(r^2\frac{\partial C_{p_i}}{\partial r}\right)\right]=0 \qquad (6\text{-}27)$$

边界和初始条件:

$$C_i=C_i(0,Z)=0 \qquad (6\text{-}28)$$

$$C_{p_i}=C_{p_i}(0,r,Z)=0 \qquad (6\text{-}29)$$

$z=0$:

$$\frac{\partial c_i}{\partial z}=P_e(C_i-1) \qquad (6\text{-}30)$$

$z=L$:

$$\frac{\partial c_{p_i}}{\partial r}=0 \qquad (6\text{-}31)$$

---

* 表示平衡状态。

$R=0$：

$$\frac{\partial c_{p_i}}{\partial r}=0 \tag{6-32}$$

$R=1$：

$$\frac{\partial c_{p_i}}{\partial r}=B_i(C_i-C_{p_i,1}) \tag{6-33}$$

根据本课题组前期实验研究发现改性花生壳吸附 Cd^{2+} 和 Pb^{2+} 的吸附等温线都符合 Langmuir 模型，在低浓度范围内可将吸附等温线简化成线性，则

$$c_{p_i}^*=a_i c_{p_i}+b_i \tag{6-34}$$

双组分等温体系的吸附等温线可用静态法或色谱法测出，也可通过视平衡常数等有关方程求解。本研究用单组分的吸附等温方程式通过视平衡常数等有关方程，求得混合组分中各组分的各自吸附等温方程为

$$C_{p_{Cd}}^*=a_{Cd}yC_{p_{Cd}} \tag{6-35}$$

$$C_{p_{Pb}}^*=a_{Pb}(1-y)C_{p_{Pb}} \tag{6-36}$$

式中，$a_{Cd}=0.59$，$a_{Pb}=0.46$。孔隙扩散系数由静态实验数据求得。流体相侧的传质系数可以由 Wilson 和 Geankoplis 得到的下述关联式估算求得

$$Sh_i=\frac{1.09}{\varepsilon}Sc_i^{\frac{1}{s}Re^{1/s}} \tag{6-37}$$

式中，$Sh_i=\frac{k_f d_p}{D_{mi}}$；$Sc_i=\mu_w/\rho_w D_{mi}$，$Re=\frac{\rho_w \upsilon d_p}{\mu_w}$，其中水溶液中的分子扩散系数由文献（Yang and Volesky，1999；王建龙和陈灿，2010）查得，如表 6-13 所示。轴向扩散系数 D 由 Chung and Wen 公式计算

$$\frac{D\rho_w}{\mu_w}=\frac{Re}{0.2+0.11Re^{0.4s}} \tag{6-38}$$

将上述无因次化方程用 Matlab 求解。Cd^{2+} 和 Pb^{2+} 在改性花生壳吸附柱中竞争吸附时的穿透曲线实验数据及数值模拟结果如图 6-29 所示，实验所得数据点大部分都落在数值分析解所得的穿透曲线上，说明利用 Matlab 差分法可成功求解铅、镉双组分体系吸附过程模型。

表 6-13　模型求解所用参数

参数	Cd^{2+}	Pb^{2+}
ε	0.75	
$D/(cm^2/s)$	10.97×10^{-6}	
$D_i/(cm^2/s)$	7.19×10^{-6}	9.45×10^{-6}
$K_f/(cm^2/s)$	2.26×10^{-2}	2.77×10^{-2}
$D_p/(cm^2/s)$	4.93×10^{-5}	1.74×10^{-5}

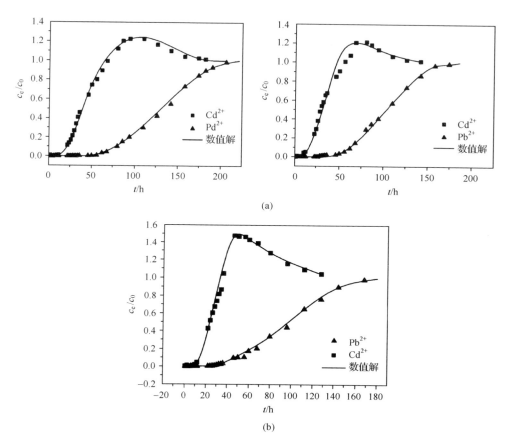

图 6-29 改性花生壳对 Pb-Cd 双组分体系穿透曲线的数值分析结果

(a)不同进料流速下穿透曲线的数值分析;(b)不同初始浓度下穿透曲线的数值分析

众所周知,任何重金属的处理皆只是形态的变化及转移,无法消失,对于吸附后的吸附剂如不进行处理,它们还会进入环境产生污染。对于吸附单组分的吸附剂可对其进行解吸回收。当我们考虑是否对某种金属进行处理或回收时,通常有以下几方面的因素需要注意:①该金属离子的环境风险;②该金属的可逆消耗速率;③综合考虑以上因素。各种常用的金属优先顺序排列情况如表 6-14 所示。其中环境风险的评价基于一系列不同的因素,可逆消耗速率可用来表征该金属将来可能的市场价格变化情况(Qi and Aldrich,2008)。在我国,镉污染问题十分突出,应受到高度重视。综合考虑环境风险和可逆消耗速率这两个因素,镉的回收具有较高的优先性。

表 6-14　重金属的相对优先性排序

相对优先性	环境风险	可逆消耗	综合因素
	Cd	Cd	Cd
	Pb	Pb	Pb
高	Hg	Hg	Hg
		Zn	Zn
	Cr	Al	Co
	Co	Co	Cu
中	Cu	Cu	Ni
	Ni	Ni	
	Zn		
	Al	Cr	Al
低	Fe	Fe	Cr
			Fe

6.2.5　解吸研究

选取硝酸、氯化钠、EDTA、纯水四种解吸剂对已吸附的吸附剂进行解吸实验。由图 6-31 可知,这四种解吸剂对 Cd^{2+} 具有不同程度的解吸效果,四种解吸剂对镉离子的解吸效果排列顺序为硝酸＞EDTA＞氯化钠＞纯水,其中纯水的解吸效果最差,解吸率只有 1％ 左右,说明吸附剂上依靠静电吸引力以及分子间范德华力等物理作用而吸附的 Cd^{2+} 极少。硝酸对 Cd^{2+} 的解吸效果最好,解吸率高达 91％,因此可用硝酸溶液对镉进行回收。

1. 浓度的影响

硝酸和氯化钠解吸剂的浓度分别取 0.05mol/L 和 0.1mol/L,由于 EDTA 溶解度较低,EDTA 的浓度为 0.2g/L 和 0.02g/L,它们在 25℃ 时对 Cd^{2+} 的解吸效果如图 6-30 所示,结果显示,NaCl 浓度的变化对 Cd^{2+} 的解吸效果影响不大,随着 EDTA 和 HNO_3 浓度的增加,其对 Cd^{2+} 的解吸效果有所提高,这是由于随着硝酸浓度的增加,溶液中 H^+ 浓度越高,对 Cd^{2+} 产生的竞争吸附效应越强;同样,EDTA 的浓度越高,其对 Cd^{2+} 的配位络合效果越好,因而解吸效果就越明显。

2. 温度的影响

选取的硝酸、氯化钠、EDTA、纯水中,除纯水及 EDTA 的浓度为 0.2g/L 外,其余两种解吸剂的浓度为 0.1mol/L,这四种解吸剂在 10℃、25℃ 和 40℃ 三个不同

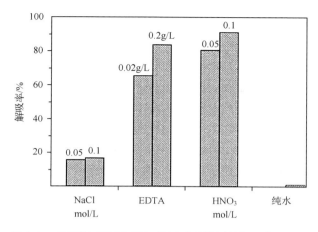

图 6-30　不同浓度下各种解吸剂对吸附剂的解吸作用影响

温度下对 Cd^{2+} 的解吸效果如图 6-31 所示。四种吸附剂的解吸效果受温度影响较小,其中 EDTA 和硝酸在低温与常温下的解吸率相差不大,当温度升至 40℃时解吸效果有明显的上升趋势。

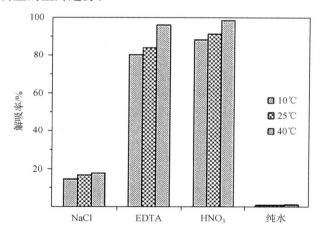

图 6-31　不同温度下各种解吸剂对吸附剂的解吸作用的影响

6.3　生物改性花生壳吸附剂与吸附研究

针对花生壳中木质素含量偏高的问题,木质素的存在会影响其内部的纤维素及半纤维素的降解,因此对其改性时,选用白腐真菌作为改性微生物,而以其分泌的漆酶作为改性的生物酶。此二者对木质素都有较好的降解作用。

6.3.1 白腐真菌改性

1. 白腐真菌的培养及计数

使用白腐真菌对花生壳进行改性之前,需对其进行活化培养。白腐真菌由华南农业大学理学院化学实验室提供。在实验过程中对白腐真菌的培养选择综合马铃薯固体培养基。在配制培养基时,首先称取 200g 马铃薯,加入 1000mL 水煮沸半小时,然后用纱布滤去薯渣,取滤液。在滤液中加入去离子水至 1000mL,再按表 6-15 中列出的质量加入其他物质,搅拌均匀后分装至 250mL 带棉塞的三角瓶中,放入 1.2MPa 大气压下的灭菌箱中灭菌 30min,待用。

表 6-15 综合马铃薯培养基具体配方

试剂名	固体培养基/g
马铃薯	200
KH_2PO_4	3
MSO_4	1.5
葡萄糖	20
琼脂	20
VB_1	0.01

将平板上的菌体转移至去离子水中,涡旋混匀。将菌悬液稀释至不同倍数,使用血球计数法对不同稀释倍数下所含的菌体数目进行统计。之后,将不同稀释倍数的菌悬液以去离子水作为空白参比,在 260nm 下进行分光测定,得到的菌体数目与吸光度值的比例,并进行拟合,可得到菌体浓度的计算公式。计算公式如下:

$$y = 2.65574x + 0.08381 \tag{6-39}$$

式中,y 为菌体数目;x 为吸光度。在进行后续正交试验时,需要控制菌体浓度。根据制备白腐真菌菌悬液时其生长情况,选择初始菌体浓度为 10^7,通过式(6-39)计算得到菌悬液相对应的吸光度值应为 1.53。

2. 白腐真菌改性花生壳的正交试验分析

选择微生物生长过程中会对其产生影响的因素,并根据白腐真菌的生长条件确定水平值,采用四因素三水平的正交表 $L_9(3^4)$(李云燕和胡传荣,2008)。因素和水平的具体数值见表 6-16,正交试验设计见表 6-17。试验时采用每毫升含 10^7 个菌体的菌液。

表 6-16　因素和水平的值

	反应温度(A)/℃	反应时间(B)/h	接种量(C)/%	固体：营养液(D)
1	25	3	2	1∶1
2	30	7	6	1∶2
3	35	12	10	1∶3

表 6-17　正交试验表

试验标号	影响因素			
	A	B	C	D
1	1	1	1	1
2	1	2	2	2
3	1	3	3	3
4	2	1	2	3
5	2	2	3	1
6	2	3	1	2
7	3	1	3	2
8	3	2	1	3
9	3	3	2	1

　　具体操作步骤为：以花生壳作为碳源，替代用于培养白腐真菌的稻草培养基中的稻草，沿用其中的营养液配方，组成固体培养基对白腐真菌进行培养，按照试验设计中选择的不同反应时间进行取样。取样时应加入 0.1mL 的叠氮化钠溶液和 30mL去离子水，在 150r/min 的摇床中振荡 1h，以抑制锥形瓶内白腐真菌的继续生长。之后将花生壳转移出来，使用 80℃ 的去离子水进行清洗，在清洗时将菌体从花生壳中分离，直至出水清澈为止。将清洗完全的改性材料置于 60℃ 下烘干备用。

　　按照选定的 $L_9(3^4)$ 的正交试验表进行试验。不同条件下改性得到的材料，其吸附效果通过进行吸附试验来验证，以材料对溶液中重金属的吸附率作为衡量标准。使用 0.1g 的材料对 35mL 原浓度为 7mg/L 的 Cd^{2+} 溶液进行吸附，试验结果及其直观分析如表 6-18 所示。

表 6-18　正交试验直观分析结果

试验标号	影响因素				吸附率/%
	A	B	C	D	
1	1	1	1	1	86.10
2	1	2	2	2	92.60
3	1	3	3	3	91.70
4	2	1	2	3	74.90

试验标号	影响因素				吸附率/%
	A	B	C	D	
5	2	2	3	1	65.80
6	2	3	1	2	65.80
7	3	1	3	2	73.70
8	3	2	1	3	74.80
9	3	3	2	1	62.30
K_1	270.4	234.7	226.7	214.2	
K_2	206.5	233.2	229.8	232.1	
K_3	210.8	219.8	241.4	241.4	
k_1	90.10	78.20	75.60	71.40	
k_2	68.80	77.70	76.60	77.40	
k_3	70.30	73.30	80.50	80.50	
极差 R	21.30	4.90	4.90	9.10	
因素主→次			$A\,D\,B\,C$		
优方案			$A_1B_1C_3D_3$		

直观分析是指通过计算各列的极差,由极差来反映因素对试验的影响。极差越大,说明该因素对试验结果影响越大。表 6-18 中是以去除率 100% 为基准,数据越接近基准值,材料的吸附效果越好。其中,K_1、K_2、K_3 是任一列上水平号为 $i(i=1,2,3)$ 时所对应的试验结果之和,而 k_1、k_2、k_3 则是任一列上所得试验结果的算术平均值。

从直观分析表中的结果可以看出,对改性过程影响较大的两个因素分别是温度和营养液的固液比。温度会影响微生物的活性,对白腐真菌在花生壳上的生长起到限制作用。而营养液与花生壳质量的固液比则是代表微生物生长所需营养元素与碳源之间的比,它会通过影响白腐真菌对养分的吸收来影响其生长过程。使用菌体直接改性花生壳,目的是借由白腐真菌在生长过程中分泌的酶类对花生壳中成分进行降解。白腐真菌可以直接将降解木质素和其他木质成分的酶类直接释放到材料的细胞腔中,导致材料腐烂,呈白色海绵状(杨雪薇,2008)。

通过对正交试验的结果进行直观分析,可以得到理论上最佳的改性方案,即 $A_1B_1C_3D_3$,温度为 25℃,反应时间为 3 天,接种菌的量为 10%,固态花生壳与营养液比例为 1∶3 的组合。对该组合下得到的材料及正交试验中改性效果最好的材料进行对比试验,试验中使用 50mL 原浓度为 54mg/L 的 Cd 溶液,试验结果如表 6-19 所示。由表中结果可知,理论分析得到的最佳组合 $A_1B_1C_3D_3$ 的改性效果并没有正交试验中 $A_1B_2C_2D_2$ 的改性效果好。这可能是由于在实际情况中,白腐真菌生长缓慢,在反应 3 天时,其生物量较反应 7 天时的少,未能对花生壳进行充分的改性。因此，在后续进行表征分析时，选用按照 $A_1B_2C_2D_2$ 条件改性得到的材料。

表 6-19　两种条件组合的对比试验结果

组别	吸附率/%	吸附量/(g/mg)
原壳	19.6	5.31
$A_1B_2C_2D_2$	22.9	6.21
$A_1B_1C_3D_3$	21.4	5.78

由于原溶液初始浓度偏低，正交试验得到的材料及原花生壳的吸附率均偏高，效果最好的可以达到 92.6%，因此进一步对正交试验中各个条件组合下所得材料的吸附量进行比较以观察改性前后的材料吸附效果。图 6-32 所示的结果表明，相对于未改性的花生壳，改性效果最好的组合 $A_1B_2C_2D_2$ 的吸附量提高了 15.7%。

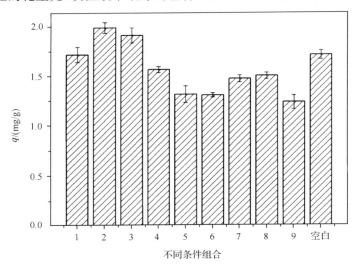

图 6-32　不同条件组合下材料的吸附量

6.3.2　漆酶改性

1. 改性基本条件的确定

酶溶液通常使用缓冲溶液进行稀释，也可以使用去离子水进行稀释，由于缓冲溶液本身对花生壳会存在化学改性的作用，因此有必要对两种稀释方式进行一个对比试验，以验证生物作用是否存在。

而在造纸行业的研究中，使用漆酶对纸浆进行改性的过程中一般都需要构建一个漆酶-介体的体系来进行催化改性（高千千和朱启忠，2009）。介体是一种反应引发剂,常用的有 ABTS、愈创木酚、丁香醇等。此处选择 abts 来构建漆酶-介体体系,与单纯使用漆酶进行改性进行对比试验。结果如图 6-33 所示。使用漆酶-介体体系进行改性或是直接使用两种不同稀释方式得到的酶液进行改性都会起到提高吸附率的作用。对这三种不同条件下所得材料的性能进行比较,可按照吸附率的大小排列为:选用缓冲溶液稀释＞用去离子水稀释＞漆酶-介体体系。

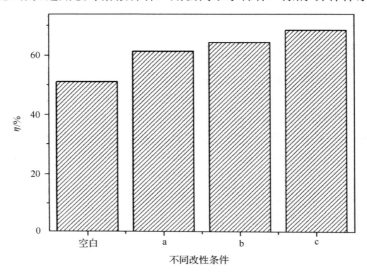

图 6-33　不同改性条件下的材料吸附率比较
a. 漆酶-介体体系改性;b. 去离子水稀释所得酶液改性;c. 缓冲溶液稀释所得酶液改性

　　使用去离子水稀释的漆酶溶液进行改性得到的材料对重金属的吸附率较原花生壳有提高,表明漆酶溶液对花生壳的改性效果是存在的,即存在生物改性作用。而使用缓冲溶液稀释得到的酶液对花生壳的改性效果会比使用去离子水稀释得到的酶液改性效果好,则是因为缓冲溶液对花生壳存在着化学改性作用。而直接使用去离子水稀释得到的酶液改性花生壳的效果优于漆酶-介体体系对花生壳的改性,这说明单独使用漆酶溶液也可以达到改性的效果,介体并不是必需的。因此,选择直接使用去离子水稀释的酶液对花生壳进行改性。后文中提到的漆酶溶液,皆指使用去离子水稀释得到的酶液。

　　在使用生物酶对花生壳进行改性的过程中,主要的影响因素是酶活。因此,需要选择一个确定的酶活值作为进一步优化改性条件的前提。对于原酶液,稀释不同倍数时的活度也是不同的。不同稀释倍数下的酶液对花生壳的改性效果如图 6-34 所示,其中空白指代未进行改性的花生壳。从图中可以看出,在将原酶液稀释 500 倍时,对花生壳的改性效果最好。因此,在后续的改性条件的摸索中,选择使用原酶液稀释 500 倍时的活度值。

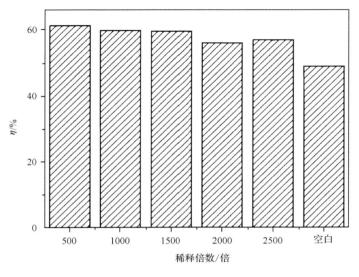

图 6-34　不同稀释倍数下改性效果对比

漆酶原酶液稀释 500 倍时的活度计算方法采用分光光度法，选择 ABTS 作为底物，测定酶对其的氧化速度。漆酶是单电子的氧化还原酶，可以催化氧化 ABTS，产生的阳离子自由基呈蓝绿色，在 420nm 处有最大吸收峰。因此，目前常以 ABTS 为底物对漆酶的活性进行定量分析，通常在 420nm 波长下测定 3min 内吸光度的变化（田林双，2009）。具体操作如下：取 1mL 去离子水，1mL 乙酸-乙酸钠缓冲溶液和 1mL ABTS 溶液的混合液为空白对照。取 1mL 用缓冲溶液稀释的漆酶液替代去离子水于比色皿中启动反应，每隔 30s 记录一次吸光值，记录反应前 3min 的数据。定义每分钟使 1μmol ABTS 转化所需的酶量为一个活力单位（1U）。漆酶活性计算公式如下：

$$U = \frac{\Delta A V \times 10^6}{36000tn} \tag{6-40}$$

式中，ΔA 为时间 t 内体系在 420nm 波长下的吸光度变化；V 为反应体系的体积（mL）；36000 为摩尔消光系数[L/(mol/cm)]；t 为反应时间（min）；n 为 ABTS 物质的量（mol）。

通过计算得到此时的酶活为 0.076U。酶活曲线如图 6-35 所示。

2. 改性基本条件的确定

确定改性时酶液的固定酶活之后，采用正交试验表 $L_{16}(4^5)$ 进行花生壳的改性试验，试验中因素及其水平设置见表 6-20。完成改性后，将花生壳用筛网收集，并使用 80℃的去离子水对其清洗，之后在 60℃下烘干备用。

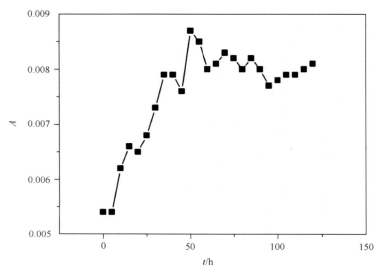

图 6-35　酶活测定时动力学曲线

表 6-20　因素和水平的值

No.	温度(A)/℃	pH(B)	时间(C)/h	材料用量(D)/g
1	30	4.5	24	0.5
2	35	5.0	48	1.0
3	40	5.5	120	1.5
4	45	6.0	336	2.0

依据漆酶的最适温度和 pH 选择条件,考虑会对反应产生影响的几种因素,设计如表 2-7 的因素水平表,并采用五因素四水平的正交表 $L_{16}(4^5)$(李云燕和胡传荣,2008)(表 6-21),寻求最佳改性条件。试验进行时采用酶活为 0.076U 的漆酶溶液。按正交试验改性花生壳,完成改性后,将花生壳用筛网收集,并使用 80℃ 的去离子水对其清洗,之后在 60℃ 下烘干备用,供后续验证试验使用。

表 6-21　$L_{16}(4^5)$ 正交试验表

试验标号	影响因素				
	A	B	C	D	E
1	1	1	1	1	1
2	1	2	2	2	2
3	1	3	3	3	3
4	1	4	4	4	4
5	2	1	2	3	4

试验标号	影响因素				
	A	B	C	D	E
6	2	2	1	4	3
7	2	3	4	1	2
8	2	4	3	2	1
9	3	1	3	4	2
10	3	2	4	3	1
11	3	3	1	2	4
12	3	4	2	1	3
13	4	1	4	2	3
14	4	2	3	1	4
15	4	3	2	4	1
16	4	4	1	3	2

在对正交试验的结果进行分析时,选择吸附率作为衡量材料改性效果的标准。使用 0.1g 材料对 35mL 原浓度为 41mg/L 的 Cd^{2+} 溶液进行吸附,得到的试验结果及其直观分析如表 6-22 所示。

表 6-22　正交试验直观分析结果

试验标号	影响因素					吸附率/%
	A	B	C	D	E	
1	1	1	1	1	1	63.6
2	1	2	2	2	2	73.6
3	1	3	3	3	3	76.7
4	1	4	4	4	4	73.5
5	2	1	2	3	4	65.3
6	2	2	1	4	3	60.0
7	2	3	4	1	2	59.5
8	2	4	3	2	1	64.0
9	3	1	3	4	2	54.2
10	3	2	4	3	1	51.2
11	3	3	1	2	4	53.8
12	3	4	2	1	3	48.3
13	4	1	4	2	3	49.9
14	4	2	3	1	4	52.4
15	4	3	2	4	1	45.7

试验标号	影响因素					吸附率/%
	A	B	C	D	E	
16	4	4	1	3	2	35.8
K_1	287.40	233.00	213.20	223.80	224.50	
K_2	248.80	237.20	232.90	241.30	223.10	
K_3	207.50	235.70	247.30	229.00	234.90	
K_4	183.80	221.60	234.10	233.40	245.00	
k_1	71.850	58.250	53.300	55.950	56.125	
k_2	62.200	59.300	58.225	60.325	55.775	
k_3	51.875	58.925	61.825	57.250	58.725	
k_4	45.950	55.400	58.525	58.350	61.250	
极差 R	25.900	3.9000	8.5250	4.3750	5.4750	
因素主→次			$ACDB$			
优方案			$A_1B_2C_3D_2$			

　　采用直观分析,其中 K_1、K_2、K_3、K_4 是任一列上水平号为 $i(i=1,2,3)$ 时所对应的试验结果之和,而 k_1、k_2、k_3、k_4 则是任一列上所得试验结果的算术平均值。

　　从正交试验的直观分析结果可以看出,对于改性过程中影响较大的两个因素是温度和反应时间。酶是生物大分子物质,其活性受温度的影响。即使初始酶活相同,在不同温度下,其活性也会发生变化,继而影响到反应的进行。从正交试验结果上来看,改性过程中的温度越高,改性后材料对 Cd^{2+} 的吸附率越低。在 40℃ 及 45℃ 下进行改性得到的材料,对 Cd^{2+} 的吸附率都低于原花生壳。这可能是由于漆酶本身的活性随着温度的升高而降低,其对花生壳的降解能力也降低,即改性过程最适的反应温度在 30℃,在 30℃ 时其对花生壳的降解能力较强。虽然花生壳属于纤维素类物质,但花生壳中木质素含量较高,分子量比较低,而且集中分布在 $10^3 \sim 10^4$ (孙丰文等,2008)。因此漆酶对花生壳中木质素的降解情况成为决定改性后材料吸附性能的因素,而反应时间则会影响这一生化反应的进行程度。漆酶的最适 pH 在 3.5~7.0(张力等,2009),因此在正交试验中所选择的 pH 的水平值对漆酶的酶活影响不大,从而对材料的改性过程并没有造成显著影响。通过对正交试验的结果进行直观分析,得到的最优改性方案是 $A_1B_2C_3D_2$,即在温度为 30℃、pH 为 5、花生壳质量为 1g 的条件下反应 5 天。

　　而从已有的试验组合的结果来看,编号为 3 的条件组合 $A_1B_3C_3D_3$ 对于吸附去除率的提高较为明显,即在 30℃、pH=5.5、反应时间为 5 天时,对 1.5g 的花生壳改性效果最佳。$A_1B_3C_3D_3$ 与 $A_1B_2C_3D_2$ 在 pH 和底物质量这两个因素上选择的水平值是不同的,因此,有必要将 $A_1B_3C_3D_3$ 与 $A_1B_2C_3D_2$ 单独进行吸附效果的对比以确定改性的最优条件。在这两种条件组合下改性得到的材料进行吸附验证试验,取 0.1g 改性得到的材料对 50mL 原浓度为 54mg/L 的 Cd^{2+} 溶液进行吸附,得到的结果如图 6-36 所示。

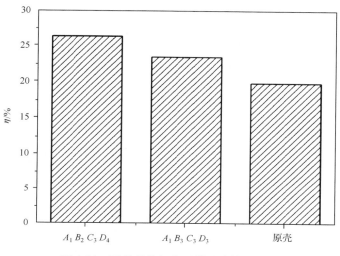

图 6-36　两种条件组合吸附试验结果对比

　　从验证试验的结果可以得到,对花生壳改性的最佳条件组合是通过直观分析得到的 $A_1B_2C_3D_2$。在此条件下改性得到的材料,对溶液中 Cd^{2+} 的吸附量达到 7mg/g,比原花生壳提高了 32%。

　　从正交试验的结果可以看出,与原花生壳相比,改性后的材料中有些对重金属 Cd 元素的吸附效果得到了提高,另一些却出现了降低的情况。之所以会出现这种现象是因为微生物漆酶对木质素具有强化降解的作用,也存在聚合作用(耿兴莲等,1999),但对其降解反应进程的控制并不明显,在某些因素影响下又会使部分降解的木质素重新聚合。在不同条件组合下,漆酶对花生壳中木质素的降解程度是不一样的,漆酶对花生壳中木质素的降解程度不够或者转化为对木质素的合成过程,都会造成其中起到吸附重金属作用的活性基团的量的减少,从而降低其吸附去除率。

　　白腐真菌改性最佳条件的验证试验与漆酶改性最佳条件的验证试验选用了同样的试验条件,因此可以将二者各自的改性最佳条件组合所得材料的吸附效果进行对比。从表 6-22 中数据及图 6-36 所示的值可以看出,漆酶最佳改性条件所得材料的吸附效果是优于白腐真菌最佳改性组合所得材料的。

6.3.3　表征分析

1. 红外光谱分析

从图 6-37 中可以看出,801cm^{-1}、3419cm^{-1}处白腐真菌改性后材料与原花生壳相比,出现了较明显的峰,而在2187cm^{-1}处,原花生壳本来有的峰在改性后消失了。图中,3419cm^{-1}的强烈吸收峰是由纤维素中羟基的伸缩振动引起的,吸收峰2921cm^{-1}、1377cm^{-1}、1055cm^{-1}和899cm^{-1}则是纤维素本身的特征吸收峰(Liu et al. ,2006b),801cm^{-1}处的变化可能是由于改性后花生壳结构中的芳环上的C—H发生了面外弯曲振动,3419cm^{-1}处出现的峰则有可能是改性后材料—OH的活性较改性前增强,2187cm^{-1}的峰消失则有可能是材料中的C≡C发生断裂。红外的结果表明改性的过程中活性基团—OH得到释放,芳环和不饱和碳键更多地被破坏。

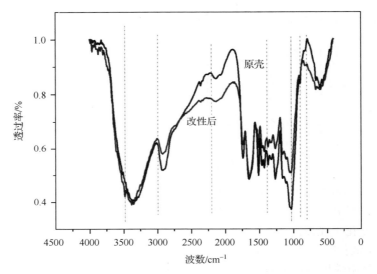

图6-37　白腐真菌改性前后材料的红外谱图

将改性前的花生壳和漆酶改性后花生壳分别进行FT-IR表征。表征结果如图6-38所示。从图中可以看出,899cm^{-1}、1737cm^{-1}、3687cm^{-1}均发生了变化,与原壳相比,改性后的材料在前两个波长处的峰消失了,而在第三个波长处则出现了一个峰。同白腐真菌改性后材料的表征一样,图中3419cm^{-1}的强烈吸收峰是由纤维素中羟基的伸缩振动引起的,而吸收峰2921cm^{-1}、1377cm^{-1}、1055cm^{-1}和899cm^{-1}则是纤维素本身的特征吸收峰(Liu et al. ,2006b),899cm^{-1}处的变化可能是由于改性后花生壳中的纤维素及糖类环振动消失(卢松,2010)。1737cm^{-1}处的变化则可能由于酯类基团的消失,酯类的结构遭到破坏,其中不饱和的C═O键被破坏,成为—COOH,而3687cm^{-1}处出现的峰则有可能是改性后出现了自由—OH,其发生伸缩振动出现的峰。红外的结果表明漆酶在改性过程中确实起到了氧化花生壳中部分基团的作用,使木质素中的酯类结构断裂,自由羟基得到暴露,进而通过部分降解了表面木质素从而接触到内部的纤维素,使纤维素部分发生变化。

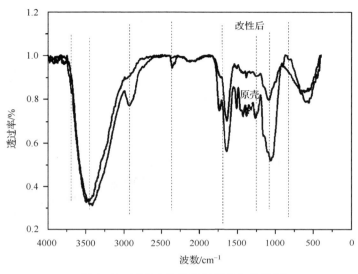

图 6-38　漆酶改性前后材料的红外谱图

2. X 射线衍射分析

两种改性材料及原花生壳的 XRD 表征结果如图 6-39 所示。其中结晶区可由 X 射线结晶指数表示,计算公式如下(Segal et al., 1959):

$$X 射线结晶指数 = \frac{I_1 - I_2}{I_2} \tag{6-41}$$

式中,I_1 代指图中的高峰处的峰强度;而 I_2 代指图中两峰之间的谷值。

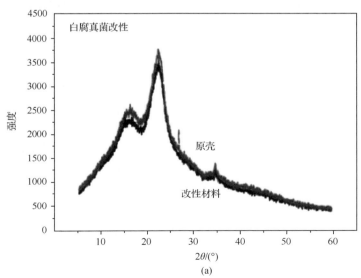

(a)

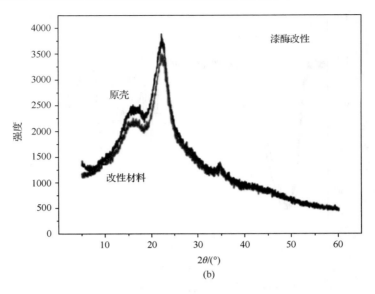

(b)

图 6-39　改性花生壳前后 XRD 表征

左图和右图中的 I_1 和 I_2 所指代的峰强度、谷值位置相同,分别是 $2\theta = 22.3°$ 和 $18.6°$ 处。通过计算得白腐真菌改性时的原材料和改性后材料的结晶指数分别为 0.4099 和 0.4098,漆酶改性时的原材料和改性后材料的结晶指数分别为 0.3783 和 0.3782,即无论是白腐真菌改性还是漆酶改性,均使材料的结晶度有所降低。两图图谱相似说明生物改性作用并没有改变材料本来的晶型结构,只是破坏了花生壳外层表面木质素本来致密的结构,增加了其本身的不规则性,使更多的活性基团能够暴露出来,这有利于重金属元素通过离子交换的形式被花生壳吸附。这一结果可由 SEM 表征得到的结果证明。

3. 扫描电镜分析

改性前花生壳的表面呈片状排列,虽然表面并不光滑,但无明显破碎;而改性后的材料表面仍呈现片状结构,但片状结构破碎成小块,表面粗糙度增加(图 6-40)。这也和 XRD 所得结果相吻合,其表面在微生物的改性作用下致密结构遭到了破坏。

在改性前后材料在同样放大 5000 倍下的表面照片对比中(图 6-41),改性材料的表面致密性比原材料差,虽然同样还是片状结构,但右图中的片状结构破碎较明显,较原材料的表面更为粗糙,在改性材料的片状表面出现明显的孔隙,使得内层的纤维素得以暴露,与漆酶溶液接触,这也是红外图谱中纤维素部分出现了变化的佐证。SEM 图片的对比说明改性后材料表层的木质素的结构被部分破坏,这印证了漆酶在花生壳改性过程中发挥着木质素降解作用,在这一过程中,更多对重金属吸附有利的活性基团得以暴露出来,使材料的吸附性能得到提高。

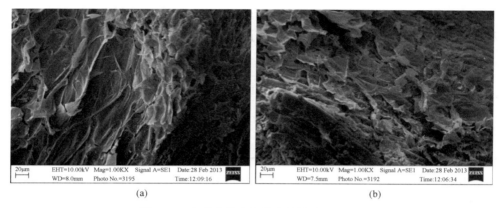

图 6-40　白腐真菌改性花生壳前后 SEM 图
(a)改性前花生壳;(b)改性后花生壳

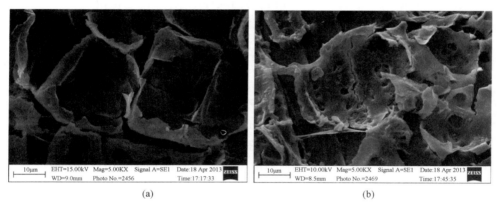

图 6-41　漆酶改性花生壳前后 SEM 图
(a)改性前花生壳;(b)改性后花生壳

对比两种改性方法,尽管通过计算得到的 X 射线结晶指数的减少量相同,但二者仍旧存在着区别。漆酶对花生壳的改性作用更深入,可以使其中的纤维素得到暴露,表面的孔隙也会增加,然而白腐真菌改性的花生壳则只是表面的破碎度增加。这和白腐真菌对材料的降解机制相关,其对木质素的降解活动只出现在其所需营养物质受到限制时,这种营养限制被称为木质素降解条件(David,1994)。而在改性过程中,营养物质随着菌体的生长被消耗,因而这种营养限制在改性过程的后期才会出现,即改性时间变长,木质素的降解会增多,这与正交试验中 25℃ 条件下的三组试验结果相符,反应 7 天和 9 天的两组改性材料的效果相对较好。但影响改性过程的因素并不单一,时间不是唯一控制因素,因此,改性 9 天的效果并没有改性 7 天的好。

FTIR、XRD、SEM 几种表征手段,表明两种生物改性的手段均对花生壳起到了改性作用,对其表面的木质素和内部的纤维素都有不同程度的影响。因此,对两种改性后材料分别使用 Van Soest 法进行组分测定(表 6-23)。

表 6-23　改性前后花生壳的主要成分　　　　(单位:%)

材料	纤维素	半纤维素	木质素	脂类物质
原花生壳	6.54	37.69	23.65	8.75
白腐真菌改性花生壳	4.41	42.08	18.93	3.69
漆酶改性花生壳	2.56	45.57	17.43	3.25

　　相比于原花生壳的各组分含量,纤维素和木质素的含量均有下降,而脂类物质也减少了,说明木质素和纤维素确实在改性过程中得到了降解,更多的活性基团得到暴露,与之前的表征可互为佐证,这也是改性材料的吸附效果较未改性时得到提高的原因。而漆酶改性的效果要比白腐真菌改性的效果好,这是由于单一酶类在对底物作用时更为充分,而白腐真菌在改性过程中会受到生长范围不均匀等影响,且只能对粉碎后暴露出的纤维素部分进行作用,相对较难进入花生壳颗粒内部进行降解。

　　4. 微生物改性过程中酶活变化情况

　　在两种改性方法中,漆酶改性的过程选择了固定活度的方式进行改性,而在白腐真菌改性花生壳的过程中,白腐真菌是在不断生长的。因此,需要对白腐真菌在改性过程中分泌的酶类进行相关的酶活测定,以了解白腐真菌起到改性作用的过程。

　　由表 6-24 中的数据可知,在白腐真菌生长的过程中,FPA 滤纸酶、纤维二糖水解酶的酶活在反应初期会逐渐升高,在反应的后期又逐渐降低;纤维素内切酶在反应的中期存在酶活,而半纤维素酶在整个反应时期均存在酶活,但在反应初期和反应后期的酶活较高。而 Lip 和 Lac 两种酶则是随着反应的进行酶活逐渐升高。

表 6-24　白腐真菌改性过程中各种酶活变化

酶类名称	反应时间			
	2 天	4 天	6 天	8 天
FPA 滤纸酶	0.2780	2.7244	4.1144	—
纤维二糖水解酶	2.4835	3.8549	3.2619	2.3476
纤维素内切酶	—	0.0120	0.1480	—
半纤维素酶	2.0831	0.9415	0.1038	1.7866
Lip(木质素过氧化物酶)	3.6×10^{-4}	3.9×10^{-4}	1.76×10^{-3}	1.97×10^{-3}
Lac(漆酶)	3.34×10^{-3}	3.34×10^{-3}	5.56×10^{-3}	6.67×10^{-3}

注:前四种酶活的单位均为 U/g(干物质),Lip 酶的酶活单位为 U/mL,Lac 酶的酶活单位为 U/mL。

　　白腐真菌在生长过程中会分泌这些酶在外部对材料进行作用,破坏表面物质之后才能进入材料的内部对纤维素及半纤维素进行分解,而降解表面木质素的酶类(Lip 和 Lac)则在白腐真菌生长中营养物质受到限制时才会受到激发,因此会出现 Lip 和 Lac 的酶活在反应后期活度升高的现象。Lip 酶的存在会对木质素中的芳环结构产生影响,这也与红外图谱中芳环结构的振动峰出现变化相对应(中野准三,1998)。

6.3.4　吸附研究

　　以上对使用白腐真菌及漆酶改性花生壳的最优条件进行了筛选,并对改性后的材料进行了表征分析,对比之下,漆酶改性材料性能优于白腐真菌改性材料。因而,针对漆酶改性后的花生壳,对其进行吸附方面性能的探讨。

　　1. 投加量的影响

　　吸附剂的投加量是很重要的一个参数,它可以考察吸附材料在吸附质浓度一定时的吸附能力。对 50mL 初始浓度为 54mg/L 的 Cd^{2+} 溶液进行吸附(表 6-25),不同投加量时的实验数据表明:随着吸附剂用量的增加,对固定浓度的 Cd^{2+} 溶液的吸附率也不断增加,改性材料的吸附率由 13.45％增至 82.12％,而原花生壳的吸附率则由 10.40％增加到 73.25％。但是单位吸附量却是随着吸附剂用量的增加不断减少的,改性材料在投加量为 0.05g 时,其吸附量为 7.22mg/g,而当投加量增加至 0.75g 时,吸附量减少到了 2.95mg/g。原花生壳的变化趋势也和改性材料的相同,从 5.61mg/g 减少到了 2.63mg/g。这是由于在吸附剂增加的同时,可供吸附 Cd^{2+} 的活性位点增多,可以从溶液中吸附更多的 Cd^{2+},因而随着吸附剂投加量的增大,对 Cd^{2+} 的吸附率会不断升高(Ho and Ofomaja,2006)。然而,当吸附剂的量增大到一定值时,相对于现有的溶液中 Cd^{2+} 的含量来说,会达到吸附饱和,因而多出的吸附剂中的吸附位点被空出。在计算吸附量时,所使用的基数是全部投加的吸附剂质量,因此单位质量上吸附 Cd^{2+} 的量就会随着吸附剂质量的增加而减少。综合考虑材料改性的条件及在吸附反应中不同投加量对吸附率的影响,在之后的实验中选取 0.1g 作为投加的吸附剂质量。

表 6-25　不同投加量时吸附效果对比

材料	投加量/g	吸附率/%	吸附量/(mg/g)
改性材料	0.05	13.45	7.22
	0.1	22.01	5.92
	0.2	29.60	3.98
	0.5	63.49	3.42
	0.75	82.12	2.95

续表

材料	投加量/g	吸附率/%	吸附量/(mg/g)
	0.05	10.40	5.61
	0.1	16.42	4.41
原花生壳	0.2	27.64	3.72
	0.5	58.22	3.14
	0.75	73.25	2.63

2. 初始离子浓度的影响

在室温下,用 0.1g 吸附材料分别对 50mL Cd^{2+} 浓度为 20mg/L、50mg/L、100mg/L、150mg/L、200mg/L 的溶液进行吸附实验(图 6-42)。随着溶液初始浓度的提高,材料对溶液中的重金属离子的吸附量也是逐渐增大的。这是由于材料在达到饱和吸附之前,会存在多余的吸附位点,而在固定材料用量时,随着溶液中重金属离子浓度的增加,材料表面的吸附位点不断被占用,其吸附量即呈持续增加状态。而达到吸附饱和之后,再增加溶液中重金属离子浓度,其吸附量也不会发生明显变化。如图所示,无论是原壳还是改性后材料,在溶液初始浓度超过 50mg/L 之后,其吸附量仍旧在增大。但趋势十分平缓,说明在初始浓度为 50mg/L 时,对于固定材料用量的吸附反应来说,其基本达到吸附饱和。而 Cd^{2+} 的去除率则随初始浓度的升高而不断下降,在 20mg/L 时,改性后材料的去除率达到 70.5%。该实验条件下的材料投加量为 2g/L,反应时间为 24h。在已有文献中,盐酸改性椰

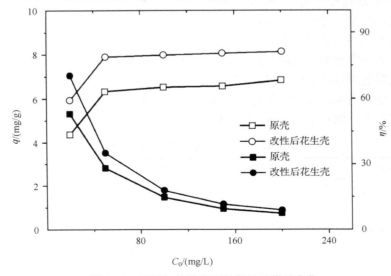

图 6-42　不同初始浓度下材料的吸附量变化

干肉吸附剂在反应 2h 时投加量需达到 30g/L,且吸附量仅为 4.92mg/g(Ho and Ofomaja.,2006);在同等投加量下,硝酸改性玉米芯可达到 19.3mg/g 的吸附量,但反应时间则需要 5 天(Leyva-Ramos et al.,2005)。这两组化学改性材料与生物改性材料的吸附效果对比后,可知制备出的吸附材料具有较好的实用价值。由于在投加量为 0.1g,溶液初始浓度达到 50mg/L 时达到吸附饱和,因而在后续实验中,均以理论值 50mg/L 作为吸附实验用 Cd^{2+} 溶液的初始浓度。

3. pH 影响

由于在 pH 呈碱性时,Cd^{2+} 易形成 $Cd(OH)_2$ 沉淀从溶液中析出,因而实验选择的 pH 均在酸性范围内。实验选择 50mL 浓度为 58.7mg/L 的 Cd^{2+} 溶液。从图 6-43 中可以看出,随着 pH 的上升,改性材料对 Cd^{2+} 的吸附率呈上升状态,在 pH 由 2 升至 4 的阶段中上升速率较快,而在 pH 在 4~6 的范围内的上升速率出现减慢,并在 pH=5~6 时,基本保持了平稳状态。而原壳在 pH=2~4 时,同改性材料一样呈现吸附率快速上升的状态,在 pH=4~6 时同样出现吸附率的上升减缓,但并没有在 pH 为 5~6 时出现平衡。这是由于在 pH 偏低的时候,溶液中游离 H^+ 较多,会和 Cd^{2+} 发生竞争吸附,抑制了吸附剂对目标离子 Cd^{2+} 的吸附,而随着 pH 的升高,H^+ 的量逐渐减少,这种竞争作用减弱,吸附剂对 Cd^{2+} 的吸附率上升较快(林春华,2008)。而在 pH 升高之后,这种影响得到减弱,Cd^{2+} 得以更多地吸附到吸附剂的活性位点上。由图中数据可知,在 pH 为 6 时,无论是原壳还是改性材料,其吸附效果均为最好,在实验条件下,吸附量分别达到 6.62mg/g 和 8.17mg/g。

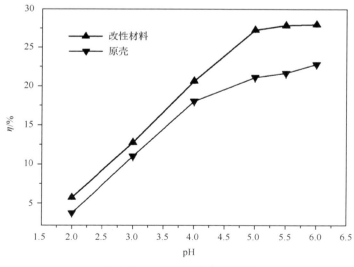

图 6-43 pH 对吸附率的影响

4. 吸附动力学

改性材料对 Cd^{2+} 的吸附反应选择的是 50mL 浓度为 47mg/L 的 Cd 溶液。从图 6-44 中可以看出,改性后花生壳和原花生壳对重金属的吸附的时间变化是大致相同的,都是在反应 2h 就趋近平衡,12h 后基本达到吸附平衡。可以将其划分为三个阶段:①反应开始的 2h 中变化较快,吸附率增加明显;②2~12h 时反应速度相对降低,但仍处于吸附率增加的状态;③12h 之后,在该吸附实验条件下,反应已经达到平衡。这说明改性后的材料能够较快地达到吸附平衡,同时保持对 Cd^{2+} 的良好的吸附能力。在这三个阶段中,①是外部扩散的过程。溶液中重金属离子由于浓度差而向材料表面扩散,因为改性后材料表面破碎程度增加,其表面存在的活性位点较多,因而这一阶段中的吸附速率很快,吸附率的变化在两个小时内十分明显。②重金属离子开始向材料内部扩散,通过 SEM 图中反映出的孔隙结构进入材料的内部,与内部木质素及纤维素中的活性基团发生离子交换作用,因而在第二阶段中吸附速率减缓,吸附率的增加量也较第一阶段中降低。而在③中,吸附达到平衡,表明重金属离子在材料的表面并没有发生进一步的化学反应或是物理性的多层吸附。

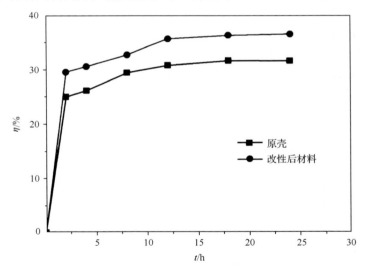

图 6-44　吸附实验时间变化曲线

对材料的吸附过程按颗粒内扩散模型、准一级动力学模型、准二级动力学模型三种模型进行拟合,结果如表 6-26,由表中的相关系数可看出,即对该改性材料的吸附过程的拟合更适宜使用准二级动力学方程。在使用颗粒内扩散模型对实验结果进行模拟时,三种浓度条件下的拟合方程中的截距均不为 0,即均不通过原点,这说明在吸附过程的三个阶段中,内扩散的过程并不是主要的控速过程。材料在第一阶段中吸附速率最快,这说明材料的吸附过程中外扩散阶段起着不可或缺的作用,主要依靠颗粒外表面提供的活性位点对 Cd^{2+} 进行吸附,这与在第 3 章中对材料进行表征得到的结果一致。

表 6-26　改性花生壳吸附 Cd^{2+} 的动力学模型拟合参数

浓度/(mg/L)	粒内扩散模型		准一级动力学模型		准二级动力学模型		
	k_{id} $[mg/(g \cdot min)^{0.5}]$	R^2	$k_1/$ min^{-1}	R^2	$q_e/$ (mg/g)	$k_2/$ $[mg/(g \cdot min)]$	R^2
20	0.01964	0.8037	0.00193	0.8203	5.24137	0.00945	0.9998
50	0.06510	0.9017	0.00367	0.9346	8.81135	0.00235	0.9990
100	0.06526	0.8453	0.00267	0.8775	9.42329	0.00239	0.9991

5. 吸附等温线

对材料在不同温度下的吸附情况进行吸附实验,结果如图 6-45 所示。由图中结果可知随着初始浓度的增大,材料的吸附量也是不断增大的,在初始浓度超过 50mg/L 之后,其增势十分平缓。而在三个不同温度下,材料的吸附量有明显变化,在 15℃时材料的吸附量最小,而材料在 25℃时的吸附量最大。这说明温度对材料的吸附过程是有影响的。一般认为,吸附剂的络合反应分两步:酚羟基先离解成氧负离子,再与金属离子配位(Pearson,1973)。温度升高,酚羟基的解离常数变大,有利于吸附剂与 Cd^{2+} 的络合反应的进行;而随着温度的升高,相应的配合物的稳定常数会降低,不利于络合物的稳定存在。由图可知,在室温条件下,材料的吸附效果较好。使用 Langmuir 和 Freundlich 等温式对材料在不同温度下的吸附

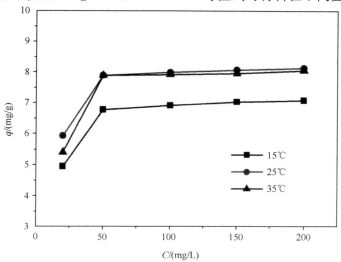

图 6-45　不同温度下改性花生壳对 Cd^{2+} 的吸附曲线

情况进行拟合,结果如表 6-27 所示。由表中数据可以看出,使用 Langmuir 模型拟合的相关系数均在 0.99 左右,与 Freundlich 模型的拟合结果相比,更能反映实际的吸附情况。通过拟合计算得到的饱和吸附量与实验中得到的最大吸附量的值较为接近,表明该改性材料的吸附过程是单层吸附,这与动力学三个阶段中的第三阶段吸附速率增势平缓的推理相符合,即在材料表面未发生多层吸附或是进一步的化学反应。而由 Freundlich 理论可知,k_F 代表着吸附剂的单位吸附能力,而 $1/n$ 表示吸附剂的吸附强度。其中 n 值越大,吸附性能越好,当 $1/n$ 在 0.1~0.5 时,吸附容易进行,而当 $1/n > 2$ 时,吸附很难进行。本实验中 $1/n$ 均在 0.1~0.2,因此该改性材料的吸附容易进行。

表 6-27 改性花生壳吸附 Cd^{2+} 的吸附等温方程拟合参数

温度/K	Langmuir 模型			Freundlich 模型		
	$q_m/(mg/g)$	$b/(L/mg)$	R^2	$k_F/(mg/g)$	$1/n$	R^2
288	7.3546	0.1416	0.9990	3.4289	0.1462	0.7080
298	8.3794	0.1749	0.9991	4.3396	0.1268	0.6735
308	8.3598	0.1421	0.9978	3.6816	0.1586	0.6265

6. 吸附机理研究

1) pH 变化

在探讨 pH 对吸附效果的影响时,同时测定了反应后各溶液的 pH,如表 6-28 所示。由表中数据可知,在 pH=4~6 时,吸附反应结束后,pH 都发生了明显的下降,这表示溶液中的 H^+ 增多了。而 pH=2 和 3 时,反应后的 pH 却是上升的,说明溶液中的 H^+ 量有减少。这和之前讨论的 pH 对吸附过程的影响是相互印证的。溶液中 H^+ 的含量过多时,会与 Cd^{2+} 发生竞争吸附,因而在低 pH 时,H^+ 优先占用了材料表面的吸附位点。而 pH 升高之后,溶液中的 Cd^{2+} 与材料上的吸附位点结合,置换出 H^+,因而在初始 pH 升高之后,反应后的 pH 反而会下降。这说明材料的吸附主要是材料中的 H^+ 与溶液中 Cd^{2+} 的离子交换作用。

表 6-28 反应前后 pH 变化

pH 设定值	反应前 pH 测定值	反应后 pH 测定值
2	2.01	2.29
3	3.02	3.17
4	4.02	3.70
5	4.99	3.59
5.5	5.53	3.83
6	6.01	3.74

2）反应前后的能谱变化

吸附反应前后的能谱图如图 6-46 所示。由图可知,反应后的材料中出现了 Cd^{2+},并未出现其他的阳离子的峰,因而可以推测,材料对 Cd^{2+} 的吸附并不存在阳离子与 Cd^{2+} 的离子交换作用。

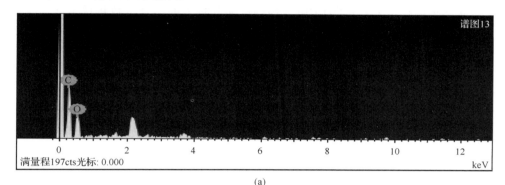

图 6-46　吸附反应前后能谱图

(a)反应前;(b)反应后

3）酸碱理论分析

应用软硬酸碱(soft hard acid base,SHAB)规则,材料中的—COO$^-$属于硬碱,H$^+$属于硬酸,因此—COOH 较为稳定,OH—也属于硬碱类,而 Cd^{2+} 为软酸,因而在吸附过程中 Cd^{2+} 与 H$^+$ 的交换作用是不稳定的,使用解吸剂时 Cd^{2+} 易再次从材料的表面逃逸。

6.3.5　解吸研究

材料使用后是否能稳定地保持对重金属的吸附,以避免其从材料表面等重新进入环境中,或者其是否易于解吸以便再次利用,是使用材料时必须要考虑的问题。而要了解这些问题就需要对其解吸情况进行了解。解吸剂的种类大致分为四种:纯水、盐类、强酸和络合剂。

使用纯水解吸依靠其浓度差的扩散,使材料表面的重金属离子脱离,扩散到纯水中;而使用盐类解吸依靠阳离子间的离子交换作用,置换材料中的重金属离子;酸类解吸剂则主要通过引入了大量 H^+ 与重金属离子竞争材料上的吸附位点,将重金属离子解吸出来;络合剂类解吸剂则依靠其较大的络合常数将重金属离子从材料中解吸出来。由于纯水的洗脱方式单一,效果较弱,因此在本实验中,选择后三种解吸剂中的常见物质进行解吸实验,分别选用的是 NaCl、HNO_3、EDTA。

1. 浓度的影响

NaCl 和 HNO_3 选择的浓度为 0.02mol/L 和 0.2mol/L,EDTA 的浓度则选择的是 0.1mol/L 及 0.01mol/L。室温条件下的解吸实验结果如图 6-47 所示。从图可知,对吸附后材料解吸效果最好的是 HNO_3。三种解吸剂对材料的解吸率为 HNO_3>EDTA>NaCl。而增加解吸剂的浓度,其解吸效果也随之提高。而对于 HNO_3 来说,改变其浓度对解吸效果的影响相对另外两种解吸剂来讲较小。这可能是由于除了增加溶液中 H^+ 浓度与 Cd^{2+} 产生竞争吸附效应之外,HNO_3 还破坏了材料的表面,使其粗糙的表面结构变得平滑,失去吸附 Cd^{2+} 的能力。

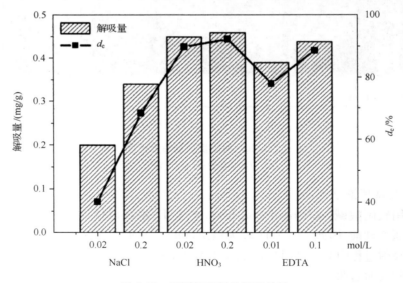

图 6-47　不同解吸剂的解吸效果

2. 温度的影响

考虑到实际环境的温度变化较大,而温度不可避免会对解吸过程产生影响,因此需要进行温度对解吸过程的影响的实验。选择的温度是在实际环境中常见的冬季低温 10℃、夏季高温 40℃以及室温 25℃,以考察实际情况中解吸剂的解吸效果。结果如图 6-48 所示,NaCl 对吸附剂的解吸效果是随着温度的升高而升高的,而 HNO₃ 和 EDTA 则是在 25℃时解吸效果最好,而低温时解吸效果最差。在一定范围内温度的升高会使解吸率增加,这和酸类解吸剂及络合剂类解吸剂的解吸机理有关。随着温度的升高,酸类解吸剂解离常数会增大,能更好地与 Cd^{2+} 竞争吸附位点,而对于络合剂来讲,温度升高也利于其对 Cd^{2+} 的解吸。

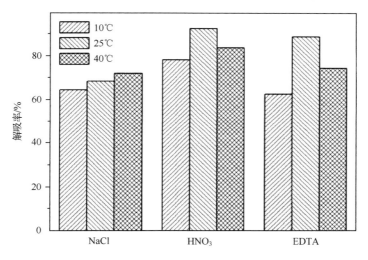

图 6-48　不同温度下各种解吸剂对吸附剂的解吸作用的影响

3. 重复使用性能

使用 0.1g 的改性材料对 50mg/L 的溶液进行吸附。完成吸附反应之后,使用 0.2mol/L 的 HNO₃ 溶液在室温下对吸附后材料进行解吸。再使用解吸后的材料进行吸附—解吸—再吸附的反应过程。其后两次吸附实验的实验结果如图 6-49 所示。从图中结果可以看出,经过解吸的改性材料仍然具有对重金属 Cd 的吸附能力,在二次解吸之后,其吸附能力为一次解吸后的材料吸附能力的 66%。这一项结果说明吸附过程中材料表面的 H^+ 与 Cd^{2+} 发生了离子交换,而解吸过程中 Cd^{2+} 重新被置换了出来,空余出的活性位点在新一轮的吸附实验中仍可以与 Cd^{2+} 发生离子交换。然而,在解吸过程中,HNO₃ 对吸附剂表面的一些结构造成了破坏,因此,材料经解吸再生后,其吸附能力下降。从解吸实验的结果可以看出,改性材料具有一定的稳定性和可再生性,其在解吸剂的作用下会出现 Cd^{2+} 的大量解吸,可使用解吸剂对 Cd^{2+} 进行回收。

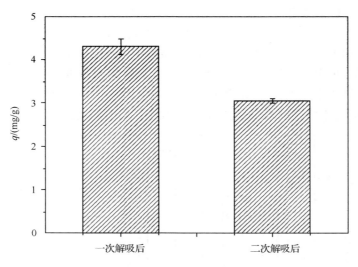

图 6-49　解吸后材料的再生实验

第7章　矿区重金属污染源头控制工程示范

江西省定南县东江源区的产业结构以畜牧业、果业和矿业为主,而过去的粗放式经济发展方式,造成了矿山的过度开采。简单的开采方式造成了大量尾矿堆积,而尾矿中仍残余大量重金属元素。经过长期雨水的冲刷,尾矿中的重金属会释放进入矿区的地表水体,并最终汇入东江,造成水体的重金属污染。为了保护东江源头区水质,迫切需要开发矿区污染综合控制的相关技术,从源头控制矿区尾矿库的重金属污染。因此,我们以保护东江源头区自然环境、满足高功能水质要求为总体目标,针对东江源区典型钨矿造成的污染问题,研究矿区重金属污染的源头控制技术,形成了东江源矿区污染综合控制的技术体系。该技术体系包括生物质吸附剂去除重金属的技术。

7.1　重金属吸附去除技术路线

虽然对尾矿进行了有效的钝化处理,但是仍无法完全避免重金属元素渗出进入水体环境中,因此,必须先在尾矿渗出水汇入河流之前进行拦截,使得被释放出的溶解态重金属被限制在固定的区域内,避免其进一步的扩散迁移。然后,根据现有的水体重金属元素去除方法,吸附法是一项二次污染较小、处理效率高的方法,所以选定吸附法作为去除技术。同时,矿区及周边地区丰富的农业废弃物成本低廉、生物量大、取材容易,且可以被制备成吸附能力良好的吸附剂,为示范工程的顺利进行提供了必要的原料保障。我们团队在前期对若干种农业废弃物的改性方法和吸附机理进行研究的基础上,对几种材料进行仔细的筛选,并进一步做具体的中试研究。整个技术路线如图 7-1 所示。

7.2　示范工程中吸附剂的筛选

矿区所在的江西省定南地区,农业废弃物非常丰富,如板栗壳、花生壳、玉米秸秆和杉树枝叶等。前期的调查发现,花生壳产量最为可观,更容易收集处理。综合比较玉米秸秆、稻草秸秆和花生壳的改性方法与吸附剂的吸附容量(表 7-1),高锰酸钾氧化花生壳的改性方法操作简便,实用性强,经济成本较低,吸附容量更大,适合现场大量制备。同时,固定床动态吸附研究表明,高锰酸钾氧化改性花生壳吸附剂的运行性能良好。

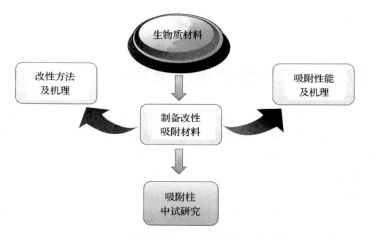

图 7-1　重金属吸附去除技术研究路线

表 7-1　改性玉米秸秆、稻草秸秆和花生壳在不同吸附条件下的吸附性能

农业废弃物类型	改性类型	吸附条件					
		pH	T/K	投加量/(g/L)	反应时间/h	吸附重金属类型	吸附量/(mg/g)
玉米秸秆	醚化		293	10	6	Cd(Ⅱ)	12.73
						Pb(Ⅱ)	31.80
						Cu(Ⅱ)	9.34
稻草秸秆	接枝	酸性或中性	293	10	6	Cd(Ⅱ)	22.17
花生壳	季铵化		293	2	1.5	Cr(Ⅵ)	18.70
	氧化		293	2	24	Cd(Ⅱ)	36.76
						Pb(Ⅱ)	104.75
	酶生物		293	2	12	Cd(Ⅱ)	8.38

因此,高锰酸钾氧化改性花生壳吸附材料准备如下:用浓度为 0.1mol/L 的 $KMnO_4$ 溶液对花生壳进行浸泡改性,改性时间为 24h。固液比(质量比)为 1:500;将浸泡之后的花生壳从溶液中取出,用清水冲洗直至清洗的出水透亮。洗净后的花生壳晒干备用。

7.3　示范工程的设计

结合东江源区定南县境内尾矿库的实际运行情况,在定南县岿美山镇某大型钨矿尾矿库出水处建立东江源矿区污染综合控制技术示范工程。示范工程点的地理位置图如图 7-2 所示。

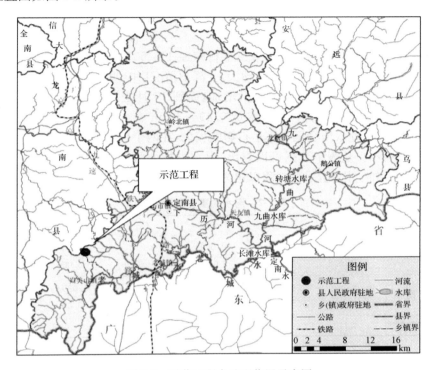

图 7-2　示范工程点地理位置示意图

7.3.1　示范工程概况

　　岿美山钨矿地处江西定南县岿美山镇,与龙南县接壤,距定南县城 36km,地理坐标为:东经 114°52′35″~114°54′16″,北纬 24°40′01″~24°43′35″。岿美山钨矿始采于 1918 年,新中国成立后被列为重点矿山,1960 年 7 月国家投资 3700 多万元,建成年开采原料矿 75 万 t、年选矿处理能力为 61 万 t 的大型机械化矿山。1996 年 12 月,岿美山钨矿正式停产。

　　《江西省定南县岿美山钨矿矿山地质环境治理可行性研究报告》显示,岿美山矿区因开采而侵占或破坏土地总面积为 261.8hm²,主要为山林地,少部分为农田。其中主平窿和三夹水两大采区采矿场侵占土地 1.6hm²,露采场破坏土地 12.7hm²,各窿口山坡及沟谷堆放废石占用土地 88.8hm²,尾砂库占用土地 12.4hm²,水土流失或泥石流淤塞河道与冲毁农田 66.6hm²。此外,因地下开采而形成的采空区面积 29.7hm²,其地表土地功能因地面塌陷和变形也基本被破坏。大量的废石、尾砂堆积,诱发了多次崩塌、滑坡和泥石流灾害。据不完全统计,自矿山开采以来,崩滑流灾害已造成 18 人死亡、1 人受伤,直接经济损失为 422.2 万元。此外,矿山开采诱发的水土流失,共毁坏 17 000 多米的河堤,4 座桥梁,4 处水利设施,11 000 多米的乡村公路,大片地表植被和土地遭毁坏,直接经济损失近亿元。

该示范工程位于定南岿美山镇三亨村东经 114°53′22.3″,北纬 24°40′17.7″。工程所在的尾矿库渗出水的水量波动大,受降雨情况影响明显。每年的丰水期,矿区降雨逐渐增多,受此影响,渗出水量增加,而到 10 月之后,雨量减小,进入枯水期。尾矿渗出水处的水文情况为:水量 0.49~3.9m³/s,河宽 2~5m,水深 0.3~2m。尾矿渗出水处水质受尾矿库运行影响较大,在两个代表性水文期的重金属含量如表 7-2 所示。从表中数据可以看出,出水中特征污染物为 Cd^{2+},浓度均超出地表水三类标准。因此,示范工程以镉为典型目标污染物。

表 7-2　河水的重金属含量　　　　　　　　（单位:mg/L）

采样时间	Zn	Cd	Pb	Cu	Cr	As
枯水期	0.046 ±0.022	0.009 ±0.004	0.0094 ±0.006	0.012 ±0.009	0.009 ±0.005	0.010 ±0.002
丰水期	0.052 ±0.075	0.259 ±0.093	0.047 ±0.025	0.285 ±0.150	0.029 ±0.006	0.034 ±0.012
地表水三类标准	≤1.0	≤0.005	≤0.05	≤1.0	≤0.05	

7.3.2　设计说明及参数

结合定南县岿美山钨矿尾矿库的运行现状及渗出水水质现状,在该示范工程点,尾矿库的污染控制包括重金属污染控制及水土流失的防治,目标为:渗出水中典型重金属镉的去除率维持在 30% 以上。其中在尾矿库渗出水处建设了吸附拦截装置,采用了水体重金属吸附去除技术。考虑到尾矿库渗出水水量波动大,污染物浓度差异明显,丰水期河水浑浊度高,悬浮物含量高。为此,选择"过滤—吸附"的工艺流程来进行设计。各部分设计的具体情况如表 7-3 所示。

表 7-3　示范工程吸附拦截装置的设计说明

设计流程	对应组成部分	作用
粗格栅	树枝等阻隔物	阻挡出水中漂浮的生活垃圾等
细筛网	60 目筛网	阻挡出水中悬浮颗粒物
预处理	已用过的花生壳	增加尾矿出水在装置中的水力停留时间
细筛网	60 目筛网	阻挡经过预处理的和出水中的颗粒物
吸附主体	装花生壳的拦截装置	吸附出水中的重金属

参考第 6 章中吸附柱中试试验结果,拦截装置的具体尺寸如图 7-3 所示。

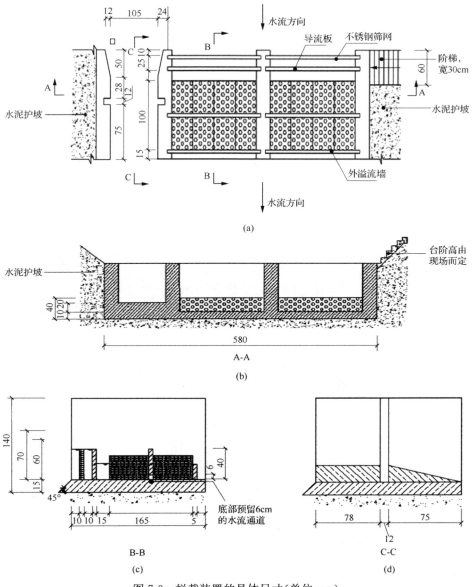

图 7-3　拦截装置的具体尺寸(单位:cm)

(a)俯视图;(b)A-A 横截面;(c)B-B 横截面;(d)侧视图

吸附拦截装置的具体技术参数见表 7-4。

表 7-4　技术参数

项目	材料充填密度/(g/cm³)	主体长度/cm	主体宽度/cm	导流墙高度/cm	尾端阻流墙高/cm
尺寸	0.1	100	400	40	15

7.4　示范工程的运行

　　吸附拦截工程于 2011 年 3 月开始施工,经过两个月的试运行,再进一步改进,于同年 8 月再次开始运行。工程运行现场如图 7-4 所示。运行期间,在吸附拦截装置的前、后分别采集水样,分析出水中重金属的浓度,了解工程的运行效果。同时,严格按照要求进行工程的日常维护、吸附材料的更换及材料使用后的处理。

(a)

(b)

图 7-4　示范工程运行现场
(a)枯水期;(b)丰水期

7.4.1　日常维护与材料更换

　　(1)每隔 2～3 天(具体时间视实际情况而定),工作人员将装置前端的筛网取出进行清扫,将其之前阻隔的悬浮物和生活垃圾清理干净,再将筛网放回原处,保证其可以起到阻隔作用。

(2) 检查装置各部分的衔接是否完好,有损坏的地方需记录并及时维修,当水流量过大,超过负荷时,打开一旁的泄洪渠,让水流通过。在汛期,为满足行洪需要,使用挡板将拦截装置与尾矿渗出水隔开,使流水都通过导洪渠流走,以避免装置中的材料被过大的水流冲走。

(3) 材料更换:将已经达到吸附饱和的材料从装置中取出,放到储存点,再将晒干备用的材料平铺在装置中,用重物压平材料,保证材料的装填密度。7 天左右更换一次材料。

7.4.2 使用后材料的处理

使用后的材料放在储存点进行晾晒,晒干后交由有资质的环保企业进行集中焚烧,将其残渣作为危险废物进行处理。

7.4.3 运行记录

定期采集吸附拦截装置的前和后的尾矿出水水样,现场测量 pH 和水位,同时记录当天的气象条件。

7.4.4 水质检测

连续六个月的第三方监测数据显示:吸附拦截装置对尾矿库渗出水中重金属的去除效果较好,对镉的去除效果较稳定,去除率均在 30% 以上,达到了课题任务的考核标准。但因水量波动大,加之尾矿库工程建设等人为因素,处理效果存在一定的波动,为示范工程的后续完善提供了更大的空间。运行效果如图 7-5 所示。

7.5 示范工程的成果

在水体重金属吸附去除技术方面,在考虑污染治理成本的前提下,利用废弃生物质材料,制备出廉价的改性生物质吸附材料,对吸附动力学和热力学进行了研究,探讨了可能的吸附机理,形成了水体重金属吸附去除技术。该技术的核心是利用化学方法对农业废弃物进行改性,提高其对重金属离子的吸附能力,达到低成本去除尾矿库渗出水中重金属污染的目的。基于该技术进行水体重金属的吸附去除,工艺简单、操作方便、效果稳定、易于回收及后处理,可广泛应用于尾矿库小水量高负荷渗出水的处理。同时,该技术研制的吸附材料还可用于水体重金属污染的应急处理。

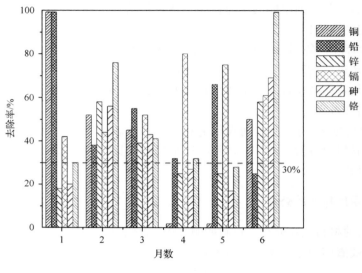

图 7-5　运行效果图

参 考 文 献

白景峰，黄窈蕙，周斌，等. 2002. DX 新型高效天然吸油材料对海上溢油治理的研究. 交通环保，(3)：8-11.

柏松. 2014. 农林废弃物在重金属废水吸附处理中的研究进展. 环境科学与技术，37(1)：94-98.

毕于运，王道龙，高春雨，等. 2008.中国秸秆资源评价与利用. 北京:中国农业科学技术出版社.

毕于运，王亚静，高春雨. 2010. 中国主要秸秆资源数量及其区域分布. 农机化研究，(3)：1-7.

陈炳稔. 1998. 可再生甲壳质的吸附特性研究. 广州:华南理工大学出版社.

陈清敏，张晓军，胡明安. 2006. 大宝山铜铁矿区水体重金属污染评价. 环境科学与技术，(6)：64-65.

陈新. 2007. 西南某地红壤中 Sr、Cs 协同吸附动力学研究. 成都:成都理工大学硕士学位论文.

陈育如，夏黎明，岑沛霖，等. 1999. 蒸汽爆破预处理对植物纤维素性质的影响. 高校化学工程学报，13(2)：234-239.

崔明，赵立欣，田宜水，等. 2008. 中国主要农作物秸秆资源能源化利用分析评价. 农业工程学报，24 (12)：291-296.

党志，卢桂宁，杨琛，等. 2012. 金属硫化物矿区环境污染的源头控制与修复技术. 华南理工大学学报(自然科学版)，40 (10)：83-89.

丁磊. 2005. 沸石在水处理中的应用理论及实践. 环境科学，2(11)：31-32.

段星春，王文锦，党志，等. 2007. 大宝山矿区水体中重金属的行为研究. 地球与环境，(3)：255-260.

方学智. 2004. 锌对镉胁迫下小白菜生长与抗氧化系统的影响. 浙江:浙江大学硕士学位论文.

付善明. 2007. 广东大宝山金属硫化物矿床开发的环境地球化学效应——兼论锌的生态环境地球化学迁移. 广州:中山大学博士学位论文.

付善明，周永章，赵宇鴳，等. 2007. 广东大宝山铁多金属矿废水对河流沿岸土壤的重金属污染. 环境科学，28 (4)：805-812.

高千千，朱启忠. 2009. 漆酶-介体体系(LMS)及其应用. 环境工程，7(增刊)：598-602.

耿兴莲，李忠正，王传槐，等. 1999. 漆酶对木质素磺酸盐生物改性的研究. 林产化学与工业，19(1)：11-14.

管斌，杜建华，谢来苏，等. 1999. 杨木 SGW 浆复合纤维素酶改性的研究. 中国造纸，5：27-30.

郭轶琼，宋丽. 2010. 重金属废水污染及其治理技术进展. 广州化工，38(4)：18-20.

韩鲁佳，闫巧娟，刘向阳，等. 2002. 中国农作物秸秆资源及其利用现状. 农业工程学报，18 (3)：87-91.

胡晓霞，李贤进，崔峰，等. 2003. 农作物秸秆青贮对农村卫生影响的调查研究. 职业与健康，19 (5)：88-89.

黄彪，高尚愚. 2004. 杉木间伐材热降解处理制取吸油材料的研究. 林产化学与工业，(1)：69-72.

黄建辉，刘明华，范娟，等. 2004. 纤维素吸附剂的研究和应用. 造纸科学与技术，23 (1)：50-54.

黄美荣，李舒. 2009. 重金属离子天然吸附剂的解吸与再生. 29 (5)：385-392.

黄文鹏，赵雪，安平平. 2010. 花生壳对水体中阳离子染料的吸附研究. 科技创新导报，(6)：3-4.

贾燕，汪洋. 2007. 重金属废水处理技术的概况及前景展望. 中国西部科技，(4)：10-13.

蒋先明，曾宪家. 1993. 引发淀粉接枝共聚的氧化还原体系. 淀粉与淀粉糖，(3)：45-51.

近藤精一，石川达雄，安部郁夫. 2006. 吸附科学. 李国希译. 北京:化学工业出版社.

孔庆瑚. 2001. 环境镉污染对人体健康的影响. 浙江省医学科学院学报，45：1-3.

兰叶青，黄骁. 1998. 不同 pH 时磷酸盐对黄铁矿氧化的影响. 南京农业大学学报，21(3)：102-106.

兰叶青，黄骁. 1999a. 磷酸铁膜对黄铁矿氧化动力学行为的影响. 环境化学，18(1)：52-56.

兰叶青，黄骁. 1999b. 有机难溶盐膜抑制黄铁矿氧化的研究. 环境科学学报，19(4)：405-409.

兰叶青，黄骁. 2000. 柱子淋洗模拟研究磷酸铁膜抑制黄铁矿氧化效果. 地球化学，29(5)：485-489.

兰叶青，刘正华. 2000. 用电化学研究表面膜抑制黄铁矿氧化效果. 南京农业大学学报，23(3)：93-96.

兰叶青，周刚. 2000. 废矿堆中黄铁矿氧化控制新技术：有机盐包膜法. 环境化学，19(5)：455-459.

李冬梅. 2008. 玉米秸秆为原料燃料乙醇制备的关键问题研究. 哈尔滨：哈尔滨工业大学工学博士学位
　　论文.

李国新，李庆召，薛培英，等. 2010. 黑藻吸附 Cd^{2+} 和 Cu^{2+} 的拓展 Langmuir 模型研究. 农业环境科学学
　　报，29(1)：145-151.

李和平. 2003. 自交联型淀粉接枝共聚物的合成与动力学研究. 大连：大连理工大学博士学位论文.

李华，孔新刚，王俊. 2007. 秸秆饲料中纤维素、半纤维素和木质素的定量分析研究. 新疆农业大学学报，
　　30(3)：65-68.

李琳，赵帅，胡红旗. 2009. 纤维素氧化体系的研究进展. 纤维素科学与技术，17(3)：59-64.

李山，赵虹霞. 2007. 硝酸改性花生壳对 Pb^{2+} 的吸附研究. 化学与生物工程，24(3)：36-38.

李晓森，卢滇楠，刘铮. 2012. 采用废弃农林生物质吸附和回收重金属研究进展. 化工进展，31(4)：
　　915-919.

李云燕，胡传荣. 2008. 试验设计与数据处理. 北京：化学工业出版社：124-145.

梁莎，冯宁川，郭学益. 2009. 生物吸附法处理重金属废水研究进展. 水处理技术，3：13-17.

林初夏，卢文洲，吴永贵，等. 2005. 大宝山矿水外排的环境影响：Ⅱ 农业生态系统. 生态环境，14(2)：
　　169-172.

林春华. 2008. 杉树皮对重金属离子吸附性能的研究. 福州：福建农林大学硕士学位论文.

刘恩峰，沈吉，王建军，等. 2010. 南四湖表层沉积物重金属的赋存形态及底部界面扩散通量的估算. 环境
　　化学，29(5)：870-873.

刘桂芳，马军，关春雨，等. 2008. 改性活性炭对水溶液中双酚-A 的吸附研究. 环境科学，29(2)：349-355.

刘奕生，高怡，王康玮，等. 2005. 广东消化道恶性肿瘤高发村的病因学研究. 中国热带医学，5(5)：1139-
　　1141.

卢松. 2010. 微生物处理玉米秸秆的腐解特性研究. 重庆：西南大学硕士学位论文.

鲁栋梁，夏璐. 2008. 重金属废水处理方法与进展. 化工技术与开发，37(12)：32-36.

罗学刚. 2008. 高纯木素提取与热塑改性. 北京：化学工业出版社.

罗子华. 2007. 农作物秸秆利用的新途径. 生态农业，(3)：52.

麻芳，曲荣君，孙昌梅，等. 2010. 生物吸附材料吸附水中砷的研究进展. 离子交换与吸附，26(2)：
　　187-192.

茂尧，由利丽. 1998. 液氨预处理对纤维素可及度和反应性的影响. 纤维素科学与技术，6(3)：45-51.

屈佳玉. 2010. 微生物固定化技术及其在污水处理领域的研究进展. 工业水处理，30(10)：14-16.

邵自强，李志强，刘建华. 2005. 纤维素酯在涂料中的研究与应用. 纤维素科学与技术，13(3)：46-55.

申屠宝卿，赵黎，翁志学，等. 2001. 聚乙烯的表面光接枝改性研究进展. 高分子通报，(4)：24-30.

宋应华. 2011. 硝酸改性花生壳吸附水中 Pb^{2+} 的过程及机理研究. 湖南农业科学，(5)：44-47.

孙丰文，张茜，李自峰. 2008. 花生壳综合利用的研究进展. 山东林业科技，(6)：84-88.

孙小梅，刘勇，李步海. 2009. 改性花生壳粉对 Mn^{2+} 的吸附. 中南民族大学学报(自然科学版)，28(4)：23-
　　27.

孙永明，李国学，张夫道，等. 2005. 中国农业废弃物资源化现状与发展战略. 农业工程学报，21(8)：169-
　　172.

唐志华，刘军海. 2009. 改性花生壳捕集废水中重金属离子研究. 粮油加工，(7)：144-146.

田林双. 2009. 木质素降解相关酶类测定标准方法研究. 畜牧与饲料科学，30(10)：13-14.

土田英俊. 1981. 高分子科学. 北京:人民教育出版社.

王春峰. 2009. 利用粉煤灰合成沸石技术与吸附性能研究. 南京:南京理工大学博士学位论文.

王德翼. 2001. 苎麻纤维素化学与工艺学-脱胶和改性. 北京:科学出版社.

王家强. 2010. 生物吸附法去除重金属的研究. 长沙:湖南大学硕士学位论文.

王建龙,陈灿. 2010. 生物吸附法去除重金属离子的研究进展. 环境科学学报, 30(4):673-701.

王泉泉. 2009. 蒲绒纤维基础性能及其吸油性能研究. 上海:东华大学硕士学位论文.

王泉泉,徐广标,王府梅. 2010. 蒲绒纤维的吸油性能. 东华大学学报(自然科学版), 185(1):26-29.

王绍文,姜凤有. 1993. 重金属废水治理技术. 北京:冶金工业出版社.

王毅,张婷,冯辉霞,等. 2008. 阴离子改性膨润土对水体亚甲基蓝吸附性能研究. 非金属矿, 31(2):57-61.

王宇. 2007. 利用农业秸秆制备阴离子吸附剂及其性能的研究. 济南:山东大学博士学位论文.

温和瑞,朱建飞. 1998. 吸油材料及其应用. 江苏化工, 26(3):43-44.

吴永贵,林初夏,童晓立,等. 2005. 大宝山矿水外排的环境影响:Ⅰ.下游水生生态系统. 生态环境, (2):165-168.

武利顺,王庆瑞. 2000. 纤维素的选择性氧化反应及其体系. 人造纤维, 157(3):27-31.

肖超渤,吴力立,高山俊. 1999. 过硫酸铵引发衣康酸与苎麻纤维接枝共聚反应的研究. 武汉大学学报(自然科学版), 45(6):781-784.

肖伟洪,王丽华,丁海新,等. 2005. 天然多孔灯心草对柴油和机油的吸附实验研究. 江西化工, (2):68-70.

徐永华,汤惠民. 1988. 含镉废水处理与回收技术. 工业水处理, 8(6):9-13.

许乃政,陶于祥,高南华. 2001. 金属矿山环境污染及整治对策. 火山地质与矿产, (1):63-70.

许乃政,袁旭音,陶于祥. 2003. 硫多金属矿床开采对水环境的影响——以福建大田地区矿产开发为例. 地质通报, 22(9):718-724.

阳正熙. 1999. 矿区酸性废水的成因及其防治. 世界采矿快报, 15(10):42-45.

杨国栋. 2009. 花生壳对水中Cr(Ⅵ)的吸附性能研究. 兰州:兰州理工大学硕士学位论文.

杨军,余木火,陈惠芳. 1999. 秸秆纤维复合材料的发展情况. 材料导报, 13(6):50-52.

杨磊三. 2010. 水合二氧化锰除镉(Ⅱ)效能及机理的试验研究. 哈尔滨:哈尔滨工业大学硕士学位论文.

杨淑惠. 2005. 植物纤维化学. 北京:中国轻工业出版社.

杨雪薇. 2008. 白腐真菌形态发育与木质纤维素降解的关系及作用机制的研究. 武汉:华中科技大学硕士学位论文.

俞力家,孙保帅,申艳敏,等. 2009. 花生壳活性炭脱除溶液中Cr(Ⅲ)的研究. 化学工程师, (2):16-19.

俞善信,易丽. 2000. 聚苯乙烯三乙醇胺树脂对水中镉离子的吸附. 化工环保, 20(1):46-47.

岳文文. 2007. 改性农用秸秆对水体硝酸根、磷酸根吸附效果的研究. 济南:山东大学硕士学位论文.

詹怀宇,李志强,蔡再生. 2005. 纤维化学与物理. 北京:科学出版社.

张光华,朱军风,徐晓凤. 2006. 纤维素醚的特点、制备及在工业中的应用. 纤维素科学与技术, 14(1):59-65.

张嘉颖. 2009. 大宝山矿区横石河流域重金属污染及其评价. 广州:中山大学硕士学位论文.

张建梅. 2003. 重金属废水处理技术研究进展(综述). 西安联合大学学报, (2):55-59.

张建梅,韩志萍,王亚军. 2002. 重金属废水的治理和回收综述. 湖州师范学院学报, (3):48-52.

张黎明. 1995. 纤维素接枝共聚改性的若干途径. 广州化工, 23(4):11-16.

张力,邵喜霞,韩大勇. 2009. 白腐真菌木质素降解酶系研究进展. 畜牧与饲料科学, 30(1):35-37.

张庆芳,杨国栋,孔秀琴. 2008. 改性花生壳吸附水中Cr^{6+}的研究. 化学与生物工程, 25(2):29-31.

张淑媛，李自法. 1991. 含镉废水的处理. 化工环保，11(1)：16-19.

张树芹. 2007. 蒙脱土、高岭土和层状双金属氢氧化物对 Pb^{2+} 和对硝基苯酚的吸附研究. 济南：山东大学硕士学位论文.

张雪松. 2005. 生物质秸秆利用化学-活性污泥法制取氢气的初步研究. 南京：南京工业大学硕士学位论文.

张智峰. 2010. 纤维素改性研究进展. 化工进展，29(8)：1493-1500.

赵超，高兆银，何莉莉. 2007. 农作物秸秆栽培香菇研究. 广东农业科学，(9)：38-41.

赵艳峰. 2006. 纤维素的改性技术及进展. 天津化工，20(3)：11-13.

郑慧. 2009. 重金属废水的处理技术现状和发展趋势. 广东化工，36(10)：134-135.

中华人民共和国统计局. 2001. 国际统计年鉴. 北京：中国统计出版社.

中野准三. 1998. 木质素的化学——基础及应用. 高洁，鲍乐，李忠正译. 北京：轻工业出版社.

周建民，党志，蔡美芳，等. 2005. 大宝山矿区污染水体中重金属的形态分布及迁移转化. 环境科学研究，18(3)：5-10.

朱继保，陈繁荣，卢龙，等. 2005. 广东凡口 Pb-Zn 尾矿中重金属的表生地球化学行为及其对矿山环境修复的启示. 环境科学学报，25(3)：414-422.

邹卫华. 2006. 锰氧化物改性过滤材料对铜和铅离子的吸附研究. 长沙：湖南大学博士学位论文.

邹晓锦，仇荣亮，周小勇，等. 2008. 大宝山矿区重金属污染对人体健康风险的研究. 环境科学学报，28(7)：1406-1412.

Abdel-Aal S E, Gad Y, Dessouki A M. 2006. The use of wood pulp and radiation modified starch in wastewater treatment. Journal of Applied Polyper Science, 99：2460-2469.

Ajmal M, Rao R A K, Khan M A. 2005. Adsorption of copper from aqueous solution on *Brassica cumpestris* (mustard oil cake). Journal of Hazardous Materials, B122：177-183.

Aksu Z. 2002. Determination of the equilibrium, kinetic and thermodynamic parameters of the batch biosorption of nickel (Ⅱ) ions onto Chlorella vulgaris. Process Biochemistry, 38：89-99.

Aksu Z, Karabbayir G. 2008. Comparison of biosorption properties of different kinds of fungi for the removal of Gryfalan Black RL metal- complex dye. Bioresource Technology, 99：7730-7741.

Al-Ghouti M, Khraisheh M A M, Ahmad M N M, et al. 2005. Thermodynamic behaviour and the effect of temperature on the removal of dyes from aqueous solution using modified diatomite：A kinetic study. Journal of Colloid and Interface Science, 287：6-13.

Alpers C, Blowes D. 1994. Environmental geochemistry of sulfide oxidation. Washington, DC：American Chemical Society.

Alyüz B, Veli S. 2009. Kinetic and equilibrium studies for the removal of nickel and zinc from aqueous solutions by ion exchange resins. Journal of Hazardous Materials, 167：482-488.

Andini S, Cioffi R, Montagnaro F, et al. 2005. Simultaneous adsorption of chlorophenol and heavy metal ions on organophilic bentonite. Applied Clay Science, 31：126-133.

Anirudhan T S, Divya L, Suchithra P S. 2009. Kinetic and equilibrium characterization of uranium (Ⅵ) adsorption onto carboxylate-functionalized poly (hydroxyethylmethacry- late)-grafted ligncellulosics. Journal of Environmental Management, 90：549-560.

Anirudhan T S, Noeline B F, Manohar D M. 2006. Phosphate removal from wastewaters using a weak anion exchanger prepared from a lignocellulosic residue. Environmental Science Technology, 40：2740-2745.

Anirudhan T S, Unnithan M R. 2007. Arsenic (Ⅴ) removal from aqueous solutions using an anion exchanger derived from coconut coir pith and its recovery. Chemosphere, 65：60-65.

Annunciado T R, Sydenstricker T H D, Amico S C. 2005. Experimental investigation of various vegetable fibers as sorbent materials for oil spills. Marine Pollution Bullution, 50(11): 1340-1346.

Anwar J, Shafique U, Waheed-uz-Zaman, et al. 2010. Removal of Pb (Ⅱ) and Cd (Ⅱ) from water by adsorption on peels of banana. Bioresource Technology, 101: 1752-1755.

Aoki N, Fukushima K, Kurakata H, et al. 1999. 6-Deoxy-6-mercaptocellulose and its S-substituted derivatives as sorbents for metal ions. Reactive and Functional Polymers, 42 (3): 223-233.

Aoyama M, Tsuda M. 2001. Removal of Cr(Ⅵ) from aqueous solutions by larch bark. Wood Science Techndogy, 35: 425-434.

Arkesteyn G. 1979. Pyrite oxidation by Thiobacillus ferrooxidans with special reference to the sulphur moiety of the mineral. Antonie Van Leeuwenhoek, 45 (3):423-435.

Ayala J, Blanco F, García P, et al. 1998. Asturian fly ash as a heavy metals removal material. Fuel, 77 (11): 1147-1154.

Aydin H, Bulut Y, Yerlikaya C'. 2008. Removal of copper (Ⅱ) from aqueous solution by adsorption onto low-cost adsorbents. Journal of Environmental Management, 87: 37-45.

Azouaou N, Sadaoui Z, Djaafri A, et al. 2010. Adsorption of cadmium from aqueous solution onto untreated coffee grounds: Equilibrium, kinetics and thermodynamics. Journal of Hazardous Materials, 184: 126-134.

Babe S, Kurniawana T A. 2004. Cr(Ⅵ) removal from synthetic wastewater using coconut shell charcoal and commercial activated carbon modified with oxidizing agents and/or chitosan. Chemosphere, 54: 951-967.

Babić B M, Milonjić S K, Polovina M J, et al. 1999. Point of zero charge and intrinsic equilibrium constants of activated carbon cloth. Carbon, 37(3):477-481.

Backes C, Pulford I, Duncan H. 1986. Studies on the oxidation of pyrite in colliery spoil. Ⅰ : The oxidation pathway and inhibition of the ferrous-ferric oxidation. Reclamation and Revegetation Research, 4(4): 279-291.

Bailey S E, Olin T J, Bricka R M, et al. 1999. A review of potentially low-cost sorbents for heavy metals. Water Research, 33: 2469-2479.

Bai R S, Abraham T E. 2003. Studies on chromium (Ⅵ) adsorption-desorption using immobilized fungal biomass. Bioresource Technology, 87: 17-26.

Bai Y, Li Y. 2006. Preparation and characterization of crosslinked porous cellulose beads. Carbohydrate Polymers, 64: 402-407.

Baker B. 1983. The evaluation of unique acid mine drainage abatement techniques. Morgantown: West Virginia University.

Baldi F, Clark T, Pollack S, et al. 1992. Leaching of pyrites of various reactivities by thiobacillus ferrooxidans. Applied and Environmental Microbiology, 58 (6): 1853-1856.

Baral S S, Dasa S N, Rath P. 2006. Hexavalent chromium removal from aqueous solution by adsorption on treated sawdust. Biochemical Engineering Journal, 31: 216-222.

Baruthio F. 1992. Toxic effects of chromium and its compounds. Biological Trace Element Research, 32: 145-153.

Belzile N, Maki S, Chen Y, et al. 1997. Inhibition of pyrite oxidation by surface treatment. Science of the Total Environment, 196(2):177-186.

Benaïssa H. 2006. Screening of new sorbent materials for cadmium removal from aqueous solutions. Journal of Hazardous Materials, B132:189-195.

Benzaazoua M, Marion P, Picquet I, et al. 2004. The use of pastefill as a solidification and stabilization process for the control of acid mine drainage. Minerals Engineering, 17 (2): 233-243.

Bhatnagar A, Minocha A K. 2009. Utilization of industrial waste for cadmium removal from water and immobilization in cement. Chemical Engineering Journal, 1 (15): 145-151.

Bhattacharay A, Misra B N. 2004. Grafting: a versatile means to modify polymers: techniques, factors and applications. Progress Polymer Science, 29 (8): 767-814.

Bhattacharyya K G, Gupta S S. 2008. Adsorption of a few heavy metals on natural and modified kaolinite and montmorillonite: A review. Advance in Colloid and Interface Science, 140: 114-131.

Bishnoi N R, Bajaj M, Sharma N, et al. 2004. Adsorption of Cr(Ⅵ) on activated rice husk carbon and activated alumina. Bioresource Technology, 91: 305-307.

Boyd G E, Adamson A W, Myers L S. 1947a. The exchange adsorption of ions from aqueous solutions by organic zeolites. Ⅱ. Kinetics. Journal of American Chemical Society, 69: 2836-2848.

Boyd G E, Schubert J, Adamson A W. 1947b. The exchange adsorption of ions from aqueous solution by organic zeolites. I ion-exchange equilibria. Journal of American Chemical Society, 69: 2818-2829.

Brown P, Jefcoat I A, Parrish D, et al. 2000. Evaluation of the adsorptive capacity of peanut hull pellets for heavy metals in solution. Advance in Environmental Research, 4: 19-29.

Brunner B, Yu J Y, Mielke R E, et al. 2008. Different isotope and chemical patterns of pyrite oxidation related to lag and exponential growth phases of *Acidithiobacillus ferrooxidans* reveal a microbial growth strategy. Earth and Planetary Science Letters, 270(1-2): 63-72.

Bryner L, Beck J, Davis D, et al. 1954. Microorganisms in leaching sulfide minerals. Industrial and Engineering Chemistry, 46(12): 2587-2592.

Bulut Y, Tez Z. 2007. Removal of heavy metals from aqueous solution by sawdust adsorption. Journal of Environmental Sciences, 19: 160-166.

Carey F A. 2000. Organic Chemistry (Fourth Edition). New York: The McGraw-Hill Companies, Inc.

Celik A, Dost K, Sezer H. 2004. An investigation of chromium (Ⅵ) ion removal from wastewaters by adsorption on residual lignin. Fresenius Environmental Bulletin, 13: 124-127.

Charerntanyarak L. 1999. Heavy metals removal by chemical coagulation and precipitation. Water Science and Technology, 39: 135-138.

Choi H M, Cloud R M. 1992. Natural sorbents in oil spill cleanup. Environmental Science & Technology, 26(4): 772-776.

Cimino G, Passerini A, Toscano G. 2000. Removal of toxic cations and Cr(Ⅵ) from aqueous solution by hazelnut shell. Water Research, 34: 2955-2962.

Colmer A, Hinkle M. 1947. The role of microorganisms in acid mine drainage: A preliminary report. Science, 106 (2751):253-374.

Costigan P, Bradshaw A, Gemmell R. 1981. The reclamation of acidic colliery spoil. I. Acid production potential. Journal of Applied Ecology, 19: 865-878.

Dal B S M, Jimenez R S, Carvalho W A. 2005. Removal of toxic metals from wastewater by Brazilian natural scolecite. Journal of Colloid and Interface Science, 281: 424-431.

David P. 1994. Mechanism of white rot fungi used to degrade pollutants. Environ Sci Technol, 28(2):78-87.

Davis T A, Volesky B, Mucci A. 2003. A review of the biochemistry of heavy metal biosorption by brown algae. Water Research, 37: 4311-4330.

Demchak J, McDonald Jr L, Skousen J. 2002. Water Quality from Underground Coal Mines in Northern

West Virginia (1968-2000). Morgantown: Chambers Environmental Group, Inc, and West Virginia University.

Demirbas A. 2000a. Biomass resources for energy and chemical industry. Energy Education Science and Technology, 5: 21-45.

Demirbas A. 2000b. Recent advances in biomass conversion technologies. Energy Education Science and Technology, 6: 19-40.

Deng S, Ting Y. 2005. Characterization of PEI-modified biomass and biosorption of Cu(II), Pb(II) and Ni (II). Water Research, 39(10):2167-2177.

Doye I, Duchesne J. 2003. Neutralisation of acid mine drainage with alkaline industrial residues: Laboratory investigation using batch-leaching tests. Applied Geochemistry, 18 (8):1197-1213.

Dugan P. 1975. Bacterial ecology of strip mine areas and its relationship to the production of acidic mine drainage. Ohio Journal of Science, 75 (6): 266-279.

Dugan P. 1987. Prevention of formation of acid drainage from high-sulfur coal refuse by inhibition of iron- and sulfur-oxidizing microorganisms. II. Inhibition in "run of mine" refuse under simulated field conditions. Biotechnology and Bioengineering, 29 (1):49-54.

Dugan P, Lundgren D. 1965. Energy supply for the chemoautotroph ferrobacillus ferrooxidans. Journal of Bacteriology, 89 (3): 825-845.

Duncan D, Landesman J, Walden C. 1967. Role of Thiobacillus ferrooxidans in the oxidation of sulfide minerals. Canadian Journal of Microbiology, 13 (4): 397-403.

Dupont L, Guillon E. 2003. Removal of hexavalent chromium with a lignocellulosic substrate extracted from wheat bran. Environmental Science and Technology, 37: 4235-4241.

Elsetinow A R, Borda M J, Schoonen M A A, et al. 2003. Suppression of pyrite oxidation in acidic aqueous environments using lipids having two hydrophobic tails. Advances in Environmental Research, 7(4): 969-974.

El-Shahat M F, Shehata A M A. 2013. Adsorption of lead, cadmium and zinc ions from industrial wastewater by using raw clay and broken clay-brick waste. Asian Journal of Chemistry, 25 (8): 4284-4288.

Ennigrou D J, Gzara L, Ben R M R, et al. 2009. Cadmium removal from aqueous solutions by polyelectrolyte enhanced ultrafiltration. Desalination, 246: 363-369.

Evangelou V. 1994. Infrared spectroscopic evidence of an iron (II)-carbonate complex on the surface of pyrite. Spectrochimica Acta Part A: Molecular Spectroscopy, 50:1333-1340.

Evangelou V. 2001. Pyrite microencapsulation technologies: Principles and potential field application. Ecological Engineering, 17 (2-3):165-178.

Evangelou V, Huang X. 1992. A new technology for armoring and deactivating pyrite //Singhal R K, Mehrotra A K, Fytas K, et al. Environmental Issue and Waste Management in Energy and Minerals Production. Rotterdam: Balkema: 413-417.

Evangelou V P, Zhang Y L. 1995. A review: Pyrite oxidation mechanisms and acid mine drainage prevention. Critical Reviews in Environmental Science and Technology, 25: 141-199.

Fan Q H, Shao D D, Wu W S, et al. 2009. Effect of pH, ionic strength, temperature and humic substances on the sorption of Ni(II) to Na-attapulgite. Chemical Engineering Journal, 150(1):188-195.

Farajzadeh M A, Monji A B. 2004. Adsorption characteristics of wheat bran towards heavy metal cations. Separation and Purification Technology, 38: 197-207.

Farinella N V, Matos G D, Arruda M A Z. 2007. Grape bagasse as a potential biosorbent of metals in effluent treatments. Bioresource Technology, 98: 1940-1946.

Febrianto J, Kosasih A N, Sunarso J, et al. 2009. Equilibrium and kinetic studies in adsorption of heavy metals using biosorbent: A summary of recent studies. Journal of Hazardous Materials, 162: 616-645.

Flogeac K, Guillon E, Marceau E, et al. 2003. Speciation of chromium on a straw lignin: adsorption isotherm, EPR, and XAS studies. New Journal of Chemistry, 27: 714-720.

Fowler T, Holmes P, Crundwell F. 2001. On the kinetics and mechanism of the dissolution of pyrite in the presence of *Thiobacillus ferrooxidans*. Hydrometallurgy, 59(2-3):257-270.

Fringant C, Desbrieres J, Rinaudo M. 1996. Physical properties of acetylated starch-based materials: relation with their molecular characteristics. Polymer, 37: 2663-2673.

Fu F, Wang Q. 2011. Removal of heavy metal ions from wastewaters: A review. Journal of Environmental Mangement, 92: 407-418.

Gaey M, Marchetti V, Clement A, et al. 2000. Decontamination of synthetic solutions containing heavy metals using chemically modified sawdusts bearing polyacrylic acid chains. Journal of Wood Science, 46: 331-333.

Ganji M T, Khosravi M, Rakhsaee R. 2005. Biosorption of Pb, Cd, Cu and Zn from wastewater by treated Azolla filiculoides with $H_2O_2/MgCl_2$. International Journal of Environmental Sciences and Technology, 1: 265-271.

Gardea-Torresdey J L, Gonzalez J H, Tiemann K J, et al. 1998. Phytofiltration of hazardous cadmium, chromium, lead and zinc ions by biomass of *Medicago sativa* (Alfalfa). Journal of Hazardous Materials, 57: 29-39.

Gardner S D, Singamsetty C S K, Booth G L, et al. 1995. Surface characterization of carbon fibers using angle-resolved XPS and ISS. Carbon, 33(5):587-595.

Garg U K, Kaur M P, Garg V K, et al. 2007. Removal of hexavalent chromium from aqueous solution by agricultural waste biomass. Journal of Hazardous Materials, 140: 60-66.

Gedik K, Imamoglu I. 2008. Affinity of clinoptilolite-based zeolites towards removal of Cd from aqueous solutions. Separation Science and Technology, 43: 1191-1207.

Georgopoulou Z, Fytas K, Soto H, et al. 1996. Feasibility and cost of creating an iron-phosphate coating on pyrrhotite to prevent oxidation. Environmental Geology, 28(2):61-69.

Giles C H, Smith D, Huitson A. 1974. A general treatment and classification of the solute adsorption isotherm. I. Theoretical. Journal of Colloid and Interface Science, 47: 755-765.

Gleisner M, Herbert J R B, Frogner Kockum P C. 2006. Pyrite oxidation by *Acidithiobacillus ferrooxidans* at various concentrations of dissolved oxygen. Chemical Geology, 225(1-2):16-29.

Güçlü G, Gürdağ G, Özgümüş S. 2003. Competitive removal of heavy metal ions by cellulose graft copolymers. Journal of Applied Polymer Science, 90 (8): 2034-2039.

Gode F, Atalay E D, Pehlivan E. 2008. Removal of Cr(Ⅵ) from aqueous solutions using modified red pine sawdust. Journal of Hazardous Materials, 152: 1201-1207.

Gong R, Ding Y, Li M, et al. 2005. Utilization of powdered peanut hull as biosorbent for removal of anionic dyes from aqueous solution. Dyes and Pigments, 64: 187-192.

Gonzalez M H, Araujo G C L, Pelizaro C B, et al. 2008. Coconut coir as biosorbent for Cr(Ⅵ) removal from laboratory wastewater. Journal of Hazardous Materials, 159: 252-256.

Guo X, Zhang S, Shan X, et al. 2006. Characterization of Pb, Cu, and Cd adsorption on particulate organic matter in soil. Environmental Toxicology and Chemistry, 25(9): 2366-2373.

Gupta S, Babu B V. 2009a. Modeling, simulation, and experimental validation for continuous Cr(Ⅵ) removal from aqueous solutions using sawdust as an adsorbent. Bioresource Technology, 100(23): 5633-5640.

Gupta S, Babu B V. 2009b. Utilization of waste product (*Tamarind* seeds) for the removal of Cr(Ⅵ) from aqueous solutions: Equilibrium, kinetics, and regeneration studies. Journal of Environmental Management, 90: 3013-3022.

Gupta S S, Bhattacharyya K G. 2006. Removal of Cd (Ⅱ) from aqueous solution by kaolinite, montmorillonite and their poly (oxo zirconium) and tetrabutylammonium derivatives. Journal of Hazardous Materials, B126: 247-257.

Gurgel L V A, Júnior O K, Gil R P F, et al. 2008. Adsorption of Cu (Ⅱ), Cd (Ⅱ), and Pb (Ⅱ) from aqueous single metal solutions by cellulose and mercerized cellulose chemically modified with succinic anhydride. Bioresource Technology, 99: 3077-3083.

Haluk A, Yasemin B, Çiğdem Y. 2008. Removal of copper (Ⅱ) from aqueous solution by adsorption onto low-cost adsorbents. Journal of Environmental Management, 87: 37-45.

Hamadi N K, Chen X D, Farid M M, et al. 2001. Adsorption kinetics for the removal of chromium (Ⅵ) from aqueous solution by adsorbents derived from used tyres and sawdust. Chemical Engineering Journal, 84: 95-105.

Hashim M A, Chu K H. 2004. Biosorption of cadmium by brown, green and red seaweeds. Chemical Engineering Journal, 97: 249-255.

Hon D N S. 1982. Graft copolymerization of lignocellulosic fibers. American Chemical Society Symposium Series, 187, Washington DC, USA.

Ho Y. 2006. Second-order kinetic model for the sorption of cadmium onto tree fern: A comparison of linear and non-linear methods. Water Research, 40: 119-125.

Ho Y, Ofomaja A E. 2006. Biosorption thermodynamics of cadmium on coconut copra meal as biosorbent. Biochemical Engineering Journal, 30: 117-123.

Ho Y S, Ng J C Y, McKay G. 2000. Kinetics of pollutant sorption by biosorbents: Review. Separation and Purifcation Method, 29: 189-232.

Hüttermann A, Mai C, Kharazipour A. 2001. Modification of lignin for the production of new compounded materials. Appllied Microbiology and Biotechnology, 55: 387-394.

Huang X, Evangelou V. 1997. Iron phosphate coating: A novel approach to controlling pyrite oxidation. Pedosphere, 7: 103-110.

Huang X. 2004. Suppressing pyrite oxidation via iron phosphate coating// Hinshaw L. Tailings and Mine Waste '04: Proceedings of the Eleventh Tailings and Mine Waste Conference, 10-13 October 2004, Vail. New York: Taylor & Francis: 203-211.

Hu G, Dam-Johansen K, Wedel S, et al. 2006. Decomposition and oxidation of pyrite. Progress in Energy and Combustion Science, 32(3): 295-314.

Iqbal M, Saeed A, Akhtar N. 2002. Periolar felt-sheath of palm: A new biosorbent for the removal of heavy metals from contaminated water. Bioresource Technology, 81: 151-153.

Iyer A, Mody K, Jha B. 2005. Biosorption of heavy metal by a marine bacterium. Marine Pollution Bulletin, 50: 340-343.

Jackson L S, Arnaud H J, William J T. 1993. Enzymatic modifications of secondary fiber. Tappi Journal, 76(3): 147-154.

Jacques R A, Limaa E C, Dias S L P, et al. 2007. Yellow passion-fruit shell as biosorbent to remove Cr (ⅢI) and Pb (Ⅱ) from aqueous solution. Separation Purification Technology, 57(1): 193-198.

Jain M, Garg V K, Kadirvelu K. 2009. Chromium (Ⅵ) removal from aqueous system using *Helianthus annuus* (sunflower) stem waste. Journal Hazard Materials, 162: 365-372.

Janzen M P, Nicholson R V, Scharer J M. 2000. Pyrrhotite reaction kinetics: Reaction rates for oxidation by oxygen, ferric iron, and for nonoxidative dissolution. Geochimica et Cosmochimica Acta, 64 (9): 1511-1522.

Jiang C L, Wang X H, Parekh B K. 2000. Effect of sodium oleate on inhibiting pyrite oxidation. International Journal of Mineral Processing, 58(1-4):305-318.

Kaewsarn P, Yu Q. 2001. Cadmium (Ⅱ) removal from aqueous solutions by pre-treated biomass of marine alga padina sp. Environmental Pollution, 112(2): 209-213.

Kapoor A T. 1998. Use of immobilized bentonite in removal of heavy metals from waste water. Journal of Enviromental Engineering, 124(10): 1020-1024.

Karnitza Jr O, Gurgel L V A, de Melo J C P, et al. 2007. Adsorption of heavy metal ion from aqueous single metal solution by chemically modified sugarcane bagasse. Bioresource Technology, 98: 1291-1297.

Katz S A, Salem H. 1993. The toxicology of chromium with respect to its chemical speciation: A review. Journal of Applied Toxicology, 13(3): 217-224.

Kjellstrom T, Shiroishi K, Erwin P E. 1977. Urinary beta. /sub 2/- macroglobulin excretion among people exposed to cadmium in the general environment. Environmental Research, 13: 318-344.

Kleinmann R, Erickson P. 1983. Control of acid drainage from coal refuse using anionic surfactants. Bureau of Mines Report of Investigation: 321-334.

Koroki M, Saito S, Hashimoto H, et al. 2010. Removal of Cr(Ⅵ) from aqueous solutions by the culm of bamboo grass treated with concentrated sulfuric acid. Environmental Chemistry Letters, 8: 59-61.

Kratochvil D, Pimentel P, Volesky B. 1998. Removal of trivalent and hexavalent chromium by seaweed biosorbent. Environmental Science and Technology, 32: 2693-2698.

Krishnani K K, Meng X, Christodoulatos C, et al. 2008. Biosorption mechanism of nine different heavy metals onto biomatrix from rice husk. Journal of Hazardous Materials, 153: 1222-1234.

Kubota H, Suzuki S. 1995. Comparative examinations of reactivity of grafted celluloses prepared by ultra violet and ceric salt-initiated graftings. European Polymer Journal, 31 (8): 701-704.

Kumar M, Bijay P T, Vinod K S. 2009. Crosslinked chitosan/polyvinyl alcohol blend beads for removal and recovery of Cd (Ⅱ) from wastewater. Journal of Hazardous Materials, 172: 1041-1048.

Kumar S, Rily G, Yin L Y, et al. 2010. Cellulose pretreatment in subcritical water:Effect of temperature on molecular structure and enzymatic activity. Bioresource Technology, 101(4): 1337-1347.

Kumar U, Bandyopadhyay M. 2006. Sorption of cadmium from aqueous solution using pretreated rice husk. Bioresource Technology, 97: 104-109.

Kunin R. 1990. Ion exchange Resins. America:New York Science Press.

Labrenz M, Banfield J. 2004. Sulfate-reducing bacteria-dominated biofilms that precipitate ZnS in a subsurface circumneutral-pH mine drainage system. Microbial Ecology, 47 (3): 205-217.

Lalvani S, DeNeve B. 1991. Prevention of pyrite dissolution in acidic media. Corrosion, 47 (1):55-61.

Lalvani S, DeNeve B, Weston A. 1990. Passivation of pyrite due to surface treatment. Fuel, 69 (12):1567-1569.

Lan Y, Huang X, Deng B. 2002. Suppression of pyrite oxidation by iron 8-hydroxyquinoline. Archives of Environmental Contamination and Toxicology, 43(2):168-174.

Laszkiewicz B, Wcislo P. 1990. Sodium cellulose formation by activation process. Journal of Applied Polymer Science, 39(2): 415-425.

Laszlo J A. 1996. Preparing an ion exchange resin from sugarcane bagasse to remove reactive dye from wastewater. Textile Chemist and Colorist and American Dyestuff Reporter, 28 (5): 13-17.

Leathen W, Kinsel N, Braley Sr S. 1956. Ferrobacillus ferrooxidans: A chemosynthetic autotrophic bacterium. J Bacteriol, 72(5): 700-704.

Leyva-Ramos R, Bernal-Jacome L A, Acosta-Rodriguez I. 2005. Adsorption of cadmium (Ⅱ) from aqueous solution on natural and oxidized corncob. Separation and Purification Technology, 45: 41-49.

Lim S K, Son T W, Lee D W, et al. 2001. Novel regenerated cellulose fibers from rice straw. Journal of Applied Polymer Science, 82: 1705-1708.

Li Q, Chai L, Yang Z, et al. 2009. Kinetic, thermodynamics of Pb (Ⅱ) adsorption onto modified spent grain from aqueous solution. Applied Surface Science, 255 (7): 4298-4303.

Liu C F, Sun R C, Zhang A P, et al. 2006a. Structural and thermal characterization of sugarcane bagasse cellulose succinates prepared in ionic liquid. Polymer Degradation and Stability, 91: 3040-3047.

Liu C F, Sun R C, Zhang A P, et al. 2007. Preparation of sugarcane bagasse cellulosic phthalate using an ionic liquid as reaction medium. Carbohydrate Polymers, 68: 17-25.

Liu C F, Xu F, Sun J X, et al. 2006b. Physicochemical characterization of cellulose from perennial ryegrass leaves (Lolium perenne). Carbohydrate Research, 341: 2677-2687.

Lü L, Lu D, Chen L, et al. 2010. Removal of Cd (Ⅱ) by modified lawny grass cellulose adsorbent. Desalination, 259: 120-130.

Long H, Dixon D. 2004. Pressure oxidation of pyrite in sulfuric acid media: A kineticstudy. Hydrometallurgy, 73(3-4): 335-349.

Lopez-Ramon M V, Stoeckli F, Moreno-Castilla C, et al. 1999. On the characterization of acidic and basic surface sites on carbons by various techniques. Carbon, 37(8): 1215-1221.

Low K S, Lee C K, Liew S C. 2000. Sorption of cadmium and lead from aqueous solutions by spent grain. Process Biochemistry, 36: 59-64.

Low K S, Lee C K, Mak S M. 2004. Sorption of copper and lead by citric acid modified wood. Wood Science and Technology, 38: 629-640.

Luther G, Kostkaa J, Churcha T, et al. 1992. Seasonal iron cycling in the salt-marsh sedimentary environment: the importance of ligand complexes with Fe (Ⅱ) and Fe (Ⅲ) in the dissolution of Fe (Ⅲ) minerals and pyrite, respectively. Marine chemistry, 40: 81-103.

Maekawa E, Koshijima T. 1984. Properties of 2,3-dicarboxy cellulose combined with various metallic ions. Journal of Applied Polymer Science, 29: 2289-2297.

Maekawa E, Koshijima T. 1990. Preparation and characterisation of hydroxamic acid derivatives and its metal complexes derived from cellulose. Journal of Applied Polymer Science, 40: 1601-1613.

Marín A B P, Ortuño J F, Aguilar M I, et al. 2010. Use of chemical modification to determine the binding of Cd (Ⅱ), Zn (Ⅱ) and Cr (Ⅲ) ions by orange waste. Biochemical Engineering Journal, 53: 2-6.

Martell A E, Smith R M. 1977. Critical Stability Constants. Vol 3. Other Organic Ligands. New York: Plenum Press.

Martell A E, Smith R M. 1982. Critical Stability Constants. Vol 5. First Supplement. New York: Plenum Press.

Mazumdar A, Goldberg T, Strauss H. 2008. Abiotic oxidation of pyrite by Fe (Ⅲ) in acidic media and its implications for sulfur isotope measurements of lattice-bound sulfate in sediments. Chemical Geology,

253 (1-2)：30-37.

Miretzky P, Cirelli A F. 2010. Cr(Ⅵ) and Cr (Ⅲ) removal from aqueous solution by raw and modified lignocellulosic materials: A review. Journal of Hazardous Materials, 180: 1-19.

Misra R K, Jain S K, Khatri P K. 2011. Iminodiacetic acid functionalized cation exchange resin for adsorption removal of Cr (Ⅱ), Cd (Ⅱ), Ni (Ⅱ) and Pb (Ⅱ) from their aqueous solutions. Journal of Hazardous Materials, 185: 1508-1512.

Mohan D, Singh K P, Singh V K. 2006. Trivalent chromium removal from wastewater using low cost activated carbon derived from agricultural waste material and activated carbon fabric cloth. Journal of Hazardous Materials, B135: 280-295.

Moran B R. 1996. Enzyme treatment improve refining efficiency. Pulp and Paper, 9: 119-121.

Moses C, Nordstrom D, Herman J, et al. 1987. Aqueous pyrite oxidation by dissolved oxygen and by ferric iron. Geochimica et Cosmochimica Acta, 51: 1561-1571.

Mudd G, Chakrabarti S, Kodikara J. 2007. Evaluation of engineering properties for the use of leached brown coal ash in soil covers. Journal of Hazardous Materials, 139(3):409-412.

Mulinari D R, Silva M L C P S. 2008. Adsorption of sulphate ions by modification of sugarcane bagasse cellulose. Carbohydrate Polymers, 74: 617-620.

Murphy R, Strongin D R. 2009. Surface reactivity of pyrite and related sulfides. Surface Science Reports, 64(1):1-45.

Namasivayam C, Yamuna R T. 1995. Adsorption of chromium (Ⅵ) by a low cost adsorbent: Biogas residual slurry. Chemosphere, 30:561-578.

Nasef M M, El-Sayed A H. 2004. Preparation and applications of ion exchange membranes by radiation-induced graft copolyerisation of polar monomers onto non-polar films. Progress in Polymer Science, 29: 499-561.

Naumkin A V, Kraut-Vass A, Gaarenstroom S W, et al. 2012. Last updated: September 15, NIST Standard Reference Database 20, Version 4.1. National Institute of Standards and Technology. http:// srdata. nist. gov/xps/Default. aspx[2012-10-15].

Navarro R R, Sumi K, Fujii N, et al. 1996. Mercury removal from wastewater using porous cellulose carrier modified with polyethyleneimine. Water Research, 30 (10): 2488-2494.

Nicholson R, Gillham R, Cherry J. 1989. Reduction of acid generation in mine tailings through the use of moisture-retaining cover layers as oxygen barriers, Canadian Geotechnical Journal, 32: 435-440.

Nishiyama Y, Langan P, Chanzy H. 2002. Crystal structure and hydrogen bonding system in cellulose IB from synchrotron X-ray and neutron fiber diffraction. Journal of American Chemical Society, 124: 9074-9082.

Noeline B F, Manohar D M, Anirudhan T S. 2005. Kinetic and equilibrium modeling of plumbum(Ⅱ) sorption from water and wastewater by polymerized banana stem in a batch reactor. Separation and Purification Technology, 45: 131-140.

Nyavor K, Egiebor N. 1995. Control of pyrite oxidation by phosphate coating. Science of the Total Environment, 162 (2-3): 225-237.

O'Connell D W, Birkinshaw C, O'Dwyer T F. 2008. Heavy metal adsorbents prepared from the modification of cellulose: A review. Bioresource Technology, 99: 6709-6724.

O'Cooney D. 1998. Adsorption Design for Wastewater Treatment. Boca Raton: CRC Press: 9-25.

Ofomaja A E, Ho Y. 2007. Effect of pH on cadmium biosorption by coconut copra meal. Journal of Hazardous Materials, B139: 356-362.

Oliveira W E, Franca A S, Oliveira L S, et al. 2008. Untreated coffee husks as biosorbents for the removal of heavy metals from aqueous solutions. Journal of Hazardous Materials, 152: 1073-1081.

Orlando U S, Baes A U, Nishijima W, et al. 2002. A New procedure to produce lignocellulose anion exchangers from agricultureal waste materials. Bioresource Technology, 83: 195-198.

Özer A, Pirinçci H B, 2006. The adsorption of Cd (Ⅱ) ions on sulfuric acid-treated wheat bran. Journal of Hazardous Materials, B 137: 849-855.

Park D, Lim S, Yun Y, et al. 2008. Development of a new Cr(Ⅵ)-biosorbent from agricultural biowaste. Bioresource Technology, 99: 8810-8818.

Park D, Yun Y, Park J M. 2004. Reduction of hexavalent chromium with the brown seaweed ecklonia biomass. Environmental Science and Technology, 38: 4860-4864.

Pasavant P, Apiratikul R, Sungkhum V, et al. 2006. Biosorption of Cu^{2+}, Cd^{2+}, Pb^{2+}, and Zn^{2+} using dried marine green macroalga *Caulerpa lentillifera*. Bioresource Technology, 97: 2321-2329.

Pavlov P, Makaztghieva V, Lozanov E. 1992. High reactivity of cellulose after high temperature mercerization. Cellulose Chemistry and Technology, 26 (2): 151-160.

Pearson R G. 1973. Hard and Soft Acids and Bases. Dowden: Hutchingson &.Ross. Inc. : 183.

Peppas A, Komnitsas K, Halikia I. 2000. Use of organic covers for acid mine drainage control. Minerals Engineering, 13(5): 563-574.

Perdicakis M, Geoffroy S, Grosselin N, et al. 2001. Application of the scanning reference electrode technique to evidence the corrosion of a natural conducting mineral: Pyrite. Inhibiting role of thymol. Electrochimica Acta, 47 (1-2): 211-216.

Pichtel J, Dick W. 1991. Influence of biological inhibitors on the oxidation of pyritic mine spoil. Soil Biology and Biochemistry, 23 (2):109-116.

Pino G H, Mesquita L M S, Torem M L, et al. 2006. Biosorption of cadmiu by green coconut shell powder. Minerals Engineering, 19: 380-387.

Prasad S, Singh A, Joshi H C. 2007. Ethanol as an alternative fuel from agricultural, industrial and urban residues. Resource Conservation and Recycling, 50 (1): 1-39.

Qi B C, Aldrich C. 2008. Biosorption of heavy metals from aqueous solution with tobacco dust. Bioresource Technology, 99: 5595-5601.

Qu R, Wang M, Song R, et al. 2011. Adsorption kinetics and isotherms of Ag(Ⅰ) and Hg(Ⅱ) onto silica gel with functional groups of hydroxyl- or amino- terminated polyamines. Journal of Chemical Engineering Data, 56: 1982-1990.

Rajakovic V, Aleksic G, Radetic M, et al. 2007. Efficiency of oil removal from real wastewater with different sorbent materials. Journal of Hazardous Materials, 143(1-2): 494-499.

Raji C, Anirudhan T S. 1998. Batch Cr(Ⅵ) removal by polyacrylamide-grafted sawdust: Kinetics and thermodynamics. Water Research, 32: 3772-3780.

Rao K S, Anand S, Venkateswarlu P. 2011. Modeling the kinetics of Cd(Ⅱ) adsorption on *Syzygium cumini L.* leaf powder in a fixed bed mini column. Journal of Industrial and Engineering Chemistry, 17(2): 174-181.

Rathinam A, Maharshi B, Janardhanan S K, et al. 2010. Biosorpiton of cadmium metal ions from simulated wastewaters using *Hypnea valentiae* biomass: A kinetic and thermodynamic study. Bioresource Technology, 101:1466-1470.

Reichenberg D. 1953. Properties of ion-exchange resins in relation to their structure Ⅲ, kinetics of exchange. Journal of the American Chemical Society，75：589-592.

Ren J L，Sun R C，Liu C F，et al. 2007. Synthesis and characterization of novel cationic SCB hemicelluloses with a low degree of substitution. Carbohydrate Polymers，67(3)：347-357.

Robinson T，Chandran B，Nigam P. 2002. Removal of dyes from a synthetic textile dye effluent by biosorption on apple pomace and wheat straw. Water Research，36：2824-2830.

Rocha C G，Zaia D A M，Alfaya R V D S，et al. 2009. Use of rice straw as biossorbent for removal of Cu (Ⅱ)，Zn (Ⅱ)，Cd (Ⅱ) and Hg (Ⅱ) ions in industrial effluents. Journal of Hazardous Materials，166：383-388.

Romano C，Ulrich Mayer K，Jones D，et al. 2003. Effectiveness of various cover scenarios on the rate of sulfide oxidation of mine tailings. Journal of Hydrology，271(1-4)：171-187.

Rubio J，Souza M L，Smith R W. 2002. Overview of flotation as a wastewater treatment technique. Minerals Engineering，15：139-155.

Rudolfs W. 1922. Oxidation of iron pyrites by sulfur-oxidizing organisms and their use for making mineral phosphates available. Soil Science，14(2)：135-174.

Rudolfs W，Helbronner A. 1922. Oxidation of zinc sulfide by microorganisms. Soil Science，14 (6)：459-473.

Saeed A，Iabal M，Akhtar M W. 2005a. Removal and recovery of lead (Ⅱ) from single and multimetal (Cd，Cu，Ni，Zn) solution by crop milling waste (black gram husk). Journal of Hazardous Materials，B117：65-73.

Saeed A，Akhter M W，Iqbal M. 2005b. Removal and recovery of heavy metals from aqueous solution using papaya wood as a new biosorbent. Separation and Purification Technology，45：25-31.

Saeed A，Iabal M. 2003. Bioremoval of cadmium from aqueous solution by black gram husk (*Cicer arientinum*). Water Research，37：3472-3480.

Salem Z，Allia K. 2008. Cadmium biosorption on vegetal biomass. International Journal of Chemical Reactor Engineering，6：1-9.

Saliba R，Gauthier H，Gauthier R，et al. 2001. Amidoximated cellulose as scavenger for cadmium and nickel cations. Cellulose Chemistry and Technology，35 (5-6)：435-449.

Saliba R，Gauthier H，Gauthier R，et al. 2002a. The use of amidoximated cellulose for the removal of metal ions and dyes. Cellulose，9：183-191.

Saliba R，Gauthier H，Gauthier R，et al. 2002b. The use of eucalyptus barks for the adsorption of heavy metal ions and dyes. Adsorption Science and Technology，20 (2)：119-129.

Saliba R，Gauthier H，Gauthier R. 2005. Adsorption of heavy metal ions on virgin and chemically modified lignocellulosic materials. Adsorption Science and Technology，23 (4)：313-322.

Samposn M，Phllips C，Blake R. 2000. Influence of the attachment of acidophlic bacteria during the oxidation of sulfides. Minerals Engineering，13：373-389.

Sangi M R，Shahmoradi A，Zolgharnein J，et al. 2008. Removal and recovery of heavy metal from aqueous solution using *Ulmus carpinifolia* and *Fraxinus excelsior* tree leaves. Journal Hazardous Materials，155：513-522.

Sarin V，Pant K K. 2006. Removal of chromium from industrial waste by using eucalyptus bark. Bioresource Technology，97：15-20.

Sarkar M，Acharya P K，Bhattacharya B. 2003. Modeling the adsorption kinetics of some priority organic pollutants in water from diffusion and activation energy parameters. Journal of Colloid and Interface Science，266：28-32.

Sasaki K，Tsunekawa M，Ohtsuka T，et al. 1998. The role of sulfur-oxidizing bacteria *Thiobacillus thiooxi-*

dans in pyrite weathering. Colloids and Surfaces A: Physicochemical and Engineering Aspects, 133 (3): 269-278.

Say R, Denizli A, Arica M Y. 2001. Biosorption of cadmium (Ⅱ), lead (Ⅱ) and copper (Ⅱ) with the filamentous fungus *Phanerochaete chrysosporium*. Bioresource Technology, 76: 67-70.

Schiewer S, Patil S B. 2008. Pectin-rich fruit wastes as biosorbents for heavy metal removal: equilibrium and kinetics. Bioresource Technology, 99: 1896-1903.

Segal L, Creely J J, Jr A E M, et al. 1959. An empirical method for estimating the degree of crystallite of native cellulose using X-ray diffractometer. Textile Research Journal, 29: 786-792.

Shammen H, Abburi K, Tushar K G, et al. 2006. Adsorption of divalent cadmium (Cd (Ⅱ)) from aqueous solutions onto chitosan coated perlite beads. Industrial and Engineering Chemistry Research, 45: 5066-5077.

Sharma D C, Forster C F. 1994. A preliminary examination into the adsorption of hexavalent chromium using low-cost adsorbents. Bioresource Technology, 47: 257-264.

Shen J, Duvnjak Z. 2005. Adsorption kinetics of cupric and cadmium ions on corncob particles. Process Biochemistry, 40: 3446-3454.

Shibi I G, Anirudhan T S. 2002. Synthesis, characterisation, and application as a mercury (Ⅱ) sorbent of banana stalk-polyacrylamide grafted copolymer bearing carboxyl groups. Industrial and Engineering Chemistry Research, 41: 5341-5352.

Shukla S R, Athaly A R. 1994. Graft copolymerization of glycidyl methacrylate onto cotton cellulose. Journal of Applied Polymer Science, 54: 279-288.

Silverman M, Ehrlich H. 1964. Microbial formation and degradation of minerals. Advances in Applied Microbiology, 6: 153-206.

Silverman M, Lundgren D. 1959. Studies on the chemoautotrophic iron bacterium *Ferrobacillus ferrooxidans*: Ⅰ. an improved medium and a harvesting procedure for securing high cell yields. Journal of Bacteriology, 77 (5): 642-667.

Silverman M. 1967. Mechanism of bacterial pyrite oxidation. Journal of Bacteriology, 94 (4):1046-1061

Singh K K, Rastogi R, Hasan S H. 2005. Removal of Cr(Ⅵ) from wastewater using rice bran. Journal of Colloid and Interface Science, 290: 61-68.

Sinha D, Walden C. 1966. Formation of polythionates and their interrelationships during oxidation of thiosulfate by *Thiobacillus ferrooxidans*. Canadian Journal of Microbiology, 12 (5): 1041-1054.

Smith F. 1942. Variation in the properties of pyrite. Am Mineralogist, 27:1-19.

Sracek O, Gélinas P, Lefebvré R, et al. 2006. Comparison of methods for the estimation of pyrite oxidation rate in a waste rock pile at Mine Doyon site, Quebec, Canada. Journal of Geochemical Exploration, 91(1-3): 99-109.

Srinicasa V, Subbaiya M. 1989. Electroflotation studies on Cu, Ni, Zn, and Cd with ammonium dodecyl dithiocarbamate. Separation Science and Technology, 24 (1&2): 145-150.

Srinivasan A, Viraraghavan T. 2008. Removal of oil by walnut shell media. Bioresourece Technology, 99(17): 8217-8220.

Sud D, Mahajan G, Kaur M P. 2008. Agricultural waste material as potential adsorbent for sequestering heavy metal ions from aqueous solution —A review. Bioresource Technology, 99: 6017-6027.

Suksabye P, Thiravetyan P, Nakbanpote W, et al. 2007. Chromium removal from electroplating wastewater by coir pith. Journal of Hazardous Materials, 141: 637-644.

Sumathi K M S, Mahimairaja S, Naidu R. 2005. Use of low-cost biological wastes and vermiculite for removal of chromium from tannery effluent. Bioresource Technology, 96: 309-316.

Sun J X, Sun X F, Zhao H, et al. 2004. Isolation and characterization of cellulose from sugarcane bagasse. Polymer Degradation and Stability, 84: 331-339.

Sun L, Du Y, Fan L, et al. 2006. Preparation, characterization and antimicrobial activity of quaternized carboxymethyl chitosan and application as pulp-cap. Polymer, 47: 1796-1804.

Sun R C, Sun X F, Tomkinson J. 2004. Hemicelulose and their characterization. ACS Symposium Ser, 864: 2-22.

Suzuki M. 1990. Adsorption Engineering. Japan: Kodansha ltd Press.

Swiatkowski A, Pakula M, Biniak S, et al. 2004. Influence of the surface chemistry of modified activated carbon on its electrochemical behaviour in the presence of lead (Ⅱ) ions. Carbon, 42:3057-3069.

Tajar A F, Kaghazchi T K, Soleimani M. 2009. Adsorption of cadmium from aqueous solutions on sulfurized activated carbon prepared from nut shells. Journal of Hazardous Materials, 165: 1159-1164.

Taty-Costodes V C, Fauduet H, Prote C, et al. 2003. Removal of Cd (Ⅱ) and Pb (Ⅱ) ions from aqueous solutions by adsorption onto sawdust of *Pinus sylvestris*. Journal of Hazardous Materials, 105 (1-3): 121-142.

Temple K, Delchamps E. 1953. Autotrophic bacteria and the formation of acid in bituminous coal mines. Applied and Environmental Microbiology, 1(5): 255-271.

Truitt R E, Weber J H. 1979. Influence of fulvic acid on the removal of trace concentrations of cadmium (Ⅱ), copper (Ⅱ) and zine (Ⅱ) from water by alum coagulation. Water Research, 13 (12): 1171-1177.

Tseng J, Chang C, Chang C, et al. 2009. Kinetics and equilibrium of desorption removal of copper from magnetic polymer adsorbent. Journal of Hazardous Materials, 171: 370-377.

U S ATSDR. 2012. Toxicological profile for cadmium. http://www. atsdr. cdc. gov/ toxprofiles/ tp. asp? id =48&tid=15.

Valenzuela F, Araneda C, Vargas F, et al. 2005. Liquid membrane emulsion process for recovering the copper content of a mine drainage. Chemical Engineering Research and Design, 87: 102-108.

Vaughan T, Seo C W, Marshall W E. 2001. Removal of selected metal ions from aqueous solution using modified corncobs. Bioresource Technology, 78: 133-139.

Vlek P, Lindsay W. 1978. Potential use of finely disintegrated iron pyrite in sodic and iron-deficient soils. Journal of Environmental Quality, 7(1):111-132.

Volesky B, Holan Z R. 1995. Biosorption of heavy metal. Biotechnology Progress, 11: 235-250.

Vázquez B, Goñi I, Guruchaga M, et al. 1989. A study of the graft copolymerization of methacrylic acid onto starch using the H_2O_2/Fe^{2+}. Journal of Polymer Science Part A: Polymer chemistry, 27 (2): 595-603.

Wang H, Zhou A, Peng F, et al. 2007. Mechanism study on adsorption of acidified multiwalled carbon nanotubes to Pb (Ⅱ). Journal of Colloid and Interface Science, 316(2):277-283.

Wang L K, Hung Y T, Shammas N K. 2007. Advanced physicochemical treatment technologies//Wang L K. Handbook of Environmental Engineering. 5. New Jersey: Human Press.

Wang S, Peng Y. 2010. Natural zeolite as effective adsorbents in water and wastewater treatment. Chemical Engineering Journal, 156: 11-24.

Wang X, Xing B. 2007. Importance of structural makeup of biopolymers for organic contaminant sorption. Environmental Science and Technology, 41: 3559-3565.

Wang X S, Lia Z Z, Taoa S R. 2009. Removal of chromium (VI) from aqueous solution using walnut hull. Journal of Environmental Management, 90: 721-729.

Wang Y, Gao B, Yue W, et al. 2007a. Adsorption kinetics of nitrate from aqueous solutions onto modified wheat residue. Colloids and Surfaces A: Physicochemical and Engineering Aspects, 308: 1-5.

Wang Y, Gao B, Yue W, et al. 2007b. Preparation and utilization of wheat straw anionic sorbent for the removal of nitrate from aqueous solution. Journal of Environmental Sciences, 19: 1305-1310.

Waramisantigul P, Pokethitiyook P, Kruatrachue M, et al. 2003. Kinetic of basic dye (methylene blue) biosorption by giant duckweed (*Spirodela polyrrhiza*). Environmental Pollution, 125: 385-392.

Wiersma C, Rimstidt J. 1984. Rates of reaction of pyrite and marcasite with ferric iron at pH 2. Geochimica et Cosmochimica Acta, 48: 85-92.

Willson R J, Beezer A E. 2003. The determination of equilibrium constants, ΔG, ΔH and ΔS for vapour interaction with a pharmaceutical drug, using gravimetric vapour sorption. International Journal of Pharmaceatics, 258: 77-83.

Wojnárovits L, Földváry C M, Takács E. 2010. Radiation-induced grafting of cellulose for adsorption of hazardous water pollutants: A review. Radiation Physics and Chemistry, 79: 848-862.

Wong K K, Lee C K, Low K S, et al. 2003. Removal of Cu and Pb by tartaric acid modified rice husk from aqueous solutions. Chemosphere, 50: 23-28.

Xu X, Gao B, Tan Xi, et al. 2011. Characteristics of amine-crosslinked wheat straw and its adsorption mechanisms for phosphate and chromium (VI) removal from aqueous solution. Carbohydrate Polymers, 84(3):1054-1060.

Yang C M, Kaneko K, Yudasaka M, et al. 2002. Surface chemistry and pore structure of purified HiPco single-walled carbon nanotube aggregates. Physica B: Condensed Matter, 323(1-4): 140-142.

Yang J B, Volesky B. 1999. Cadmium biosorption rate in protonated Sargassum biomass. Environmental Science and Technology, 33 (5): 751-757.

Yang X Y, Bushra A D. 2005. Kinetic modeling of liquid-phase adsorption of reactive dyes on activated carbon. Journal of Colloid and Interface Science, 287: 25-34.

Yoon S H. 2006. Adsorption kinetics of polyamide-epichlorohydrin on cellulosic fibres suspended in aqueous solution. Journal of Industrial and Engineering Chemistry, 12(6): 877-881.

Yuan X Z, Meng Y T, Zeng G M, et al. 2008. Evalutaion of tea-derived biosurfactant in removing heavy metal ions form dilute wastewater by ion flotation. Colloid and Surface, 317: 256-261.

Yu J Y, McGenity T J, Coleman M L. 2001. Solution chemistry during the lag phase and exponential phase of pyrite oxidation by Thiobacillus ferrooxidans. Chemical Geology, 175 (3-4): 307-317.

Zhang G Y, Qu R J, Sun C M, et al. 2008. Adsorption for heavy metal ions of chitosan coated cotton fiber. Journal of Polymer Science, 110: 2321-2327.

Zhang W, Liang M, Lu C H. 2007. Morphological and structural development of hardwood cellulose during mechanochemical pretreatment in solid state through pan-milling. Cellulose, 14(5): 447-456.

Zhao H, Kwak J H, Zhang Z C, et al. 2007. Studying cellulose fiber structure by SEM, XRD, NMR and acid hydrolysis. Carbohydrate Polymers, 68: 235-241.

Zheng L, Dang Z, Zhu C, et al. 2010. Removal of cadmium (II) from aqueous solution by corn stalk graft copolymers. Bioresource Technology, 101: 5820-5826.

Zhitkovich A. 2005. Importance of chromium-DNA adducts in mutagenicity and toxicity of chromium (VI). Chemical Research Toxicology, 18(1): 3-11.